21世纪高等学校机械设计制造及其自动化专业系列教材

现代设计理论与方法

（第二版）

陈定方　卢全国　编著

华中科技大学出版社

中国·武汉

内 容 简 介

本书介绍现代设计理论与方法,现代设计的概念、基本理论和应用技术,内容包括计算机辅助设计、优化设计、可靠性设计、有限元设计、智能设计、虚拟设计、创新设计、绿色设计、全生命周期设计等。本书内容丰富,具有系统性、先进性和实用性,并通过工程应用实例,加强读者对相关设计理论的理解与设计方法的掌握和运用。

本书取材新颖,内容充实,反映了编著者长期的研究成果和国内外的研究进展,可作为高等学校机械类各专业及其他相关专业高年级本科生的教材,也可作为工程技术人员继续教育的培训教材或研究生的学习参考书。

图书在版编目(CIP)数据

现代设计理论与方法/陈定方,卢全国编著. —2 版. —武汉:华中科技大学出版社,2020.8(2023.1 重印)
ISBN 978-7-5680-6202-2

Ⅰ.①现… Ⅱ.①陈… ②卢… Ⅲ.①设计学-高等学校-教材 Ⅳ.①TB21

中国版本图书馆 CIP 数据核字(2020)第 159003 号

现代设计理论与方法(第二版) 陈定方 卢全国 编著
Xiandai Sheji Lilun yu Fangfa(Di-er Ban)

策划编辑:万亚军
责任编辑:刘　飞
封面设计:原色设计
责任监印:周治超
出版发行:华中科技大学出版社(中国·武汉)　　　电话:(027)81321913
　　　　　武汉市东湖新技术开发区华工科技园　　　邮编:430223
录　　排:武汉市洪山区佳年华文印部
印　　刷:武汉市籍缘印刷厂
开　　本:787mm×1092mm　1/16
印　　张:16.25
字　　数:423 千字
版　　次:2023 年 1 月第 2 版第 2 次印刷
定　　价:39.80 元

21世纪高等学校
机械设计制造及其自动化专业系列教材

总　序

　　"中心藏之,何日忘之",在新中国成立60周年之际,时隔"21世纪高等学校机械设计制造及其自动化专业系列教材"出版9年之后,再次为此系列教材写序时,《诗经》中的这两句诗又一次涌上心头,衷心感谢作者们的辛勤写作,感谢多年来读者对这套系列教材的支持与信任,感谢为这套系列教材出版与完善作过努力的所有朋友们。

　　追思世纪交替之际,华中科技大学出版社在众多院士和专家的支持与指导下,根据1998年教育部颁布的新的普通高等学校专业目录,紧密结合"机械类专业人才培养方案体系改革的研究与实践"和"工程制图与机械基础系列课程教学内容和课程体系改革研究与实践"两个重大教学改革成果,约请全国20多所院校数十位长期从事教学和教学改革工作的教师,经多年辛勤劳动编写了"21世纪高等学校机械设计制造及其自动化专业系列教材"。这套系列教材共出版了20多本,涵盖了"机械设计制造及其自动化"专业的所有主要专业基础课程和部分专业方向选修课程,是一套改革力度比较大的教材,集中反映了华中科技大学和国内众多兄弟院校在改革机械工程类人才培养模式和课程内容体系方面所取得的成果。

　　这套系列教材出版发行9年来,已被全国数百所院校采用,受到了教师和学生的广泛欢迎。目前,已有13本列入普通高等教育"十一五"国家级规划教材,多本获国家级、省部级奖励。其中的一些教材(如《机械工程控制基础》《机电传动控制》《机械制造技术基础》等)已成为同类教材的佼佼者。更难得的是,"21世纪高等学校机械设计制造及其自动化专业系列教材"也已成为一个著名的丛书品牌。9年前为这套教材作序的时候,我希望这套教材能加强各兄弟院校在教学改革方面的交流与合作,对机械工程类专业人才培养质量的提高起到积极的促进作用,现在看来,这一目标很好地达到了,让人倍感欣慰。

　　李白讲得十分正确:"人非尧舜,谁能尽善?"我始终认为,金无足赤,人无完人,文无完文,书无完书。尽管这套系列教材取得了可喜的成绩,但毫无疑问,这套书中,某本书中,这样或那样的错误、不妥、疏漏与不足,必然会存在。何况形势总在不断地发展,更需要进一步来完善,与时俱进,奋发前进。较之 9 年前,机械工程学科有了很大的变化和发展,为了满足当前机械工程类专业人才培养的需要,华中科技大学出版社在教育部高等学校机械学科教学指导委员会的指导下,对这套系列教材进行了全面修订,并在原基础上进一步拓展,在全国范围内约请了一大批知名专家,力争组织最好的作者队伍,有计划地更新和丰富"21 世纪机械设计制造及其自动化专业系列教材"。此次修订可谓非常必要,十分及时,修订工作也极为认真。

"得时后代超前代,识路前贤励后贤。"这套系列教材能取得今天的成绩,是几代机械工程教育工作者和出版工作者共同努力的结果。我深信,对于这次计划进行修订的教材,编写者一定能在继承已出版教材优点的基础上,结合高等教育的深入推进与本门课程的教学发展形势,广泛听取使用者的意见与建议,将教材凝练为精品;对于这次新拓展的教材,编写者也一定能吸收和发展原教材的优点,结合自身的特色,写成高质量的教材,以适应"提高教育质量"这一要求。是的,我一贯认为我们的事业是集体的,我们深信由前贤、后贤一起一定能将我们的事业推向新的高度!

尽管这套系列教材正开始全面的修订,但真理不会穷尽,认识不是终结,进步没有止境。"嘤其鸣矣,求其友声",我们衷心希望同行专家和读者继续不吝赐教,及时批评指正。

是为之序。

中国科学院院士

2009. 9. 9

再版前言

工业时代的产品竞争有以下规律：当产品短缺时，以数量占领市场；当产品富余时，以质量占领市场；当产品成本成为竞争因素时，以规模占领市场；当产品数量与质量都不同时，以创新占领市场。知识时代的产品竞争规律是：品牌战略、专利战略、标准战略；产品设计的数字化、智能化、网络化、个性化。可以说，"制造业的竞争实际上是产品设计的竞争，设计是制造业的灵魂，创新是设计的灵魂。"而现代设计理论与方法正是支撑工业时代产品竞争和知识时代产品竞争的有力武器。近四十年来，现代设计理论与方法经历了逐渐形成和不断发展的历程。今天，计算机辅助设计、有限元设计、优化设计和可靠性设计已经得到迅速普及，可以说是不再"现代"了。同时，智能设计、虚拟设计、可靠性设计的更高阶设计——创新设计、绿色设计、动力学设计等的出现，极大地丰富了现代设计方法的内涵。现代设计方法既有理论，也有方法，既是科学，又是技术。对于机械、电子类各专业的高年级学生而言，在掌握了常规机械设计方法后，学习现代设计理论与方法，了解其内涵，掌握其应用，非常必要。

本书的大量内容源自笔者所在的武汉理工大学智能制造与控制研究所的研究成果。该研究所长期致力于现代设计方法的研究与应用，在计算机辅助设计、机械设计专家系统、虚拟设计、表面设计、协同设计等领域承担了一批国家级、省部级科研项目，取得了一系列研究与应用成果。笔者曾先后编写了《机械的 CAD 与专家系统》（陈定方、倪笃明，北京科学技术出版社，1985），《机械 CAD 基本教程》（余俊、陈定方、周济、倪笃明，华中理工大学出版社，1986），《机械设计专家系统研究与实践》（吴慧中、陈定方、万耀青，中国铁道出版社，1994），《中国机械设计大典》之计算机辅助设计篇、智能设计篇、虚拟设计篇（陈定方等，江西科学技术出版社，2002），《虚拟设计》（陈定方、罗亚波，机械工业出版社，2002 年第 1 版，2007 年第 2 版），《分布交互式虚拟汽车驾驶训练模拟系统》（陈定方、尹念东、李勋祥，科学出版社，2009），《现代机械设计师手册》（陈定方主编，孔建益、杨家军、李勇智副主编，谭建荣主审，机械工业出版社，2014），《五彩缤纷的虚拟现实世界》（陈定方主编，中国水利水电出版社，2015），《Galfenol 合金磁滞非线性模型与控制方法》（舒亮、陈定方，国防工业出版社，2016）等著作。本书以上述著作为主要参考，在笔者多年相关教学实践的基础上，按照本科生教材的要求编写而成，本书于2010 年出版第 1 版，2012—2018 年曾多次重印，受到广大读者的喜爱，现应读者要求，在第 1版的基础上进行修订，出版第 2 版。本书根据重应用、重综合的需要安排章节，侧重实例教学，以培养学生的学习兴趣。在具体内容的编排上，注重先进性与实用性的结合，并遵从由浅入深的教学规律。同时，本书也借鉴了国内外诸多现代设计方法领域知名学者，特别是余俊教授、谢友柏院士、谭建荣院士、闻邦椿院士、邬贺铨院士、顾元宪教授、陈立周教授、万耀青教授、赵汝嘉教授、腾弘飞教授、檀润华教授、殷国富教授、张鄂教授、钟毅芳教授、宾鸿赞教授、吴昌林教授、杨家军教授等人的成果。在此，深表感谢并致以深深的敬意。

　　本书共有 11 章,由陈定方、卢全国编著。其中,绪论由陈定方、卢全国编写,第 1 章由张争艳、郭蕴华、陈定方编写,第 2 章由吴隽、李宁、陈定方编写,第 3 章由梅杰、陈定方编写,第 4 章由陈昆、魏国前、陈定方编写,第 5 章由卢全国、刘方晨、陈定方编写,第 6 章由陶孟仑、陈定方编写,第 7 章由卢全国、苑庆杰、陈定方编写,第 8 章由郭菁、高震东、陈定方编写;第 9 章由谭建荣、李波、陈定方编写,第 10 章由刘莹、李文锋、梅杰、石端伟、李勋祥、刘坤、梅杰、陈定方编写。另外,在本书的编写过程中,杨珠敏、赵亚鹏、沈琛林、刘哲、张波、张晶华、车畅、肖锐、杨公波、李涛涛、张鸿翔、聂少文参与了部分内容的校对工作。全书由陈定方、卢全国统稿。本书的编写得到了湖北省高等学校省级教学研究项目"借鉴美国斯坦福大学与硅谷的经验,探索我国理工科大学教学改革道路"(20040080)的支持,另外,第 7 章的编写还得到了江西省高等学校教学改革研究项目"TRIZ 理论在机械类学生创新设计能力培养中的应用研究"(JXJG-08-18-11)的支持。同时,本书的编写得到一批高等学校、研究所和制造企业在现代设计方法研究与实践方面的大力支持。华中科技大学出版社机械分社为本书的策划、写作和编辑出版做了很好的工作。在此,一并表示感谢。

　　本书适用于机械类高年级本科生,建议学时数为 40 学时,使用本书的高校可根据具体情况进行调整。同时,本书也可供相关专业的研究生、技术人员和企业管理人员参考。由于现代设计方法在不断发展,加之受作者水平所限,书中难免有疏漏和不足之处,望广大读者不吝指正。

陈定方　卢全国

2020 年于武汉

目　　录

第 0 章

绪论

人类所创造的精神财富与物质文明无不包含着广义设计的思维过程与实施过程。所谓设计是指通过分析、创造与综合,达到满足某种特定功能系统的一种活动过程。这里所指的系统是广义的系统,小至细胞、基因,大至宇宙空间。

系统是相互作用、相互依存的集合体,它的必要条件就是要完成规定的功能任务,即输出;通常的系统具有三个要素:输入、转换、输出;在系统中,能量、物质和信息沿着一定的方向流动,形成能量流、物质流与信息流。各种系统的设计就是使这三种"流"达到最适宜的目的,也就是达到经济上的合理性,并能可靠地达到最终的功能要求。

0.1 机械设计的流程与特点

工程技术是人类征服自然、改造世界的强大武器,而工程设计是对工程技术系统进行构思、计划,并把设想变为现实的技术实践活动。设计是为了创造性能好、成本低,即价廉物美的产品的技术系统。设计在产品的整个生命周期内占据着极其关键的位置,从根本上决定了产品的品质和成本。

机械设计的本质是功能到结构的映射过程,是技术人员根据需求进行构思、计划并把设想变为现实可行的机械系统的过程。图 0-1 以流程图的方式展示了机械设计的作业流程。

设计具有个性化、抽象性、多解性的基本特征,如图 0-2 所示。

(1)设计质量、设计效果取决于设计者的知识、经验和思考问题的方法。

(2)设计过程是将一些功能要求向实际产品进行综合和高效效率转移;通过市场信息,分析和发掘对象所要求的功能,创造产品的概念,进行产品的构思并将其具体实现等,使抽象的概念具体化。

(3)设计中不必充分地去整理设计所碰到的问题。在分析由市场信息得到的所要求的功能时,不必将条件讲得那么清楚。在设计中,不要一味地像求解数学问题那样追求唯一解。同一个设计要求往往可能得到多个解,有必要从这些解中进行选择。此外,也不可能得到绝对的最优解。也就是说,即便在某个时期是最优,也并非能与技术的进步同步最优。

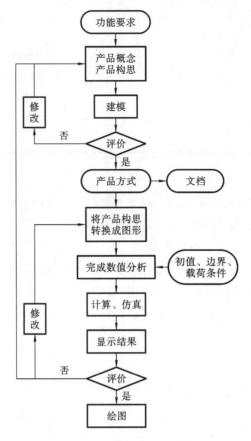

图 0-1　机械设计作业流程图

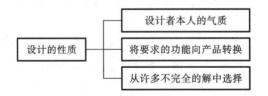

图 0-2　设计的基本特征

0.2　设计的重要性

0.2.1　设计在产品开发中的重要地位

决定产品竞争力的因素和手段在不同的时期或阶段不尽相同,如图 0-3 所示。
首先是产品的品种和技艺,接着是数量和制造,最终是质量和新颖的设计。

仔细地考察产品开发的过程,可以归纳得到如图 0-4 所示的结果:一个新产品开发时间的比例大约是设计占 60%,制造占 40%。

考察产品设计与产品开发成本,从图 0-5 可以清楚地看到,产品设计仅占整个产品开发过程中大约 8% 的工时成本。其他生产准备与加工、原材料准备与外购件的采购、管理和销售环节虽然非常重要,不可或缺,且需要耗费大量的工时成本,但设计对产品最终成本的影响高达 70%。因此,可以说,在一个产品设计完成的时候,这个产品的最终成本就已经确定了。

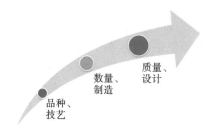

图 0-3 决定产品竞争力的因素和手段

图 0-4 一个新产品开发时间的比例

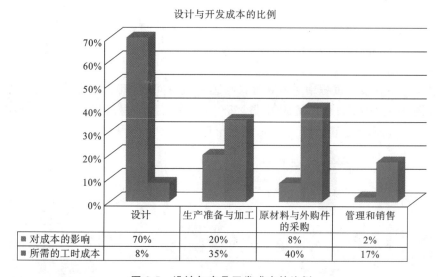

	设计	生产准备与加工	原材料与外购件的采购	管理和销售
■ 对成本的影响	70%	20%	8%	2%
■ 所需的工时成本	8%	35%	40%	17%

图 0-5 设计与产品开发成本的比例

从图 0-6 可以看到:75%的修改工作由产品设计(包括产品定义、产品设计和工艺规划)阶段所引起,而 80%的修改工作在产品制造阶段或后续阶段陆续完成。即一个不良设计给产品的制造、检验与使用成本带来的影响将是致命的。

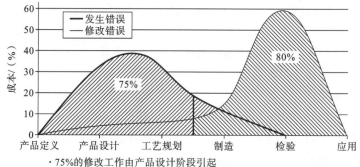

· 75%的修改工作由产品设计阶段引起
· 80%的修改工作在产品制造阶段或后续阶段完成

图 0-6 设计与修改成本的比例

因此,可以得到这样的启示:在设计越来越显示其重要性的今天,掌握新的设计思想,应用新的设计方法和技术,采用新的设计工具,对于提高企业产品的竞争力具有非常重要的意义。

0.2.2　设计理论和方法论

设计理论与方法论是关于设计本质和设计方法的系统理论,目的在于揭示设计过程的本质规律,探索各种有效的设计方法,为实际的设计工作提供指南。

图 0-7 所示为设计理论与方法论的相关领域。可以清晰地看到这是一个从自然科学→基础工程科学→形成设计理论与方法论,并应用到工业技术→生产技术的流程。同时,工业造型、艺术造型使设计理论与方法论具有美感和美学价值,属于艺术层面;政治学、社会学、心理学、经济学则是设计理论与方法论的文化内涵或文化外延,即一个产品是有它的文化和品位的。

斯坦福大学教授蒂姆布朗(Tim Brown)对于设计思维的定义是:设计思维是一种以人为本的创新方式,它提炼自设计师积累的方法和工具,将人的需求、技术可能性以及对商业成功的需求整合在一起。

设计思维是指在设计过程中对客观素材与感受进行间接、概括、综合的反映,强调的是科学合理性。图 0-8 描述了设计思维的组成主题,设计主要应该思考以下三个方面:① 用户的需求是什么? ② 技术上是否可行? ③ 如何在市场上生存?

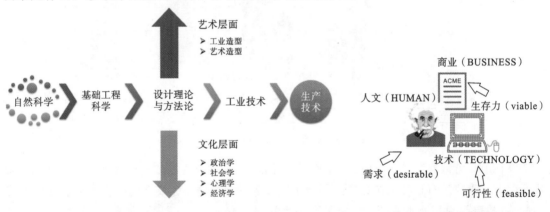

图 0-7　设计理论与方法论相关领域　　　　　　　图 0-8　设计思维的组成

创新设计需要不同的视角与观点,需要有创造性的交互环境,并融合各种学科知识。成员的多样性与学科的宽泛性会为所有的参与者提供方法论和进行创新设计的环境氛围,使全新的举措和项目的建立成为可能。设计者的融合是多交叉学科合作取得成功的关键因素,也为揭开未知领域的创新提供了可能。图 0-9 所示为美国斯坦福大学多个学科的师生自发而成功组建的设计团队的构架。

设计思想是把各种设计团队结合起来的纽带,是成功的重要因素。

通过设计思想将来自工程、商业、人文科学和教育科学的人们结合在一起,以人为中心,共同解决一些大的设计问题。

从可行性的角度看设计,重点在于它是使用什么技术实现我们所需的功能;从生存力的角度看设计,重点在于它是如何将产品推向市场并获得商业价值;从用户的需求看设计,重点在于它是如何最大限度地迎合用户的心理需求。综合考虑可行性及生存力的因素,设计可视为

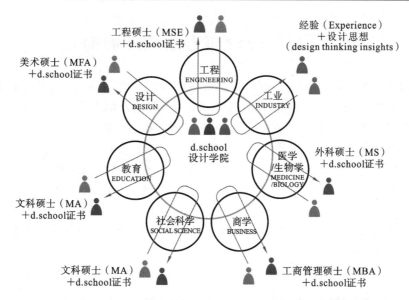

图 0-9　由多学科师生自发组建的美国斯坦福大学设计团队

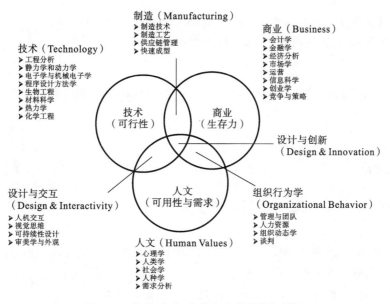

图 0-10　技术-人文-商业组成的设计与创新

制造上的创新；综合考虑生存力和用户需求的因素，设计可视为组织行为的创新；综合考虑可行性和用户需求的因素，设计又可视为人与产品交互形式的创新。

经验表明，只有在设计的想法中结合了人文、商业、技术等因素时，设计与创新团队的合作才会最有成效。人文专家可以清晰地提出对产品的可用性与需求，技术专家解决产品的可行性，商业专家则解决产品的生存力。

从图 0-10 中可以看出设计的核心是人的需求、用户的体验。这充分说明在设计思维中以人为中心的重要性，设计不再仅仅是技术上的创新或突破，而需要更多地综合各方面的因素。这些从本质上看都是建立在用户需求上的。设计已不再是一种思维，更是一种对未知领域的探究和各交叉学科综合运用的实践。

0.3　设计理论与方法论发展简史

设计的历史几乎与人类的历史同样长,但是,自觉的"设计"开始于 15 世纪后半期的欧洲文艺复兴时期。那时,建立了科学技术与数学的密切联系。人们开始认识到以数学方式表达的结果是知识最完善、最有用的形式,也是最好的设计方法。自此,历史上人们第一次认识到,设计与数学相结合的重要性。但是,真正做到这一点的,还是 17 世纪伟大的物理学家牛顿。牛顿用数学公式表达了惯性定律、作用力与加速度定律、作用力与反作用力三大运动定律,从此,力学与数学并肩前进。正如爱因斯坦所说:为了给予他的体系以数学的形式,牛顿首先发现微积分的概念,并用微积分的形式来表达他的运动定律——这或许是有史以来,一个人能迈出去的一个最大的理智的步伐。力学与数学的结合奠定了工程设计的基础,在这一时期,出现了早期的成功的工程设计。

近现代设计理论与方法论的发展经过了其萌芽期、成型期、成熟期、普及期。

0.3.1　萌芽期(19 世纪—20 世纪 40 年代)

1861 年,德国的 F. Reuleaux 出版著作 *Konstrukteur*(机械设计者);

1875 年,F. Reuleaux 又出版了《理论机构学》一书;

1877 年,英国的 W. C. Unwin 出版著作 *The Elements of Machine Design*。

0.3.2　成型期(20 世纪 50 年代—20 世纪 60 年代)

1. 欧洲

1962 年,在伦敦举行了第一届设计方法会议,主要围绕系统设计方法研究,探讨设计过程的全面管理的系统方法和用于设计过程的系统技术,如运筹学、质量管理、价值工程等研究成果。

1968 年,在英国,The Design Council 成立。

2. 美国

1968 年,在美国波士顿的 MIT 举行了"环境设计与规划中的新方法"会议,着重探讨设计的复杂性问题,理解设计者如何用传统的设计方法解决设计问题。

大量关于创造论、设计论,以及工程设计的著作面世。例如:

① M. Asimov　*Introduction to Design*(1962);

② T. T. Woodson　*Introduction to Engineering Design*(1966);

③ J. R. Dixon　*Design Engineering*(1966);

④ D. Morrison　*Engineering Design*(1968)。

3. 日本

1968 年,渡边茂所著《设计论》(Ⅰ,Ⅱ,Ⅲ)出版。

0.3.3　成熟期(20 世纪 70 年代)

1. 欧洲

德国 W. G. Rodenacker 的著作 *Methodisches Konstruieren*(方法论的设计,1970)、瑞士 V. Hubka(1973)、德国 K. Roth (1981)、G. Pahl and W. Beitz(1977)等学者的著作相继问世,

确立了以德国为代表的欧洲设计理论与方法论流派,即系统设计方法论。

20 世纪 70 年代后期,欧洲成立了设计研究组织 WDK(Workshop Design-Konstruktion)。

1979 年,在英国出版发行了设计研究国际刊物 *Design Studies*。

2. 美国

1978 年,美国麻省理工学院机械系的 N. Suh、A. Bell、D. Gossard 等人在 *Journal of Engineering for Industry* 上发表论文,提出了面向制造系统的设计公理,确立了美国流派的设计理论与方法论,即设计原理。

3. 日本

1971 年,由北乡薰等人编著的“设计工学系列丛书”出版发行,比较全面地论述了设计方法和技术。

1979 年,日本东京大学吉川弘之教授在日本期刊《精密机械》上发表《一般设计学序说》一文,提出了一般设计学理论,从而成为日本设计理论与方法论研究的代表人物。

0.3.4　普及期(20 世纪 80 年代以后)

1. 欧洲

1981 年,在欧洲设计研究组织 WDK 的组织下,在意大利罗马举行了第一届国际工程设计会议 ICED (International Conference on Engineering Design)。之后,该会议成为隔年主要在欧洲举行的设计研究交流盛会。

1984 年,德国 G. Pahl 和 W. Beitz 的英文版著作 *Engineering Design-A Systematic Approach* 由 The Design Council 出版,成为系统设计方法论的代表作。

2. 美国

1985 年,美国国家科学基金委员会 NSF 正式启动设计理论与方法论研究计划。

1987 年,美国机械工程师协会 ASME 设计分会设立设计理论与方法论委员会。

1988 年 6 月,举行了“The 1988 NSF Grantee Workshop on Design Theory and Methodology(简称 Design theory' 88)”会议。

1989 年,第一届国际设计理论与方法论会议举行。随后该年会成为设计理论与方法论研究交流的又一个重要会议。

1990 年,N. P. Suh 的著作 *The Principles of Design* 由 Oxford University Press 出版。

3. 日本

1983 年,日本精密工学会设立了设计理论与 CAD(D&C)专门委员会。

1991 年,日本机械学会设立了设计工程·系统部门。

0.4　现代设计方法的内涵

多少年来,人们沿用在一定理论指导下的、凭借着设计者经验选择设计参数,借助图表、经验数据而进行各种设计。这种半理论、半经验的设计方法,常常有一定的盲目性,很难得到客观存在的最优设计方案。随着科学技术的迅速发展,数学方法向各学科渗透,设计方法也得到相应的发展,现在,人们已经能在数学理论的指导下,采用科学的方法进行现代设计。机械设计理论与方法可以按照设计步骤、设计对象、设计内容、设计思想、设计方法来分类,图 0-11 为机械设计理论与方法的组织结构图。机械设计是用数学描述设计对象,用计算机软件实现基于知识和经验的设计过程,包括静态和动态设计、近似与精确性设计,其目标是提高设计的速度、设计精度、设计可视化程度、设计质量、降低设计成本,提高设计一次性成功的比例。

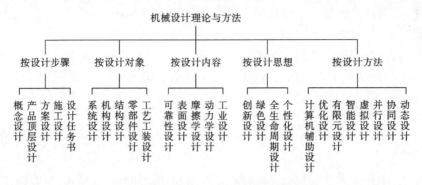

图 0-11　机械设计理论与方法的组织结构图

采用现代设计方法,不仅缩短了设计周期,而且可以得到用传统的设计方法得不到的最优方案。

关于现代设计方法,国内外学者都有自己独到的见解与观点,有其范畴和侧重。有学者认为:理论和方法有原则性的区别,能称为理论者,在数学上应有严格的证明,或能揭示产品机理并为实践所验证者。能称为方法者,至少应具备三个条件:① 有理论依据;② 有具体的准则、计算公式和各种系数、许用值;③ 能用试验再现和验证。单有理论而未形成方法者,在设计中还不能具体应用。发展设计方法要双轨进行:① 基于严格的理论;② 由于理论还赶不上设计要求,基于半理论、半经验或纯经验而由实践证明行之有效的方法,可能在多年后才能在理论上成熟(如优化中的 DFP 方法),但最终要求在理论上突破才具有严格的科学性。

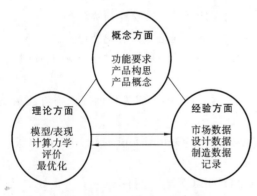

图 0-12　设计中的三个侧面

从技术的角度看,现代设计方法是在尽可能早的阶段充分地应用计算机,在各种约束条件下,构思满足所要求功能的产品,并使产品形式实体化的手段,其中,应包含设计者创造性的活动。

这样来定义现代设计就形成了如图 0-12 所示的设计中的三个侧面。其中,概念方面是以设计者作为信息处理的主体部分,因而最具有创造性方面的要求。

随着大型通用计算机、计算机工作站、高档微机的出现,以及有限元法、优化设计等现代设计方法的广泛应用,设计技术较之传统的设计方法得到了长足的发展。以大型通用计算机为设计计算中心的设计系统是第一代设计技术系统。从 20 世纪 70 年代初起,数据库开始建立起来并得到迅速发展和广泛应用,利用计算机网络,得以有效地利用设计数据、制造数据和市场数据等。这个阶段被认为是第二代的设计技术阶段。到了 20 世纪 90 年代,由于人工智能的应用,已开始出现实用的辅助概念设计的工具。这个阶段可视为第三代设计技术阶段。概念设计是设计中最具创造性要求的部分,这一工作绝不是计算机所能够完全代替的。因此,在第三代设计技术中,如何充分地利用计算机辅助技术人员的创造性活动将是重要的课题。

现代设计方法经过几十年发展,已成为一门多元综合的新兴交叉学科,成熟的方法已有不少,同时还不断有新的理论和方法出现。

现代机械设计希望能更好地控制、集成和综合材料、能源、信息产品的三大要素,不断地设计出功能强、性能好、成本低、附加值高且设计制造周期短的产品。这就需要构建良好的设计环境——需求与平台、设计理念、设计文化、设计者。因此,在一定意义上,可以认为现代设计方法有三个主要的发展方向:设计思维与设计美学、设计的效率、设计的精确性。图 0-13 为现代机械设计理论与方法的组织结构图。

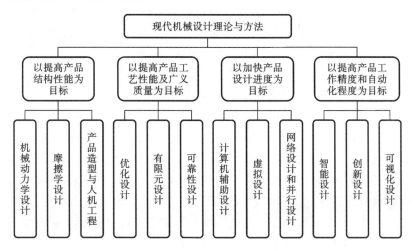

图 0-13　现代机械设计理论与方法的组织结构图

设计思维与设计美学的主要方法,如创新设计、TRIZ 及冲突解决原理、绿色设计、人机工程、造型设计、系统设计、设计方法学、概念设计、反求工程设计、价值工程、维修设计和维修保障设计等。

提升设计效率的主要方法,如计算机辅助设计(自动化)、智能设计(智能化)、虚拟设计(可视化)、相似性设计、模块化设计、并行设计、协同设计、基于网络的设计(网络化)等。

提升设计精确性的主要方法,如优化设计、有限元分析、可靠性设计、动力学设计、摩擦学设计及表面设计、疲劳设计、三次设计等。

可以用英文略写 MMOON,即多处理(M,multiprocessing)、多媒体(M,multimedia)、开放(O,open)、面向对象(O,objectoriented)、网络(N,network)来描述现代设计方法计算机程序化的特点。

0.5　现代设计方法简介

现代设计方法经过几十年发展,已成为一门多元综合的新兴交叉学科,成熟的方法已有不少,同时还不断有新的理论和方法出现。本书将对目前常用的一些方法进行介绍。

1. 计算机辅助设计

计算机辅助设计是利用计算机及其图形设备辅助人们进行设计,其主要内容包括:通过计算机对不同方案进行计算、分析和比较,以决定最优方案;各种设计信息在计算机中的有效存储并能快速地检索;计算机自动产生的设计结果,可以快速地进行图形显示,使设计者能及时做出判断和修改;利用计算机可以进行与图形的编辑、放大、缩小、平移和旋转等有关的图形数据加工,并能完成将设计人员的草图变为工作图的繁重工作。计算机辅助设计能够减轻设计人员的劳动强度,缩短设计周期和提高设计质量。计算机辅助设计的更高阶段是向智能设计方向发展,因为只有很好地理解人类自身的设计行为规律,才有可能开发出更为实用的 CAD 技术和工具。

2. 优化设计

优化设计是从多种设计方案中选择最佳方案的设计方法。它以数学中的最优化理论为基础,以计算机为手段,根据设计所追求的性能目标,建立目标函数,在满足给定的各种约束条件下,寻求最优的设计方案。通常,设计方案可以用一组参数来表示,这些参数有些已经给定,有些没有给定,需要在设计中优选,称为设计变量。如何找到一组最合适的设计变量,在允许的范围内(即约束条件),能使所设计的产品结构最合理、性能最好、质量最高、成本最低、有市场竞争能力(即目标函数),这就是优化设计所要解决的问题。

3. 可靠性设计

可靠性是指产品在规定的时间内和给定的条件下,完成规定功能的能力。它直接反映产品各组成部件的质量,影响整个产品质量性能的优劣。可靠性设计是保证机械及其零部件满足给定的可靠性指标的一种机械设计方法,所要解决的问题就是如何从设计入手对系统和结构进行可靠性分析和预测,采用简化系统和结构、余度设计和可维修设计等措施以提高系统和结构的可靠度。可靠性设计包括对产品的可靠性进行预计、分配、技术设计、评定等工作。可靠性分为固有可靠性、使用可靠性和环境适应性。可靠性的度量指标一般有 3 种:可靠度、无故障率、失效率。可靠度的分配是可靠性设计的核心。

4. 有限元分析

对于机械产品而言,在常规设计中可依据材料力学或弹性力学原理来计算一些形状相对简单的零件,对于复杂结构则往往无能为力。有限元方法就是利用假想的线和面将连续的介质内部和边界分割成有限大小、有限数目、离散的单元来研究。其基本思想:假想连续系统被分割成数目有限的单元,单元只在数目有限的节点处相互连接,构成一个单元集合体,来代替原来的连续系统。在节点上引进等效载荷,代替实际作用于系统上的外载荷,并以节点位移为基础,建立起各个节点的弹性力学平衡方程,然后,再把它们综合起来,并与外加载荷及边界条件相联系,从而得到该物体各个单元体力学分量(如应力、应变、位移、速度等)的数值解。即“分-合”过程——将很难的微分方程问题变成很繁的甚大规模的方程组问题,交给“不怕繁,不易出错”的计算机去完成。

5. 智能设计

传统设计与现代设计的区别在于其支持体系——知识,在现代设计中最重要的是对已有知识(经验)的创新,即新知识。我国长期以来技术大都靠引进,而在制造业更多的人是研究如何把它做出来,很少有人真正从事前期开发设计,更新知识。智能设计系统是以知识处理为核心的 CAD 系统,将知识系统的知识处理与一般 CAD 系统的计算分析、数据库管理、图形处理等有机结合起来,从而能够协助设计者完成方案设计、参数选择、性能分析、结构设计、图形处理等不同阶段、不同复杂程度的设计任务。

6. 虚拟设计

虚拟设计是一种新技术,它可以在虚拟环境中用交互手段对在计算机内建立的模型进行修改,模拟产品原型设计,使设计者在设计早期阶段对设计方案作重要的和决定性的分析,如机械产品的设计、制造、装配、拆卸等;它可以充分利用已有的 CAD 系统的资源,在一种自然的状态下,在一个近乎实际的环境下与设计对象交互,并可对设计对象作一个全面的评价,记录设计过程。虚拟设计缩短了产品开发周期,提高了产品设计质量和一次设计成功率。

一个虚拟设计系统具备三个功能:3D用户界面;选择参数;数据表达与双向数据传输。虚拟设计具有以下优点:① 虚拟设计继承了虚拟现实技术的所有特点(3I);② 继承了传统CAD设计的优点,便于利用原有成果;③ 具备仿真技术的可视化特点,便于改进和修正原有设计;④ 支持协同工作和异地设计,利于资源共享和优势互补,从而缩短产品开发周期;⑤ 便于利用和补充各种先进技术,保持技术上的领先优势。

7. 创新设计

创新设计是充分发挥设计者的创造力,利用人类已有的相关科学技术成果(含理论、方法、技术原理等)进行创新构思,设计出具有新颖性、创造性及实用性的机构或机械产品的一种实践活动。在这个过程中,原理方案设计是机构创新设计的关键内容,包括:确定系统的总功能;进行功能分解;功能原理方案的确定;方案的评价与决策。创新设计依赖一定的创新技法,其中TRIZ理论是基于知识的、面向人类的解决发明问题的系统化方法学,也是实现发明创造、创新设计、概念设计的最有效的方法之一。

8. 绿色设计

资源、环境问题是当今社会面临的主要问题,人们越来越关注对环境问题的研究。绿色设计概念应运而生,并成为国内外现代设计方法的研究热点和主要内容。传统的产品设计通常仅考虑产品的基本属性,而不考虑或较少考虑环境属性。与传统设计相比,产品的绿色设计体现在产品的生命周期全过程,在满足环境目标的同时,保证产品应有的功能、使用寿命和质量,在设计阶段就设计出符合要求的绿色产品。

绿色设计的主要内容包括绿色设计中的材料选择、面向拆卸的绿色设计、面向回收的绿色设计、面向包装的绿色设计、面向节约能源的绿色设计、绿色设计的关键技术等方面。

9. 全生命周期设计

面向产品生命周期全过程的设计,要求设计者应以系统的观点和方法,全面地从市场需求识别开始就要考虑产品生命周期的各个环节,从方案论证、设计开发、制造、装配、销售、使用、服务、环境影响、回收处理等,以确保缩短新产品的上市时间、提高产品质量、降低成本、改进服务、加强环境保护意识,实现社会可持续化发展。

10. 其他设计方法

其他设计方法包括摩擦学设计、工业设计、动力学设计、表面设计等。

摩擦学设计是从摩擦学的观点来设计机械零部件和产品,使其达到正确的润滑、有控制的摩擦和预期的磨损寿命。摩擦学设计不仅是摩擦副结构的设计,而且是摩擦学系统的设计,即同时要考虑摩擦副的表面性质、润滑等问题。摩擦学设计在机械设计过程中具有重要的价值,已经逐渐成为整个机械设计过程中不可缺少的一个组成部分。

工业设计是指以工学、美学、经济学为基础对工业产品进行设计。工业设计分为产品设计、环境设计、传播设计、设计管理共4类,包括造型设计、机械设计、电路设计、服装设计、环境规划、室内设计、建筑设计、UI设计、平面设计、包装设计、广告设计、动画设计、展示设计、网站设计等。工业设计又称工业产品设计学,涉及心理学、社会学、美学、人机工程学、机械构造、摄影、色彩学等。工业发展和劳动分工所带来的工业设计,与其他艺术、生产活动、工艺制作等有明显不同,它是各种学科、技术和审美观念的交叉产物。

动力学设计方法是在设计、制造、管理的各阶段,采取综合性技术措施,直接地、早期考虑动力学问题的设计方法。例如,高速旋转机械可以用静态方法设计,制造出来以后通过动平衡减小振动,还要使运转速度避开共振的临界转速。但是随着转速的提高和柔性转子的出现,不仅在设计时要进行动力学分析,而且在运行过程中还要进行状态监测和故障诊断,及时维护,排除故障,避免重大事故的发生。机械系统动力学分析的数学模型是微分方程,这种微分方程一般无法得到显式解,需要在计算机上用数值迭代算法求解,所以,动力学设计方法是在计算机获得较普遍的应用后才发展起来的设计方法。

表面设计全称为表面工程技术设计,是在表面预处理后,通过表面涂覆、表面改性或多种表面技术复合处理,改变固体金属表面或非金属表面的形态、化学成分、组织结构和应力状况,以获得所需表面性能的系统工程,包括表面结构设计、表面形貌建模与纹理设计、表面材料设计、表面工艺设计、表面仿生设计。

0.6　现代设计方法的学习要求

现代设计作为一个研究领域,包含范围极其广泛,既包含指导设计进程及逻辑规律的设计方法学(属于思维方面),也包含能用来提高设计效率和设计质量的各种单项技术(如 CAD 技术、有限元分析、可靠性设计等),同时还包含有高产品市场竞争优势的技术(如商品化设计、工业造型技术、市场预测与分析技术等)。因此,现代设计可以综合理解为:计算机为工具,专业设计技术为基础,网络为效率,市场为导向的一种综合设计理念,其实现没有固定的模式。按照设计理论与方法论研究所揭示的设计规律进行设计,有助于开展创新的设计和成功的设计。

从高等教育的角度来看,作为"科学方法论"范畴的"现代设计方法概论"应该是一门技术基础课,而不是某个专业的专业课。

现代设计方法是一门综合性的学科,涉及的知识面广,每一种方法都有其独立的数学理论,学好任何一种方法,都必须了解相关的数学知识。现代设计方法理论性较强,因此,要求读者具有较扎实的理论基础,并且在学习中不断补充和消化。

设计理论和方法论的研究方向有以下方面:① 描述性设计过程模型;② 规范化设计过程模型;③ 可计算设计过程模型;④ 设计语言与表达;⑤ 支持设计的分析方法;⑥ 面向产品整个生命周期的设计 DFX。

现代设计方法又是一门实践性很强的学科,强调应用性,因此,特别要注重对实例的学习和思考。

传统机械设计的"讲课→作业→考试"学习模式不适合现代设计方法的学习,而应代之以"基本理论学习→观察分析→自导式学习→教师结合实例理论阐述→学生完成课后习题"的学习方法,以更好地促进学习中的主动思考。要特别注意通过进行实际的或模拟的设计活动,观察和分析设计活动现象,总结设计人员的设计活动规律,"有所发现,有所发明,有所创造,有所前进"。

计算机辅助设计

计算机辅助设计(简称 CAD)是研究计算机辅助产品设计、模拟的理论、方法和应用系统的一门学科,是计算机应用领域中的一个分支,其研究方向包括曲线曲面造型、产品建模、协同设计、图形绘制、计算机动画、可视化与可视分析、虚拟现实、图形硬件等。本章主要论述计算机辅助设计的基本内容与技术、协同设计等。

1.1 计算机辅助设计概述

计算机辅助设计技术的发展伴随着计算机辅助制造的发展,二者融合实现设计、制造一体化,使产品的设计、制造过程形成一个有机的整体。从此角度出发,本节一并概述 CAD/CAM 的基本内容与发展。

1.1.1 基本概念

CAD(computer-aided design):计算机辅助设计。利用计算机的数值快速计算和强大的图文处理功能辅助工程师、设计师、建筑师等工程技术人员进行产品设计、工程绘图和数据管理,如制作模型、计算、绘图等。

CAM(computer-aided manufacturing):计算机辅助制造。将计算机技术应用于生产制造过程,以代替人进行生产设备与操作的控制,如计算机数控机床、加工中心等。

CAE(computer aided engineering):计算机辅助工程。将 CAD 设计或组织好的模型,用计算机辅助分析软件对原设计进行工程和结构力学性能分析,通过反馈的数据,对原 CAD 设计或模型进行反复修正,以达到最佳效果。

CAPP(computer aided process planning):计算机辅助工艺设计。将企业产品设计数据转换为产品制造数据的一种技术。利用计算机辅助工艺进行零件加工工艺过程的制订,把零件毛坯加工成工程图纸上所要求的零件成品。

PDM(product data management):产品数据管理。这是一门用来管理所有与产品相关信息(包括零件信息、配置、文档、CAD 文件、结构、权限信息等)和所有与产品相关过程(包括过程定义和管理)的技术。

PLM(product lifecycle management):产品全生命周期管理。这是一种理念,即对产品从创建到使用,到最终报废等全生命周期的产品数据信息进行管理的理念。

CIMS(computer integrated manufacturing system):计算机集成制造系统。工厂的生产、经营活动中各种分散的自动化系统有机结合而成的高效益、高柔性的智能生产系统。

1.1.2　产品集成开发流程

把 CAD、CAE、CAPP、CAM 结合起来,使得产品由概念、设计、生产到成品,节省相当多的时间和投资成本,并保证产品质量,这个过程的示意图如图 1-1 所示。该流程大致分为如下三个阶段。

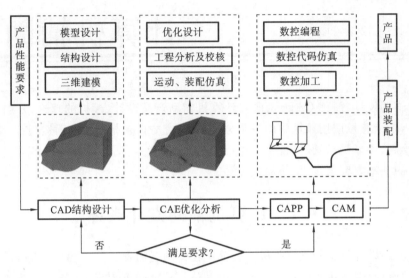

图 1-1　产品集成开发流程

CAD 结构设计阶段:利用 CAD 技术、CAD 软件(SolidWorks、UG、Pro/E、AutoCAD、SI-NOVATION 等)进行机械零件三维建模以及整机三维装配。

CAE 优化分析阶段:利用 CAE 技术、CAE 软件(ANSYS、ABAQUS 、ADAMS 等)反复进行设计方案的分析、校核与优化,直至满足设计要求。

CAPP 与 CAM 加工阶段:在前两阶段的基础上,利用 CAPP 软件完成机械零件加工,进而利用 CAM 技术进行数控编程、数控仿真和数控加工。

1.1.3　CAD/CAM 发展历程

萌芽期:20 世纪 50 年代末,美国麻省理工学院(MIT)林肯实验室研制的空中防御系统就能将雷达的信号转换为显示器上的图形,操作者可以用光笔指向显示屏幕上的目标来拾取所需的信息,这种功能的出现预示着交互图形生成技术的诞生。世界上第一台数控铣床在美国 MIT 试制成功,解决了形状复杂零件加工的相关问题,尤其是由自由曲面组成的复杂零件的自动加工问题。同期,MIT 研制开发了 APT 自动编程系统(第一代 CAM 软件),可以方便地将被加工零件的形状输入计算机中进行刀具轨迹的计算和数控程序的自动生成。

成长期:20 世纪 60 年代。1963 年,美国麻省理工学院的 I. E. Sutherland 在他发表的博士论文中提出了 SKETCHPAD 系统,该系统被公认为对交互图形生成和显示技术的发展奠定了基础。20 世纪 60 年代中期后,美国的一些大公司都十分重视交互图形生成技术,并投入相当资金对 CAD/CAM 技术进行研究和开发,研制了一些 CAD 系统。同期,在专业数控系统上开发的编程机及部分编程软件,如日本 FANUC、德国 SIEMEMS 编程机,其系统结构为专机形式,基本处理方式是人工或辅助式直接计算数控刀路,编程目标与对象也都是直接数控刀路。

发展期:20 世纪 70 年代。CAD/CAM 技术的发展较快,已有商品化的硬件和软件。以小型和超级小型计算机为主机的 CAD/CAM 系统进入市场并成为主流,接着出现了一批专门经营 CAD/CAM 系统硬件和软件的公司,如 Computer Vision、Intergraph、Calma、Application 等。在这一时期内,CAD/CAM 系统的应用领域主要集中在航空、电子和机械工业部门,同时对三维几何造型也开始研究。20 世纪 70 年代末以后,32 位工作站和微型计算机的出现对 CAM 技术的发展提供了硬件基础并产生了极大的推动作用。1978 年,针对 APT 语言在软件方面的缺点,法国达索飞机公司开始开发集成三维设计、分析、NC(数控)加工一体化的系统,称为 CATIA 系统。随后很快出现了诸如 EUCLID、UG、INTERGRAPH、Pro/E、Master-CAM 以及 NPU/GNCP 等软件系统,这些系统都能有效地解决几何造型、零件几何形状的显示、交互设计、修改及刀具轨迹生成、走刀过程的仿真显示及验证等问题。

普及期:20 世纪 80 年代。该时期以工作站为基础的 CAD/CAM 系统发展很快,其功能达到甚至超过小型机 CAD/CAM 系统,成为 CAD/CAM 系统的主流。个人计算机和工作站系统被广泛使用,从大型企业向中小企业扩展,从发达国家向发展中国家扩展。同期,软件技术、数据库技术、有限元分析技术、优化技术、计算机图形学技术等相关技术也飞速发展,促进了 CAM 技术的推广和应用。与此同时,还出现了与计算机辅助制造技术相关的其他技术,如计算机辅助零件分类和编码技术、计算机辅助工艺设计(CAPP)、计算机辅助质量控制(CAQC)等。

集成期:20 世纪 90 年代。CAD/CAM 技术已走出了它的初级阶段,进一步向标准化、集成化、智能化及自动化方向发展,出现了 CAD/CAM、CIMS 集成系统。在这个时期,国外许多 CAD/CAM 软件系统更趋于成熟,商品化程度大幅度提高。

进入 21 世纪,CAD/CAM 技术已经注重其在工程中的工具性,把系统集成的焦点集中在新的设计与制造理念上,目前主要的研究热点如下。

- 计算机辅助概念设计,存在建模和推理两大技术难题。
- 计算机支持的协同设计,必须解决如下问题:

群体成员间实时、可靠、廉价的信息交换;

保证异地、异构环境下协同设计系统可靠运行;

群体成员冲突协调解决机制。

- 海量信息的存储、管理和检索技术。
- 智能 CAD/CAM 技术。
- CAD/CAM 与虚拟现实技术的集成。
- 计算机安全。

1.1.4　CAD/CAM 系统简介

CAD/CAM 系统是围绕着产品的设计与制造两大部分独立发展起来的,但现在两者紧密结合在一起。一个 CAD/CAM 系统是由一系列必要的硬件和软件组成的,如图 1-2 至图 1-4 所示。

CAD/CAM 系统按功能可以分为通用型 CAD/CAM 系统和专用型 CAD/CAM 系统,前者功能适用范围很广,其硬件和软件配置也相对比较丰富,后者是为了实现某些特殊功能的系统,其硬件和软件的配置相对简单,但要符合特殊功能的要求。按所用计算机类型的不同,

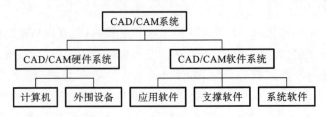

图 1-2　CAD/CAM 系统的基本结构

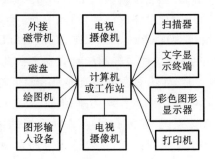

图 1-3　CAD/CAM 系统硬件配置

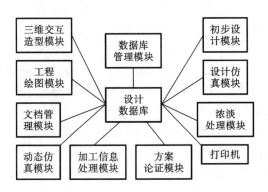

图 1-4　CAD/CAM 系统软件配置

CAD/CAM 系统分为四类:大型机 CAD/CAM 系统、小型机 CAD/CAM 系统、工作站组成的 CAD/CAM 系统、个人计算机组成的 CAD/CAM 系统。

1. CAD/CAM 系统硬件

1）计算机主机

计算机主要由中央处理器(CPU)、内存储器及主板组成。中央处理器的功能是处理数据,由控制器、运算器和寄存器组成,控制器按照从内存中取出的指令控制计算机工作,运算器负责对数据进行算术运算和逻辑处理。被处理的数据从内存中取出,处理结果也存储在内存中。不同类型的中央处理器具有不同的结构体系和指令系统,运算能力也不同。内存用于存储 CPU 工作程序、指令和数据。

2）图形输入设备

鼠标　一种手动输入的屏幕指示装置,移动鼠标可驱动光标在图形显示器的屏幕上运动,用于拾取坐标点或选择菜单命令等。

键盘　用户可通过键盘将字符类型数据输入计算机中,从而向计算机发出命令或输入精确数据等。

数字化仪　又称图形输入板,是一种将图形信息转换成数字信息的装置。小型数字化仪又被称为输入板。数字化仪用于输入图形、跟踪控制光标及选择菜单,大规格的数字化仪常用于将已有图样输入计算机。

光笔　一种可直接输入坐标点的设备,并可用它来改变显示点的位置和选择在屏幕上显示的图形或菜单项。光笔输入技术的原理是基于显示器周期性刷新方式按序显示图形的原理和光电效应。

扫描仪　直接把图形(如工程图样)或图像(如照片、广告画)扫描输入计算机中,以像素信息进行存储表示的设备,可快速地将整张图纸信息转化为数字信息输入计算机。

虚拟现实相关设备　常用的虚拟现实设备有位置跟踪器、数据手套、三维鼠标、数据衣、触觉和力反馈装置,以及立体显示设备。

3)图形输出设备

在 CAD 系统中,为了将图形显示器上画出的图形输出到图纸上,产生工程图样,必须采用图形输出设备。CAD 系统中图形输出设备的作用是将计算机的数据文件、图形、指令等显示、输出或者发送到相关的执行设备上。常用的图形输出设备主要有以下几种。

图形显示设备　图形显示设备依靠电子信号控制荧光屏上的光标传输信息,可分为随机扫描刷新式显示器、存储管式显示器、液晶显示器、等离子显示器及光栅扫描式显示器。目前使用最普遍的是液晶显示器。

打印机　打印机是 CAD 系统中以低成本低廉地产生图样的输出设备,是由微型计算机、精密机械和电气设备构成的机电一体化智能设备。

绘图设备　按结构分类主要可分为静电、热蜡、热敏、喷墨、笔式等结构,常见的绘图设备包括滚筒式绘图机和平板式绘图机两类。

目前,喷墨绘图机和喷墨打印机已经成为主要的绘图设备。

2. CAD/CAM 系统常用软件

1)微机上运行的 CAD/CAM 软件

(1)PD(Personal Designer)软件。

它是由美国 CV 公司推出的 CADDS 软件的微机版本。该软件包括几何造型和图形处理、辅助机械工程设计和曲面设计等模块。

(2)Micro-CADAM 软件。

CADAM 是由美国洛克希德飞机公司开发的 CAD/CAM 软件包。交互设计是它的主要模块,提供二维设计、绘图和标注尺寸等功能。

(3)Micro-Station 软件。

该软件是目前微机 CAD 中功能较强的软件之一,提供与 DBASEⅢ和 PLUS 数据库的接口,对数据处理较方便。

(4)3D-Product 软件。

该软件具有较强的三维几何造型功能,其特点是能进行参数化设计,属于最新推出的微机 CAD 应用软件。

(5)CADKEY 软件。

该软件能进行二维图形设计和绘图,并具有三维线框图形设计功能。

(6)AutoCAD 软件。

AutoCAD 是用于二维图形设计和绘图的软件,是应用较广的微机 CAD 软件。

2) 工作站和中小型机上运行的 CAD/CAM 软件

(1) I-DEAS 软件。

I-DEAS 由美国 SDRC 公司开发,是高度集成化的 CAD/CAE/CAM 软件,主要功能模块包括:① 二维图形设计和绘图模块;② 有限元分析模块;③ 优化分析设计模块;④ 系统动力仿真模块;⑤ 桁架结构分析模块;⑥ 数据处理模块;⑦ 塑料模具设计流动分析模块;⑧ 数控加工模块。

(2) CATIA 软件。

CATIA 是由法国达索公司研究开发的三维几何造型功能较强的交互式 CAD/CAM 软件,曲面造型功能更为突出。该软件由四个基本模块组成:① 三维线框几何造型模块;② 曲面设计和数控加工模块;③ 实体几何造型模块;④ 运动学模拟模块。

(3) CADAM 软件。

CADAM 是由美国洛克希德飞机制造公司研制开发的大型 CAD/CAM 软件。该软件由五个基本模块组成:① 交互设计控制模块;② 三维几何造型模块;③ 三维管路设计模块;④ 有限元前处理模块;⑤ 数控加工模块。

(4) EUCLID 软件。

该软件是由法国 Matra Datavision 公司研究开发的。主要功能模块有:① 几何造型模块;② 实时显示模块;③ 自动绘图模块;④ 分析计算模块;⑤ 统一的数据库管理系统。

(5) PRIME MEDUSA 软件。

PRIMEMEDUSA 是一个较好的 CAD/CAM 软件,主要功能模块有:① 二维设计绘图模块;② 三维几何造型模块;③ 参数几何造型模块;④ 分析与接口模块;⑤ 真实感图形生成模块;⑥ 钣金设计模块;⑦ 图形数据管理模块。

(6) ICEM 软件。

ICEM 是由美国 CDC 公司研究开发的,整个系统以工程数据库为核心,包括五大模块:① 几何造型模块;② 二维设计绘图模块;③ 有限元建模与分析模块;④ 机构运动学模块;⑤ 数控加工模块。

(7) UGⅡ软件。

该软件由美国麦道航空公司研究开发,主要功能如下:① 实体和曲面造型及绘图;② 机构设计;③ 零件设计及装配;④ 注塑模具设计中的流场分析;⑤ 有限元分析的前处理和后处理;⑥ 三至五轴数控加工的刀具轨迹计算和干涉检查。此外,该软件具有较好的二次开发环境和数据交换功能。

(8) GEMS 软件。

该软件由清华大学研究开发,主要模块包括:① 三维形体的定义输入模块;② 三维形体集合运算模块;③ 变换输出模块。

3. CAD/CAM 系统具备的功能

1) 交互图形输入和输出功能

在 CAD/CAM 作业过程中,一般都要用交互方法来生成和编辑图形。为了实现上述功能,系统必须配置合适的硬件和软件。

2) 几何造型功能

几何造型功能是 CAD/CAM 系统图形处理的核心。通常几何造型又分为曲线、曲面造型与实体造型等。

3）有限元分析功能

有限元分析系统应包括前处理、分析计算和后处理三个部分。前处理就是对被分析的对象进行有限元网格自动划分；分析计算就是计算应力、应变、固有频率等数值；后处理就是对计算的结果（应力、应变、温度值等）用图形（等应力线、等温度线）或用深浅不同的颜色来表示。

4）优化设计功能

优化设计是现代设计方法学的一个组成部分。一个产品或工程的设计实际上就是寻优的过程，就是在某些条件限制下使产品和工程的设计指标达到最佳。CAD/CAM 系统应具有优化求解功能。

5）处理数控加工信息功能

CAD/CAM 系统应具有处理二至五坐标数控机床加工零件的处理能力，其中包括自动编程和动态模拟加工过程的功能。

6）统一的数据管理功能

CAD/CAM 系统在设计过程中要处理的数据数量大、类型多，为了统一管理这些数据，在 CAD/CAM 系统中必须具有一个工程数据库管理系统（EDBMS），以及在它管理之下的工程数据库。

7）二维绘图功能

在产品生产过程中，二维工程图纸还是传递产品信息的一种方式。因此，一个 CAD/CAM 系统应具有适合工程图纸绘制要求的二维绘图能力。

1.1.5　CAD 系统的种类

CAD 系统与一般计算机系统的区别可以从硬件与软件两方面来分析。硬件方面的区别是 CAD 系统有专门的输入及输出设备来处理图形的交互输入与显示问题；软件方面的区别表现在集成与界面上，CAD 系统提供给用户所需要的全部功能模块，并通过一个中央数据库集成起来，在界面方式上也往往不同于一般软件常用的数据文件或会话方式，而是采用了一套完善的交互操作方式。

根据不同的标准，CAD 系统可得到不同的分类。

1）按硬件分类

从硬件角度将 CAD 系统分为四类：集中式主机系统、小型机成套系统、微型机 CAD 系统和分布式网络工程工作站系统。图 1-5 所示为一个典型的微型机 CAD 系统。

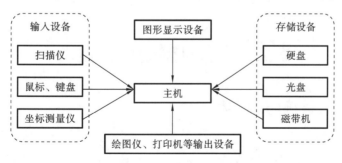

图 1-5　微型机 CAD 系统

2）按工作方式和功能特征分类

CAD 系统按其工作方式和功能特征可大致分为检索型、派生型、交互型与智能型几种类型。

检索型 CAD 系统　主要用于标准化、通用化、系列化程度较高的产品设计。机械工业中的许多标准产品，如电动机、汽轮机、鼓风机、组合机床、变压器等，它们的基本结构均已定型，有标准零件和结构可以借鉴，不同规格的产品其结构基本相同，只是尺寸不一样。目前还有 CAD 零件及材料选择等系统，如瑞典 SKF 公司的 CADlog 系统。

派生型 CAD 系统　此系统又称为自动型 CAD 系统。自动设计是在成组技术的基础上建立的，按照被设计对象的结构相似性，用分类编码的方法将零件分为若干零件族，通过对零件族内的所有零件进行分析，归纳出典型零件。该典型零件将零件族所有零件的功能要素集于一身，对每个功能结构进行参数化处理，建立相应的数据库、参数化特征库和典型零件图形库，便构成了一个派生型 CAD 系统。

派生型 CAD 系统可以较为方便地完成相似结构产品的设计，其适用范围较检索型 CAD 系统要宽，但只适用于设计理论成熟、计算公式确定、设计步骤分明、判断标准清楚的产品开发。

交互型 CAD 系统　此系统是目前在计算机辅助设计系统中功能较为完善和应用最广的一种形式。交互型 CAD 系统由设计者描述出设计模型，再由计算机对有关产品的大量资料进行检索，并通过草图或标准图显示结果，设计者在分析结果的基础上，通过图形输入设备和人机对话语言直接对图形进行实时修改，计算机根据修改的指令，再次作出响应，并重新组织显示。交互型 CAD 系统具有运用范围广、功能灵活的特点，但设计效率不如检索型和派生型 CAD 系统高，它过多地依赖了人的判断和经验，设计标准化程度低。

智能型 CAD 系统　此系统又称为基于知识的 CAD 系统。如果在人机交互过程中引入专家系统技术，由计算机给出智能化提示，告诉设计师下一步该做什么，当前设计存在什么问题，建议解决这些问题的途径和方案。这样，可进一步提高设计质量和速度，有可能使缺乏经验的设计师做出专家水平的设计来。

3）按模型分类

根据模型的不同，CAD 系统一般分为二维 CAD 系统和三维 CAD 系统。

二维 CAD 系统一般将产品和工程设计图纸看成点、线、圆、弧等几何元素的集合，所依赖的数学模型是几何模型。

三维 CAD 系统的核心是产品的三维模型，这种三维模型包含了更多的实际结构特征，使用户在采用三维 CAD 造型工具进行产品结构设计时，能更大程度地反映实际产品的构造或加工制造过程。

1.2　计算机辅助设计技术

1.2.1　图形系统与图形标准

1）图形基本概念

计算机图形学中所研究的图形是指从客观世界物体中抽象出来的带有灰度或者色彩、具有特定形状的图或形。在计算机中表示一个图形常用的方法有点阵法和参数法两种。

点阵法：用具有灰度或颜色信息的点阵来表示图形的一种方法，它强调图形由哪些点组成，这些点具有什么灰度或色彩。

参数法：以计算机中所记录图形的形状参数与属性来表示图形的一种方法。形状参数可以是形状方程系数、线段的起点和终点等几何属性的描述；属性参数则描述灰度、色彩、线型等非几何属性。

2）图形系统基本功能与层次结构

计算机图形系统是 CAD/CAM 软件或其他图形应用软件系统的重要组成部分。计算机图形系统包括硬件和软件两大部分，硬件部分包括图形的输入、输出设备和图形控制器等，软件部分主要包括图形的显示、交互技术、模型管理和数据存取交换等方面。

一个计算机图形应用系统应该具有的基本功能有：运算功能、数据交换功能、交互功能、输入功能、输出功能。

1.2.2　图形几何变换

1）坐标系

从定义的几何形状到生成相应的图形，一般都需要建立相应的坐标系，并通过坐标变换实现图形的表达。常见的坐标系有以下几种。

（1）世界坐标系（WCS）。

即参照坐标系。用来定义用户在二维或三维世界中的物体，符合右手定则，定义域为实数域。其他所有的坐标系都是相对 WCS 定义的。

（2）用户坐标系统（UCS）。

即工作中的坐标系。

（3）对象坐标系（OCS）。

由多义线和细多义线对象的某些方法和属性指定的点的值由对象坐标系统表达。该坐标系统与对象有关。

（4）显示坐标系（DCS）。

即对象在显示前被转换的坐标系统。图形设备、绘图仪、显示器等有自己相对独立的坐标系，用来绘制或显示图形，通常使用左手直角坐标系。

2）点的矩阵表示法

图形几何变换是构造 CAD 系统的基础之一。构成图形的最基本要素是点，因此可以用点的集合来表示平面的或空间的图形，其矩阵形式为

$$
\text{平面点}\begin{bmatrix} x_1 & y_1 \\ x_2 & y_2 \\ \vdots & \vdots \\ x_n & y_n \end{bmatrix},\quad \text{空间点}\begin{bmatrix} x_1 & y_1 & z_1 \\ x_2 & y_2 & z_2 \\ \vdots & \vdots & \vdots \\ x_n & y_n & z_n \end{bmatrix}
$$

3）齐次坐标

实现图形变换时通常采用齐次坐标系来表示坐标值，所谓齐次坐标就是将一个原本是 n 维的向量 $P(P_1,P_2,\cdots,P_n)$ 用一个 $n+1$ 维向量 $P'(hP_1,hP_2,\cdots,hP_n,h)$ 来表示。其中，$h\neq0$，且一个向量的齐次表示是不唯一的，齐次坐标的 h 取不同的值都表示的是同一个点。

引入齐次坐标主要是合并几何变换过程中所涉及矩阵运算中的乘法和加法，即它提供了用矩阵运算把二维、三维甚至高维空间中的一个点集从一个坐标系变换到另一个坐标系的有效方法。

4）变换矩阵

图形学中的几何变换主要包括平面的和空间的平移、旋转、缩放。如果把点定义为行向量，那么根据矩阵的乘法，变换矩阵的形式为

$$P' \neq PT$$

其中，P' 是变换后的点坐标，而 P 为变换前的点坐标，T 为变换矩阵，该矩阵可以是绕一点或轴的旋转、移动、缩放、投影及其组合。

5）二维变换

二维变换的一般矩阵表达式为

$$T = \begin{bmatrix} a & b & p \\ c & d & q \\ l & m & s \end{bmatrix}$$

其中，矩阵 $\begin{bmatrix} a & b \\ c & d \end{bmatrix}$ 可以实现图形的比例、对称、错切、旋转等基本变换；矩阵 $\begin{bmatrix} l & m \end{bmatrix}$ 可以实现图形的平移变换；矩阵 $\begin{bmatrix} p & q \end{bmatrix}^{\mathrm{T}}$ 可以实现图形的投影变换；$[s]$ 可以实现图形的全比例变换。

通过变换，齐次坐标点 $(x, y, 1)$ 被变换成 $(x', y', 1)$：

$$(x', y', 1) = (x, y, 1)T$$

6）三维变换

三维变换是二维变换的扩展，其变换矩阵为

$$T = \begin{bmatrix} a & b & c & p \\ d & e & f & q \\ h & i & j & r \\ l & m & n & s \end{bmatrix}$$

其中，$\begin{bmatrix} a & b & c \\ d & e & f \\ h & i & j \end{bmatrix}$ 可以实现图形的比例、错切、旋转等基本变换；$[l \quad m \quad n]$ 可以实现图形的平移变换；$[p \quad q \quad r]^{\mathrm{T}}$ 可以实现图形的投影变换；$[s]$ 可以实现图形的整体比例变换。

通过变换，齐次坐标点 $(x, y, z, 1)$ 被变换成 $(x', y', z', 1)$，即

$$(x', y', z', 1) = (x, y, z, 1)T$$

7）组合变换

图形变换中，基本变换（平移、旋转、缩放、镜像）的任意连续多次组合称为组合变换。其变换矩阵为

$$T = T_1 T_2 \cdots T_n$$

式中：T_1, T_2, T_n 代表基本变换矩阵。

1.2.3　几何造型

几何造型技术是计算机图形学在三维空间的具体应用，是计算机辅助设计和制造的核心。离散造型和曲面造型是两种主要的几何造型方法。离散造型是采用离散的平面来表示曲面，通过设定离散化精度，可以控制几何造型拟合真实物体的程度。离散造型技术方法简单，但是由于曲面离散化后，面数急剧增加，增加了系统的数据量，占据了大量的存储空间，并对特定类型需要有特定的离散算法，因此该方法在应用上有一定的局限性，通常和其他造型方法混合

使用。

1. 曲线

曲面生成以曲线参数化为基础,常用的参数曲线有以下三种:

1) Bezier 曲线

$$C(t) = \sum_{i=1}^{n} P_i B_{i,n}(t), \quad (0 \leqslant t \leqslant 1)$$

其中:P_i 构成该曲线的特征多边形

$$B_{i,n}(t) = \frac{t^i (1-t)^{n-i} n!}{i! (n-i)!} = C_n^i t^i (1-t)^{n-i}, \quad i = 0, 1, \cdots, n$$

性质:

① 对称性。若保持原 Bezier 曲线的全部顶点位置不变,只是反次序颠倒过来,则新的 Bezier 曲线开关不变,只是走向相反。

② 凸包性。当 t 在 $[0,1]$ 区间变化时,对某一个 t 值,C 在几何图形上。这意味着 Bezier 曲线 $C(t)$ 是 P_i 各点的凸线性组合,并且曲线上各点均落在 Bezier 特征多边形构成的凸包之中。

③ 几何不变性。指某些几何特性不随一定的坐标变换而变化的性质。它不依赖坐标系的选择,与 Bezier 曲线的位置有关。

2) B 样条曲线

① 均匀 B 样条函数

$$C(u) = \sum_{i=1}^{n} P_i N_{i,k}(u)$$

其中

$$N_{i,k}(u) = \begin{cases} 1 & t_i \leqslant u \leqslant t_{i+1} \\ 0 & \text{其他} \end{cases}$$

② 非均匀 B 样条函数

$$N_{i,k}(u) = \frac{(u-t_i)N_{i,k-1}(u)}{t_{i+k-1}-t_i} + \frac{(t_{i+k}-u)N_{i+1,k-1}(u)}{t_{i+k}-t_{i+1}}$$

性质:

① 局部性。在区间 (t_i, t_{i+k}) 中为正,在其他地方为 0。这使得 k 阶 B 样条曲线在修改时只被相邻的 k 个顶点控制,而与其他顶点无关。换句话说,当移动一个顶点时,只对其中一段曲线有影响,并不对整条曲线有影响。

② 连续性。B 样条曲线在 t_i 处有 L 重节点的连续性不低于 $k-L+1$ 阶,整条曲线的连续性不低于 $k-L_m+1$ 内的最大重节点数。

③ 几何不变性。B 样条曲线的形状和位置与坐标系的选择无关。

④ 变差缩减性。设 $n+1$ 个控制点构成 B 样条曲线特征多边形,在该平面内的任意一条直线与 B 样条曲线的交点个数不多于该直线和特征多边形的交点个数。

3) 非均匀有理 B 样条曲线 NURBS

NURBS 曲线是由分段有理 B 样条多项式基函数定义,形式为

$$C(u) = \frac{\sum\limits_{i=0}^{n} W_i P_i N_{i,k}(u)}{\sum\limits_{i=0}^{n} W_i N_{i,k}(u)} = \sum_{i=0}^{n} P_i P_{i,k}(u)$$

其中:P 是特征多边形顶点位置矢量,W_i 是相应控制点 P_i 的权因子,节点向量中的节点个数 $m=n+k+1$,n 为控制点数,k 为 B 样条基函数的次数。

对 NURBS 曲线,权 W_i 只影响 $[t_i,t_{i+k+1}]$ 区间的形状:

① 若 W_i 增/减,曲线被拉向/拉开 P_i,$j\neq i$;

② 随着 B_i 的运动,它扫描出一条直线段 BP;

③ 若 W_i 趋向 P_i,则 W_i 趋于正无穷。

2. 参数曲面

与曲线一样,曲面也有显式、隐式和参数式,从计算机图形学的角度看,参数曲面更便于计算机表示和构造。

1) 矩形域上的参数曲面片

矩形域上由曲线边界包围具有一定连续性的点集面片,用双参数的单值函数表示为

$$x=x(u,w)$$
$$y=y(u,w)\quad u,w\in[0,1]$$
$$z=z(u,w)$$

① 角点　把 $u,w=1$ 或 0 代入 $p(u,w)$,得到四个角点 $p(0,0),p(0,1),p(1,0),p(1,1)$,简记为 $p_{0,0},p_{0,1},p_{1,0},p_{1,1}$。

② 边界线　矩形域曲面片的四条边界线是:$p(u,0),p(u,1),p(0,w),p(1,w)$,简记为 $p_{u,0},p_{u,1},p_{0,w},p_{1,w}$。

③ 曲面片上一点　该点 $p(u_i,w_j)$ 简记为 p_{ij}。

④ 点的切矢　在曲面片上的一点 $p(u_i,w_j)$ 的 u 向切矢、w 向切矢分别表示为 $\boldsymbol{p}_{ij}^u$、$\boldsymbol{p}_{ij}^w$。

2) 常用曲面片的参数表示

① 在 xy 平面上,矩形域的平面片的参数表达式为

$$x=(c-a)u+a,$$
$$y=(d-b)w+b,\quad u,w\in[0,1]$$
$$z=0$$

② 球面　若一个球的半径为 r,分别以纬度 u 和经度 w 为参数变量,其表达式为

$$x=x_0+r\cos u\cos w,\quad u\in[-\pi/2,\pi/2]$$
$$y=y_0+r\cos u\sin w,\quad w\in[0,2\pi]$$
$$z=z_0+r\sin u$$

③ 回转面　若一条由 $[x(u),z(u)]$ 定义的曲线绕 z 轴旋转,将会得到一回转面,其表达式为

$$x=x(u)\cos w,$$
$$y=y(u)\sin w,\quad w\in[0,2\pi]$$
$$z=z(u)$$

3) Bezier 曲面

可使用两组正交的 Bezier 曲线来设计由控制点风格描述的物体表面。其定义为

$$\boldsymbol{S}(u,w)=\sum_{i=0}^{m}\sum_{j=0}^{n}B_{i,m}(u)B_{j,n}(w)\boldsymbol{p}_{ij}$$

其中:p_{ij} 给定了控制点的位置。Bezier 曲面和 Bezier 曲线有相同的性质,可提供用于交互式设计的使用方法。对每个曲面片,选择在"xy""地"平面上的控制点风格,然后根据控制点的子

坐标值在地平面上选择高度,而这些曲面片可以用边界约束来连接。

4）线性 Coons 曲面和张量积曲面

（1）线性 Coons 曲面。

线性 Coons 曲面是通过四条边界曲线构成的曲面。若给定四条边界曲线,在 u 向进行线性插值:

$$\boldsymbol{p}_1(u,w)=(1-u)\boldsymbol{p}_{0w}+u\boldsymbol{p}_{1w}$$

在 w 向进行线性插值:

$$\boldsymbol{p}_2(u,w)=(1-u)\boldsymbol{p}_{u0}+u\boldsymbol{p}_{u1}$$

若把以上两曲面叠加,可得到一新曲面,使其边界正好就是所不需要的线性插值边界,则可得在 w 向进行线性插值公式:

$$\boldsymbol{p}_3(u,w)=(1-w)\big[(1-u)\boldsymbol{p}_{00}+u\boldsymbol{p}_{10}\big]+w\big[(1-u)\boldsymbol{p}_{01}+u\boldsymbol{p}_{11}\big]$$
$$=(1-u)(1-w)\boldsymbol{p}_{00}+u(1-w)\boldsymbol{p}_{10}+(1-u)w\boldsymbol{p}_{01}+uw\boldsymbol{p}_{11}$$

用四条边界曲线构造的曲面

$$\boldsymbol{p}_3(u,w)=((1-u)\ u)\begin{bmatrix}p_{0w}\\p_{1w}\end{bmatrix}+\begin{bmatrix}p_{u0}&p_{u1}\end{bmatrix}\begin{bmatrix}1-w\\w\end{bmatrix}-((1-u)\ u)\begin{bmatrix}p_{00}&p_{01}\\p_{10}&p_{11}\end{bmatrix}\begin{bmatrix}1-w\\w\end{bmatrix}$$

对于该曲面,当 $u=0,u=1,w=0,w=1$ 时对应的四条边界曲线即为已知 p_{u0},p_{u1},p_{0w}, p_{1w} 这四条边界线。

（2）张量积曲面。

在上述曲面构造中,若取边界及跨边界的切矢都按同一个调和函数有规律地变化,则其边界信息可表示成

$$\boldsymbol{p}_{iw}=\boldsymbol{F}_0(w)\boldsymbol{p}_{i0}+\boldsymbol{F}_1(w)\boldsymbol{p}_{i1}+\boldsymbol{G}_0(w)\boldsymbol{p}_{i0}^w+\boldsymbol{G}_1(w)\boldsymbol{p}_{i1}^w$$
$$\boldsymbol{p}_{uj}=\boldsymbol{F}_0(w)\boldsymbol{p}_{0j}+\boldsymbol{F}_1(w)\boldsymbol{p}_{1j}+\boldsymbol{G}_0(w)\boldsymbol{p}_{0j}^w+\boldsymbol{G}_1(w)\boldsymbol{p}_{1j}^w$$

跨界切矢为

$$\boldsymbol{p}_{iw}^u=\boldsymbol{F}_0(w)\boldsymbol{p}_{i0}^u+\boldsymbol{F}_1(w)\boldsymbol{p}_{i1}^u+\boldsymbol{G}_0(w)\boldsymbol{p}_{i0}^{uw}+\boldsymbol{G}_1(w)\boldsymbol{p}_{i1}^{uw}$$
$$\boldsymbol{p}_{uj}^w=\boldsymbol{F}_0(w)\boldsymbol{p}_{0j}^w+\boldsymbol{F}_1(w)\boldsymbol{p}_{1j}^w+\boldsymbol{G}_0(w)\boldsymbol{p}_{0j}^{uw}+\boldsymbol{G}_1(w)\boldsymbol{p}_{1j}^{uw}$$

从而得到

$$\boldsymbol{p}(u,w)=\begin{bmatrix}F_0(u)&F_1(u)&G_0(u)&G_1(u)\end{bmatrix}\begin{bmatrix}p_{00}&p_{01}&p_{00}^w&p_{01}^w\\p_{10}&p_{11}&p_{10}^w&p_{11}^w\\p_{00}^u&p_{01}^u&p_{00}^w&p_{01}^{uw}\\p_{10}^u&p_{11}^u&p_{10}^{uw}&p_{11}^{uw}\end{bmatrix}\begin{bmatrix}\boldsymbol{F}_0(w)\\\boldsymbol{F}_1(w)\\\boldsymbol{G}_0(w)\\\boldsymbol{G}_1(w)\end{bmatrix}$$

定义边界切矢所用的调和函数与构造原来曲面方程时所用的调和函数相同,此时曲面片完全由四边形域角点信息矩阵确定,这种类型的曲面称为张量积曲面。

5）B 样条曲面

由均匀 B 样条的性质,可以得到 B 样条曲面的定义。给定 $(m+1)(n+1)$ 空间点列 $\boldsymbol{p}_{ij}$ $(i=0,1,\cdots,m;j=0,1,\cdots,n)$,则下式定义了 $k\times l$ 次 B 样条曲面。

$$\boldsymbol{S}(u,w)=\sum_{i=0}^m\sum_{j=0}^n\boldsymbol{p}_{ij}N_{i,k}(u)N_{j,l}(w),\quad u,w\in[0,1]$$

式中:$N_{i,k}(u)$ 表示 k 次 B 样条基函数;

　　　$N_{j,l}(w)$ 表示 l 次 B 样条基函数。

（1）均匀双二次 B 样条曲面。

已知曲面的控制点列 $p_{ij}(i,j=0,1,2)$，构造均匀干净 B 样条曲面的步骤如下。

① 沿 w 或 u 向构造均匀二次 B 样条曲线，即

$$p_0(w)=\begin{bmatrix} w^2 & w & 1 \end{bmatrix}\begin{bmatrix} 1 & -2 & 1 \\ -2 & 2 & 0 \\ 1 & 1 & 0 \end{bmatrix}\begin{bmatrix} p_{00} \\ p_{01} \\ p_{02} \end{bmatrix}=WM_B\begin{bmatrix} p_{00} \\ p_{01} \\ p_{02} \end{bmatrix}$$

经转置后，可得

$$p_0^T(w)=\begin{bmatrix} p_{00} & p_{01} & p_{02} \end{bmatrix}M_B^T W^T$$

可得

$$p_1^T(w)=\begin{bmatrix} p_{10} & p_{11} & p_{12} \end{bmatrix}M_B^T W^T$$

$$p_2^T(w)=\begin{bmatrix} p_{20} & p_{21} & p_{22} \end{bmatrix}M_B^T W^T$$

② 再沿 u 或 w 向构造均匀二次 B 样条曲线，即可得到均匀双二次 B 样条曲面。

$$S(u,w)=UM_B\begin{bmatrix} p_0(w) \\ p_1(w) \\ p_2(w) \end{bmatrix}=UM_B\begin{bmatrix} p_{00} & p_{01} & p_{02} \\ p_{10} & p_{11} & p_{12} \\ p_{20} & p_{21} & p_{22} \end{bmatrix}M_B^T W^T$$

(2) 均匀双三次 B 样条曲面。

已知曲面的控制点列 $p_{ij}(i,j=0,1,2,3)$，参数 u,w 均属于闭区间 $[0,1]$，构造均匀双三次 B 样条曲面的步骤如下。

① 沿 w 或 u 向构造均匀三次 B 样条曲线：

$$p_0(w)=\begin{bmatrix} p_{00} & p_{01} & p_{02} & p_{03} \end{bmatrix}M_B^T W^T$$

$$p_1(w)=\begin{bmatrix} p_{10} & p_{11} & p_{12} & p_{13} \end{bmatrix}M_B^T W^T$$

$$p_2(w)=\begin{bmatrix} p_{20} & p_{21} & p_{22} & p_{23} \end{bmatrix}M_B^T W^T$$

$$p_3(w)=\begin{bmatrix} p_{30} & p_{31} & p_{32} & p_{33} \end{bmatrix}M_B^T W^T$$

② 再沿 u 或 w 向构造均匀三次 B 样条曲线，此时认为顶点 $p_i(w)$ 滑动，每组顶点对应相同的 w，当 w 值由 0 到 1 连续变化时即可得到均匀双二次 B 样条曲面。此时表达式为

$$S(u,w)=UM_B\begin{bmatrix} p_0(w) \\ p_1(w) \\ p_2(w) \\ p_3(w) \end{bmatrix}=UM_B PM_B^T W^T$$

$$P=\begin{bmatrix} p_{00} & p_{01} & p_{02} & p_{03} \\ p_{10} & p_{11} & p_{12} & p_{13} \\ p_{20} & p_{21} & p_{22} & p_{23} \\ p_{30} & p_{31} & p_{32} & p_{33} \end{bmatrix}$$

6) 非均匀有理 B 样条(NURBS)曲面

(1) NURBS 曲面的定义。

由双参数变量分段有理多项式定义的 NURBS 曲面是

$$S(u,v)=\frac{\sum_{i=0}^{m}\sum_{j=0}^{n}W_{ij}p_{ij}N_{i,p}(u)N_{j,q}(v)}{\sum_{i=0}^{m}\sum_{j=0}^{n}W_{ij}N_{i,p}(u)N_{j,q}(v)} \quad u,v\in[0,1]$$

式中：p_{ij} 是矩形域上特征网格控制点列，W_{ij} 是相应控制点的权因子，$N_{i,p}(u)$ 和 $N_{j,q}(v)$ 是 p 阶和 q 阶的 B 样条基函数，它们是在节点矢量 $S\{s_0,s_1,\cdots,s_{m+p+1}\}$ 和 $T\{t_0,t_1,\cdots,t_{n+q+1}\}$ 上定义

的。若令

$$R_{ij}(u,v)=\frac{W_{ij}N_{i,p}(u)N_{j,q}(v)}{\sum\limits_{x=0}^{m}\sum\limits_{y=0}^{n}W_{xy}N_{x,p}(u)N_{y,q}(v)}$$

则 $R_{ij}(u,v)$ 是 NURBS 曲面的分段有理基函数。

若在非均匀参数轴上定义的节点矢量 $\boldsymbol{S},\boldsymbol{T}$ 具有下述形式：

$$\boldsymbol{S}=\{\underbrace{0,0,\cdots,0}_{p+1\text{个}},s_{p+1},\cdots,s_{m},\underbrace{1,1,\cdots,1}_{p+1\text{个}}\}$$

$$\boldsymbol{T}=\{\underbrace{0,0,\cdots,0}_{p+1\text{个}},t_{q+1},\cdots,t_{n},\underbrace{1,1,\cdots,1}_{p+1\text{个}}\}$$

则由 $\boldsymbol{S},\boldsymbol{T}$ 定义的曲面是非均匀非周期的有理 B 样条曲面,简称 NURBS 曲面。通常设定权因子 $W_{00},W_{0n},W_{m0},W_{mn}>0,W_{ij}\geqslant0,(i=1,\cdots,m-1;j=0,\cdots,n-1)$,这样可以保证基函数为非负。节点矢量的定义对曲面的定义和修改也起到重要作用,定义方法可参见非均匀有理 B 样条曲线。

（2）反插节点。

若原来定义的特征控制点网格是 $\boldsymbol{p}_{ij}(i=0,1,\cdots,m;j=0,1,\cdots,n)$,现插入控制点 $\boldsymbol{Q}$ 及其权因子 W。此时相当于在 $\boldsymbol{S},\boldsymbol{T}$ 方向插入控制点,即有

$$\boldsymbol{Q}_{s}=\frac{(1-\alpha)W_{ij}\boldsymbol{p}_{ij}+\alpha W_{i+1,j}\boldsymbol{p}_{i+1,j}}{(1-\alpha)W_{ij}+\alpha W_{i+1,j}}$$

$$\alpha=\frac{W_{ij}|\boldsymbol{Q}_{s}-\boldsymbol{p}_{ij}|}{W_{ij}|\boldsymbol{Q}_{s}-\boldsymbol{p}_{ij}|+W_{i+1,j}|\boldsymbol{p}_{i+1,j}-\boldsymbol{Q}_{s}|}$$

在 u 插入的节点应是:$s=s_{i+1}+\alpha(s_{i+p+1}-s_{i+1})$,类似可得到 $\boldsymbol{T}$ 方向插入控制点的公式为

$$\boldsymbol{Q}_{t}=\frac{(1-\beta)W_{ij}\boldsymbol{p}_{ij}+\beta W_{i,j+1}\boldsymbol{p}_{i,j+1}}{(1-\beta)W_{ij}+\beta W_{i,j+1}}$$

$$\beta=\frac{W_{ij}|\boldsymbol{Q}_{t}-\boldsymbol{p}_{ij}|}{W_{ij}|\boldsymbol{Q}_{t}-\boldsymbol{p}_{ij}|+W_{i,j+1}|\boldsymbol{p}_{i,j+1}-\boldsymbol{Q}_{t}|}$$

$$t=t_{j+1}+\beta(t_{j+q+1}-t_{j+1})$$

（3）修正权因子。

权因子 W_{ij} 的修正仅影响 $[s_i,s_{i+p+1})\times[t_j,t_{j+q+1})$ 矩形区域的曲面,$u\in[s_i,s_{i+p+1})$,$v\in[t_j,t_{j+q+1})$,改变曲面 W_{ij} 的几何意义和修改曲线 W_i 的几何意义相同。其中 $\boldsymbol{S}=\boldsymbol{S}(u,v,W_{ij}=0)$;$\boldsymbol{M}=\boldsymbol{S}(u,v,W_{ij}=1)$;$\boldsymbol{S}_{ij}=\boldsymbol{S}(u,v,W_{ij}\neq0,1)$。

$\boldsymbol{M}$ 和 $\boldsymbol{S}_{ij}$ 可表示为

$$\boldsymbol{M}=(1-a)s+a\boldsymbol{p}_{ij},\quad \boldsymbol{S}_{ij}=(1-b)s+b\boldsymbol{p}_{ij}$$

其中

$$a=\frac{N_{i,p}(u)N_{j,q}(v)}{\sum\limits_{i=x=0}^{m}\sum\limits_{j=y=0}^{m}W_{xy}N_{x,p}(u)N_{y,q}(v)+N_{x,p}(u)N_{y,q}(v)}$$

$$b=\frac{W_{ij}N_{i,p}(u)N_{j,q}(v)}{\sum\limits_{x=0}^{m}\sum\limits_{y=0}^{m}W_{xy}N_{x,p}(u)N_{y,q}(v)}R_{ij}(u,v)$$

由上式可知

$$\frac{(1-a)}{a} : \frac{(1-b)}{b} = W_{ij}$$

这实际上是四点 p_{ij}, S, M, S_{ij} 的交叉比例。

(4) 修改控制点。

给定曲面上点 p_{ij} 的参数为 (u,v),曲面变化的方向矢量 T 及其变化距离 d,要求计算 p_{ij} 的新位置 p_{ij}^*,因 $p_{ij}^* = p_{00}R_{00}(u,v) + \cdots + (p_{ij} + a_v)R_{ij}(u,v) + \cdots + p_{mn}R_{mn}(u,v)$,令

$$a = \frac{|p_{ij}^* - p_{ij}|}{|T|R_{ij}(u,v)} = \frac{d}{|T|R_{ij}(u,v)}$$

则
$$p_{ij}^* = p_{ij} + aT$$

具体执行过程是,首先取一个控制点 p_{ij},系统计算出该点的 (u,v) 参数值,再计算出相应参数的型值点 $Q = S(u,v)$,则修改后的方向矢量定义为 $T = p_{ij} - Q$,若变化幅度为 d,由上式即可求出新的控制点 p_{ij}^*。

7) 扫描面

最简单的扫描面是单截面线或单路径的回转面和拉伸面,进而有多路径单截面线、单路径多截面线、多路径多截面线的扫描面。

(1) 单截面线回转面。

用参数方程定义 $p(t) = [x(t)\quad y(t)\quad z(t)]$,$t \in [0,1]$;$p(t)$ 可用常用的形式来构造。$p(t)$ 绕 X 轴旋转 φ 角生成的回转面可定义为

$$Q(t,\varphi) = p(t) \cdot s = p(t)\begin{bmatrix} 1 & 0 & 0 & 0 \\ 0 & \cos\varphi & \sin\varphi & 0 \\ 0 & 0 & 1 & 0 \\ 0 & 0 & 0 & 1 \end{bmatrix} \quad t \in [0,1], \varphi \in [0,2\pi]$$

若 $p(t)$ 不是绕 X 轴而是绕 a_1, a_2 两点定义的矢量旋转,此时只要将 a_1, a_2 变换成 X 轴后即可套用上式。

(2) 单截面线拉伸面。

若有一点 $p(x,y,z,1)$ 沿一条由平移变换矩阵定义的路径拉伸,则产生的拉伸线定义为 $Q(s) = p[T(s)]$。若路径是沿 Z 轴长度为 n 的线段,则 $T(s)$ 可写成

$$T(s) = \begin{bmatrix} 1 & 0 & 0 & 0 \\ 0 & 1 & 0 & 0 \\ 0 & 0 & 1 & 0 \\ 0 & 0 & ns & 1 \end{bmatrix} \quad s \in [0,1]$$

若路径是在 Z 为常数的平面上且圆心在原点上的一个圆,则此时

$$T(s) = \begin{bmatrix} (r/x)\cos[2\pi(s+s_i)] & 0 & 0 & 0 \\ 0 & (r/y)\sin[2\pi(s+s_i)] & 0 & 0 \\ 0 & 0 & 1 & 0 \\ 0 & 0 & 0 & 1 \end{bmatrix} \quad s \in [0,1]$$

其中:$s_i = \frac{1}{2\pi}\arctan\left(\frac{y_i}{x_i}\right)$,$r = (x^2 + y^2)^{1/2}$,下标 i 表示路径的起始位置。

1.3　协同设计

随着工程设计复杂性的提高,设计分工越来越精细,越来越强调人与人的协作,在计算机

支持的协同工作及网络技术发展的同时,诞生了协同设计(CSCD)的概念。协同设计通常采用群体工作方式,指在计算机网络环境下,多个设计人员围绕一个共同的项目,各自承担相应部分的设计任务,并行交互地进行设计工作,最终得到符合要求的设计方法。协同设计是实现敏捷制造、分散网络化制造的关键技术之一,它为时空上分散的用户提供了一个你见即我见的虚拟协同工作环境,是复杂产品开发的一种有效工作方式。

1.3.1　协同设计的基本概念

协同设计是一种新兴的产品设计方式,在该方式下,分布在不同地点的产品设计人员以及其他相关人员通过网络采用各种各样的计算机辅助工具协同地进行产品设计活动,活动中的每一个用户都能感觉到其他用户的存在,并与他们进行不同程度的交互。

协同设计的特点在于产品设计由分布在不同地点的产品设计人员协同完成;不同地点的产品设计人员通过网络进行产品信息的共享和交换,实现对异地 CAX 等软件工具的访问和调用;通过网络进行设计方案的讨论、设计结果的检查与修改,使产品设计工作能够跨越时空进行。上述特点使分布式协同设计能够较大幅度地缩短产品设计周期,降低产品开发成本,提高个性化产品开发能力。

协同设计按工作模式可以分为异步协同设计和同步协同设计两类。

异步协同设计是一种松散耦合的协同工作。其特点是:多个协作者在分布集成的平台上围绕共同的任务进行协同设计工作,但各自有不同的工作空间,可以在不同的时间内工作,并且通常不能迅速地从其他协作者处得到反馈信息。进行异步协同设计除必须具有紧密集成的 CAX/ DFX 工具之外,还需要解决共享数据管理、协作信息管理、协作过程中的数据流和工作流管理等问题。

同步协同设计是一种紧密耦合的协同工作,多个协作者在同一时间内,通过共享工作空间进行设计活动,并且任何一个协作者都可以迅速地从其他协作者处得到反馈信息。如同面对面的协商讨论在传统产品开发过程中不可缺少一样,同步协同在产品设计的某些阶段也不可或缺。从技术角度看,同步协同设计比异步协同设计的实现困难得多。这主要体现在它需要在网上实时传输产品模型和设计意图,需要有效地解决并发冲突,需要在 CAX/ DFX 工具之间实现细粒度的在线集成等方面。虽然应用共享工具(如 NetMeeting)可以通过截取单用户 CAX/ DFX 工具的用户界面和传输界面图像来实现简单的同步协同设计,但存在协同工作效率低、不支持多系统等问题,无法有效地支持同步协同设计工作。

由于设计与制造活动的复杂性和多样性,单一的同步或者异步协同模式都无法满足其需求,因此,灵活的多模式协同机制对于协同设计与制造来说十分重要。事实上,在协同设计与制造过程中,异步协同与同步协同往往交替出现。

1.3.2　协同设计的支撑技术

协同设计中的支撑技术如下。

1) 网络技术

Internet/Intranet 等网络技术的发展使异地的网络信息传输与数据访问成为现实。Web提供了一种支持成本低、用户界面好的网络访问介质,为动态联盟的建立提供了可靠的信息载体。对 HTML 语言及 HTTP 协议的扩充,使 Internet 环境支持电子图形的浏览,并使其成为设计过程中进行信息传递和交流的便利工具。联盟成员利用网络技术有效地连接在一起,共享资源,极大地提高了联盟企业的工作效率和质量。全双工以太网和 100 Mb/s 以太网在及时传送协同信息方面尚存在不足。FDDI(光纤分布数据接口)、ATM(asynchronous transfer mode,异步传输模式)、虚拟网络三种技术的结合,可以有效地改善数据传输、网络带宽及动态信息的存储问题,是分布式协同设计中目前较为有效的网络技术。

2) CAD 与多媒体技术

网络环境的 CAD 技术支持分布式协同设计。各种软件提供了从二维工程图到三维参数化计算机辅助设计工具,大大加快了设计速度。同时,CAD 与 CAM 的紧密或无缝衔接,实现了设计与制造一体化,使产品开发更具竞争力。

在分布式设计中为了更好地协同工作,多媒体技术是必不可少的。在一个协同设计工作组中,分散在不同地点的组员可以利用多媒体环境创建、分析和操作同一项任务。在初始阶段,多媒体技术帮助组员交流思想,迅速提出初始方案。在设计过程中,组员可以通过多媒体界面随时了解任务的进展情况,并且能方便直观地交流信息。多媒体技术甚至还可以传送工作组内组员间那些不易用文字表达的信息,例如传送简短的提示或对话,传达微妙的表情或手势,组员还可以通过视频、声频和动画图像直观地看到结果。

3) 网络数据库技术

分布式网络数据库技术的发展为动态联盟的构筑和运行提供了重要的支持。数据库中不仅应包括产品的市场需求调查、所需的各种设计数据,而且应包括构筑动态联盟时对候选者的评估数据,以及动态联盟运行过程中对各个联盟成员的实际参加与合作表现的评估数据。同时,网络按集成分布框架体系存储数据信息。将有关产品开发、设计的集成信息存储在公共数据中心,统一协调、管理,并允许多个用户在不同地点访问存放在不同物理位置的数据。

知识库是网络数据库的重要组成部分。网络知识库技术可以实现领域知识的复杂问题的求解、评估和建议,而且能够有效地进行智能推理,辅助构筑动态联盟,并且协调动态联盟的实际运行,向分布式协同设计提供可靠的智力支持。

4) 异地协同工作技术

在一定的时间(如产品开发的生命周期中的某一阶段)、一定的空间(分布在异地的联盟组织或企业)内,利用 Internet/Intranet 联盟组织可以共享知识与信息,避免不相融性引起的潜在的矛盾。同时,在并行产品开发过程中,各协同小组之间及多功能小组中各专家之间,由于各自的目的、背景和领域知识水平的差异可能导致冲突的产生,因此需要通过协同工作,利用各种多媒体协同工具,如 BBS、电子白板、NetMeeting 等协同工具解决各方的矛盾、冲突,最终达成一致意见。

联盟组织之间需要大量的信息传递和交换。进行异地产品信息交换时,除了传送完好的产品模型外,还经常需要传送局部修改后的模型。特别在紧密耦合的产品设计中,信息交换更是随时发生的。如果传送完整模型,则需花大量时间和费用,一般可采用基于产品零部件的设计特征提取信息,按规定格式转换,再进行数据传输,同时将修改信息作用于相应模型,实时更新产品设计。

5) 标准化技术

以集成和网络为基础的设计离不开信息的交流,前提是具有统一的交流规范。当前,各个企业在协同设计过程中相互间缺少统一的标准,这对企业间实施协同设计造成很大制约。因此标准化的制定对于联盟组织(或企业)的建立十分必要。需要针对每位联盟成员的情况,制定合理、适宜的标准,使各个成员间的合作更加协调,使资源得到充分利用。

1.3.3　协同设计的工作环境

为了实现分布式虚拟设计过程中的信息共享、协作以及冲突消解,需要一个面向分布式虚拟设计的协同工作,采用系统体系模型的研究方法和多层分布式结构的系统体系模型,使用基于 TCP/IP 协议和基于面向对象的 RTTI(Run-Time Type Identification,运行时类型识别)技术的实体实时通信协议,该协议用于保持网络中不同节点的几何模型在实体级别上的一致性。

1) 系统体系结构

为了整个系统体系模型的延展性,以及实现软件复用,采用多层分布式结构,如图 1-6所示。

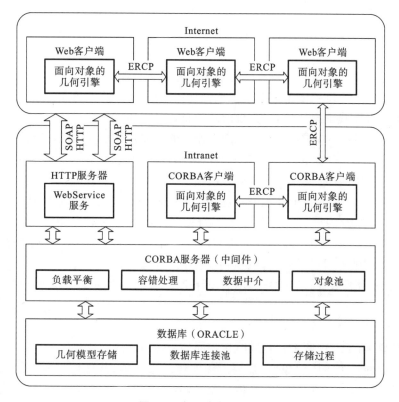

图 1-6　多层分布式结构

在 Intranet 内,整个系统体系模型可以被划分为客户端、服务器和数据库 3 层(此处不考虑 HTTP 服务器)。其中,数据库负责几何模型存储,并提供数据库连接池,以提高多用户环境下的并发响应能力。同时,为了进一步提高数据库的执行效率,减少服务器与数据库之间不必要的数据传递,一些关键的应用逻辑封装在数据库的存储过程之中。

服务器就是所谓的中间件,除了代理客户端与数据库进行连接,并通过远程过程调用提供数据中介以外,还借助美国 Borland 公司的 VisiBroker 软件提供的负载平衡和容错处理的机制,从而避免每一个客户端需要重复建立相同的对象,得到了数据库连接对象的对象池。

客户端负责表示几何模型,其可以通过 Stub-Skeleton 机制完成对服务端对象的调用,经服务器获取存储于数据库中的几何模型,然后根据几何模型,采用面向对象的几何引擎在屏幕上显示设计场景。相对于基本的 OpenGL 函数库,面向对象的几何引擎提供了更加丰富的功能,其基本思想是通过面向对象的技术对底层的 OpenGL 函数进行封装,把场景中的每一个实体都实现为一个对象,从而提高了对实体的可操控性。

由于并不能在 Internet 范围内实现真正的透明中介,因此,当 Intranet 以外的 Web 客户端获取几何模型时,可采用 WebService 技术。每一个 Web 客户端都内置一个包含了面向对象的几何引擎的 ActiveX 组件,以完成几何模型的图形显示。同时,该 ActiveX 组件可以通过 WSDL(Web 服务描述语言)接口向 WebService 服务获取几何模型数据。WebService 服务相对于 Web 客户端是服务,但相对于服务器则是一个特殊的客户端,其作用类似于"桥"。由于 WebService 的远程过程调用是通过 SOAP/HTTP 协议实现的,因此,其可以轻易地穿越防火墙,在 Internet 范围内实现相对透明的数据中介。对于 Internet 中的 Web 客户端而言,系统体系模型可以表示成 Web 客户端、WebService 服务、服务器和数据库的 4 层结构。

2) 网络中不同节点的相同实体间的实时通信协议

与分布式虚拟环境研究和基于网络的 CAD 技术一样,设计合适的网络通信协议以实现仿真场景或设计场景的一致性也是分布式虚拟设计所必须解决的重要问题之一。

分布式虚拟环境对真实感和沉浸感的要求远远高于分布式虚拟设计,所以,在分布式虚拟环境中保证实时性的难度要大于分布式虚拟设计的难度。同时,分布式虚拟设计对通用性的要求要远远高于分布式虚拟环境,因为目前的分布式虚拟环境研究,往往是针对某个特定需求的,如空战仿真、坦克战仿真等,而分布式虚拟设计的研究目标之一,就是要实现一个在一定范围内通用的设计工具。正是由于两者各自的需求特点不同,在设计分布式虚拟设计的应用层网络通信协议时,DIS(分布式交互仿真)协议仅仅作为参考,而不是完全忠实地实现。

基于网络的 CAD 技术目前还没有在应用层网络通信协议的研究上形成一个类似 DIS 协议的规范,这是由于基于网络的 CAD 技术本身就很宽泛。有的研究侧重二维 CAD 设计,而另一些研究则侧重三维 CAD 设计;有的研究侧重实时交互,而另一些研究则侧重半实时或非实时交互。有关三维 CAD 协同设计的实时交互协议,对分布式虚拟设计的网络协议有重要的参考作用,因为两者都致力于构建通用的设计工具,同时都要维护三维场景中实体数据的一致性。

3) 并发性问题

协同设计要求:不允许两个用户同时对相同的实体对象进行操作。所以,每当某个用户选中了设计场景中的某个实体对象时,需要对该实体对象加锁,其他用户就不能操作该实体对象;每当放弃选中设计场景中的某个实体对象时,需要对该实体对象解锁,其他用户就可以操作该实体对象。锁的实现有以下多种方法:① 加锁和解锁时以消息的方式广播给其他用户,并在消息中加上时间戳;② 加锁和解锁都用远程过程调用实现,该远程过程受操作系统的临界区保护,并操作一个锁定对象队列;③ 加锁和解锁都用远程过程调用实现,该远程过程调用数据库存储过程,此存储过程受数据库事务保护,并操作一个锁定对象表。

另一个处理并发性问题的方法是实体组的协同操作事务。实体组是指具有从属关系的多个实体所构成的实体小组。例如,放在书桌上的钢笔,当书桌在设计场景中的位置发生改变时,钢笔的位置也会发生改变,但其与书桌的相对位置不变。假设某实体组由 A、B、C 构成,A 为父实体,B 和 C 为 A 的子实体。如果,A 被客户 a 锁定,而 B 和 C 分别被用户 b 和 c 锁定,那么当 a 决定删除 A 时,如果连 B 和 C 一起删除,显然侵犯了 b 和 c 的操作权。实体组的协同操作事务的主要规则如下:

(1) 将实体组的协同操作视为一个事务,只要事务中任何一个环节失败,则整个事务撤销；

（2）当删除一个实体组内的某个实体时，必须向该实体的所有级别的子实体的锁定用户发出是否允许删除的消息，只要任何一个用户不同意删除自己锁定的实体，则整个事务失败，删除操作撤销；

（3）当向某个父实体增加子实体时，操作用户需得到父实体的锁定用户的同意，如果父实体没有锁定用户，则将征询消息向上传递，直到某一级的锁定用户发出同意的消息，或者任何级别的父实体都没有被锁定，则该事务成功，否则失败；

（4）当实体组内的某个父实体的几何位置正在改变时，不允许子实体的几何位置发生改变，但允许子实体的锁定用户修改子实体的几何位置以外的属性，如颜色等；

（5）当实体组内的某个父实体的几何尺寸正在改变时，如果不影响子实体的几何位置，则对子实体的操作控制没有任何影响；否则，按规则（4）的方法处理；

（6）其他的实体组操作，各锁定用户具有相对独立的操作权，按前述内容所描述的实体的锁定与解锁的规则进行处理。实体组协同操作中的冲突问题，在分布式虚拟设计过程中，是比较常见的，目前还没有参考文献提出全面的解决方案。此处所提出的实体组协同操作事务的概念及其主要内涵，初步实现了实体组协同操作中的冲突消解，可以视作处理此类问题的简单规则。

1.3.4　设计实例——超声波电动机的实时协同设计

超声波电动机是近年发展起来的新型电动机，它以低速下大扭矩、响应快、结构简单灵活、不受电磁干扰等优点而备受关注，在高精度仪器、机器人、汽车工业、航空航天等领域具有广泛的应用前景。其主要零部件包括转子、定子、轴承、扇形垫片、垫圈、外壳、端盖和螺栓，整个装配模型如图 1-7 所示。该设计是在 1.3.3 小节介绍的协同工作环境中实现的。

图 1-8 为超声波电动机的实时协同虚拟设计系统，为了反映超声波电动机的内部结构，外壳被设置为透明的。

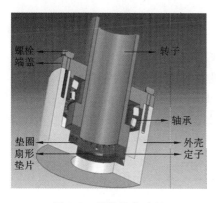

图 1-7　超声波电动机

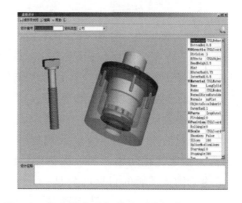

图 1-8　超声波电动机的实时协同虚拟设计系统

在这个系统中，用户可以任意拖动或旋转实体模型，并对装配体进行拆卸和重新装配；同时，也可以通过右侧的属性编辑器对任何一个实体（零件）的任何属性进行细致的修改。无论用户对整个模型进行了怎样的修改，这种修改都会实时地反映到设计小组中的其他客户端，以维护几何模型的一致性。

第2章

优化设计

本章系统地介绍了现代机械优化设计方法,包括一维优化方法、无约束优化方法、约束优化方法、多目标优化方法,以及工程优化设计应用。本章的教学重点和难点:优化数学模型的建立;黄金分割法;惩罚函数法;加权组合法;工程优化设计数学模型建模。

2.1 概 述

优化设计(optimal design)是从多种方案中选择最佳方案的设计方法。它以数学中的最优化理论为基础,以计算机为手段,根据设计所追求的性能目标,建立目标函数,在满足给定的各种约束条件下,寻求最优的设计方案。优化设计方法从 20 世纪 60 年代逐渐发展起来,到现在,已广泛应用于各个工业部门,如机械、电子电气、化工、纺织、冶金、石油、航空航天、道路交通以及建筑等设计领域,特别是在机械设计领域。对于机构、零件、工艺设备、部件等的基本参数,以及一个分系统的设计,都有诸多优化设计方法取得良好的经济效益的实例。优化设计的数学模型如下:

首先要选取设计变量,然后列出目标函数,当给出约束条件后,即可构造优化的数学模型。任何一个优化问题均可归结为如下的描述:

$$
\begin{aligned}
&\text{设计变量} \quad \mathbf{X} = [x_1 \quad x_2 \quad \cdots \quad x_n]^{\text{T}} \\
&\text{约束} \quad R = \{\mathbf{X} \mid g_i(\mathbf{X}) \leqslant 0 \quad (i=1,2,\cdots,k)\} \\
&\text{目标函数} \quad \min(\text{或} \max) f(\mathbf{X})
\end{aligned}
\tag{2-1}
$$

对优化设计进行模型化时应注意以下问题:设计变量的数目和约束条件的数目等。

在优化设计的数学模型中,如果 $f(\mathbf{X})$ 和 $g_i(\mathbf{X})$ 都是设计变量 $\mathbf{X}$ 的线性函数,那么这种优化问题就属于线性规划问题。如果它们不全是 $\mathbf{X}$ 的线性函数,那么则属于非线性规划问题,若要求设计变量为整数,则称为整数规划问题。如果式(2-1)中 $k=0$,就称为无约束优化问题;否则称为约束优化问题。工程优化设计问题中的绝大多数问题都属于约束优化问题。

若无约束优化问题的目标函数是一元函数,则称它为一维优化问题;若是二元或二元以上函数,则称它为多维无约束优化问题。

2.2 一维优化方法

对一维目标函数 $f(X)$ 求最优解的过程,称为一维优化(或一维搜索),求解时使用的方法称为一维优化方法。

一维搜索方法主要包括以下几种:分数法、黄金分割法(0.618 法)、二次插值和三次插值法等。

2.2.1　搜索区间的确定

按照函数的变化情况,可将区间划分为单峰区间和多峰区间。若在一个区间内,函数变化只有一个峰值,则称这个区间为单峰区间,此峰值为函数的极小值,如图 2-1 所示。

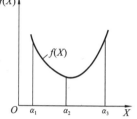

假设区间 $[\alpha_1,\alpha_3]$ 为单峰区间,α_2 为单峰区间内的一点,若有

$$\alpha_1<\alpha_2<\alpha_3 \quad \text{或} \quad \alpha_1>\alpha_2>\alpha_3$$

成立,则必有

$$f(\alpha_1)>f(\alpha_2), \quad f(\alpha_3)>f(\alpha_2)$$

同时成立。也就是说,在单峰区间内的极小值点 X^* 的左侧,函数呈下降趋势,而在极小值点 X^* 的右侧,函数呈上升趋势。即单峰区间的函数值呈现"高-低-高"的变化特征。

图 2-1　单峰区间

如果在进行一维搜索之前,我们可以估计到极小点大致所在的位置,那么我们就可以直接给出搜索区间;否则,需采用试算法确定之。这里比较常用的方法是进退试算法。

进退试算法就是首先按照一定的规律给出若干个试算点,然后依次比较各试算点的函数值的大小,直至找到相邻三点的函数值按"高-低-高"变化的单峰区间为止。

进退试算法的运算步骤如下:

(1) 给定初始点 α_0 和初始步长 h,设搜索区间 $[a,b]$,如图 2-2 所示。

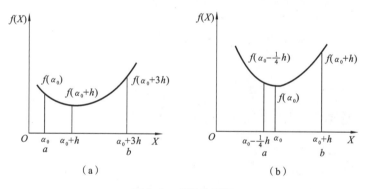

（a）　　　　　　　　　　　　　　　（b）

图 2-2　求搜索区间

(2) 将 α_0 及 α_0+h 代入目标函数 $f(X)$ 进行计算并比较其函数值的大小。

(3) 若 $f(\alpha_0)>f(\alpha_0+h)$,则表明极小点在试算点的右侧,要前进试算。在做前进运算时,为加速计算,可将步长 h 增加 2 倍,并取计算新点为 $\alpha_0+h+2h=\alpha_0+3h$。若 $f(\alpha_0+h)\leqslant f(\alpha_0+3h)$,则所计算的相邻三点的函数值已符合高-低-高特征,这时可确定搜索区间为

$$a=\alpha_0, \quad b=\alpha_0+3h$$

否则,将步长再加倍,并重复上述运算。

(4) 若 $f(\alpha_0)<f(\alpha_0+h)$,则表明极小点在试算点的左侧,需后退试算。在做后退运算时,可将后退的步长缩短为原步长 h 的 1/4,则取步长为 $h/4$,并从 α_0 点出发,得到后退点为 $\alpha_0-h/4$。

若

$$f\left(\alpha_0-\frac{h}{4}\right)>f(\alpha_0)$$

则搜索区间可取为

$$a = \alpha_0 - h/4, \quad b = \alpha_0 + h$$

否则,将步长再加倍,继续后退,重复上述步骤,直到满足单峰区间条件为止。

上述进退试算法的程序计算框图如图 2-3 所示。

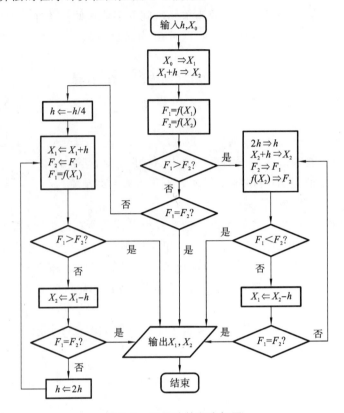

图 2-3　进退法的程序框图

2.2.2　一维搜索的试探方法

在实际计算中,黄金分割法是最常用的一维搜索试探方法,也称为 0.618 法。现在,我们介绍一下黄金分割法的基本思想。

黄金分割法是一种等比例缩短区间的直接搜索方法。该法的基本思路是:通过比较单峰区间内两点的函数值,不断舍弃单峰区间的左端或右端的一部分,使区间按照固定区间缩短率(缩小后的新区间与原区间长度之比)逐步缩短,直到极小点所在的区间缩短到给定的误差范围内,从而得到近似最优解。

为了缩短区间,可在已确定的搜索区间(单峰区间)内,选取计算点,计算函数值,并比较它们的大小,以消去不可能包含极小点的区间。

如图 2-4 所示,在已确定的单峰区间 $[a,b]$ 内任取两个内分点 α_1、α_2,并计算它们的函数值 $f(\alpha_1)$、$f(\alpha_2)$,比较它们的大小,可能发生以下情况:

(1) $f(\alpha_1) < f(\alpha_2)$,由于函数的单峰性,极小点必位于区间 $[a,\alpha_2]$ 内,因此可以去掉区间 $[\alpha_2,b]$,从而得到缩短了的搜索区间 $[a,\alpha_2]$,如图 2-4(a)所示;

(2) $f(\alpha_1) > f(\alpha_2)$,很明显,极小点必位于 $[\alpha_1,b]$ 内,因而可去掉区间 $[a,\alpha_1]$,得到新区间 $[\alpha_1,b]$,如图 2-4(b)所示;

（3）$f(\alpha_1)=f(\alpha_2)$，极小点应在区间$[\alpha_1,\alpha_2]$内，因而可去掉$[a,\alpha_1]$或$[\alpha_2,b]$，或者将此两段都去掉，如图 2-4(c)所示。

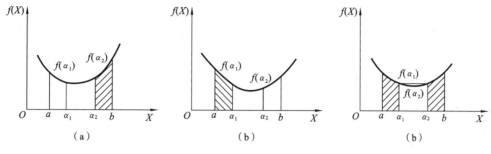

（a） （b） （b）

图 2-4 序列消去原理

对于上述缩短后的新区间，可在其内再取一个新点 α_3，然后将此点和该区间内剩下的那一点比较其函数值的大小，再按照上述方法，进一步缩短区间，这样不断进行下去，直到所保留的区间缩小到给定的误差范围内，从而得到近似最优解。按照上述方法，就可得到一个不断缩小的区间序列，因此称为序列消去原理。

黄金分割法的内分点选取必须遵循每次区间缩短都取相等的区间缩短率的原则。按照这一原则，其区间缩短率均取 $\lambda=0.618$，即该法是按区间全长的 0.618 的关系来选取两个对称内分点 α_1、α_2 的。

如图 2-5 所示，设原区间$[a,b]$长度为 L，区间缩短率为 λ。为了缩短区间，黄金分割法要求在区间$[a,b]$上对称地取两个内分点 α_1 和 α_2，设两个对称内分点交错离两端点的距离为 l，则首次区间缩短率为

$$\lambda=l/L$$

再次区间缩短率为

$$\lambda=(L-l)/l$$

根据每次区间缩短率相等的原则，则有

$$\lambda=l/L=(L-l)/l$$

由此得

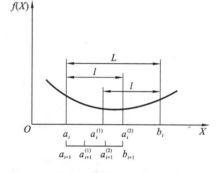

图 2-5 黄金分割新、旧区间的几何关系

$$l^2-L(L-l)=0$$

即$\left(\dfrac{l}{L}\right)^2+\dfrac{l}{L}-1=0$ 或 $\lambda^2+\lambda-1=0$，解其方程，得其正根为

$$\lambda=\frac{\sqrt{5}-1}{2}=0.6180339887\approx0.618$$

这就是说，只要取 $\lambda=0.618$，就可以满足区间缩短率不变的要求。即每次缩小区间后，所得到的区间是原区间的 0.618，舍弃的区间是原区间的 0.382。在黄金分割法迭代过程中，除初始区间要找两个内分点外，每次缩短的新区间内，只需要再计算一个新点函数值就够了。

据以上结果，黄金分割法的两个内分点的取点规则为

$$\alpha_1=a+(1-\lambda)(b-a)=a+0.382(b-a)$$
$$\alpha_2=a+\lambda(b-a)=a+0.618(b-a)$$

(2-2)

综上所述，黄金分割法的计算步骤如下。

（1）给定初始单峰区间$[a,b]$和收敛精度 ε。

(2) 在区间$[a,b]$内取两个内分点并计算其函数值

$$\alpha_1 = a + 0.382(b-a), \quad f_1 = f(\alpha_1)$$
$$\alpha_2 = a + 0.618(b-a), \quad f_2 = f(\alpha_2)$$

(3) 比较函数值 f_1 和 f_2 的大小。若 $f_1 < f_2$,则取$[a,\alpha_2]$为新区间,而 α_1 则作为新区间内的第一个试算点,即令

$$b \Leftarrow \alpha_2, \quad \alpha_2 \Leftarrow \alpha_1, \quad f_2 \Leftarrow f_1$$

而另一试算点可按下式计算出来

$$\alpha_1 = a + 0.382(b-a), \quad f_1 = f(\alpha_1)$$

若 $f_1 \geqslant f_2$,则取$[\alpha_1,b]$为新区间,而 α_2 作为新区间内的第一个试算点,即令

$$a \Leftarrow \alpha_1, \quad \alpha_1 \Leftarrow \alpha_2, \quad f_1 \Leftarrow f_2$$

而另一试算点可按下式计算出来:

$$\alpha_2 = a + 0.618(b-a), \quad f_2 = f(\alpha_2)$$

(4) 如果满足迭代终止条件 $b-a \leqslant \varepsilon$,则转到下一步,否则返回步骤(3),进行下一次迭代计算,进一步缩短区间。

(5) 输出最优解。

$$X^* = \frac{a+b}{2}, \quad f^* = f(X^*)$$

黄金分割法的计算框图如图 2-6 所示。

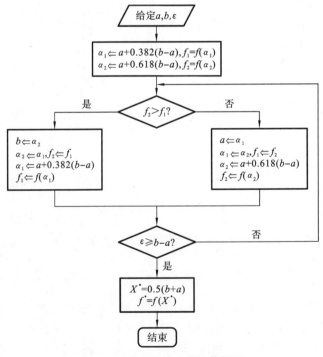

图 2-6　黄金分割法的计算框图

例 2-1　试用黄金分割法求函数 $f(x) = x(x+2)$ 的极小点,设初始单峰区间$[a,b]=$ $[-3,5]$,给定计算精度 $\varepsilon = 0.3$。

解　第一次迭代过程如下。

① 已给定初始搜索区间$[a,b]=[-3,5]$。

② 在区间[−3,5]中取两内分点并计算其函数值。

$$\alpha_1^{(1)}=a+0.382(b-a)=-3+0.382\times(5+3)=0.056$$
$$\alpha_2^{(1)}=a+0.618(b-a)=-3+0.618\times(5+3)=1.944$$
$$f_1=f(\alpha_1^{(1)})=0.056\times(0.056+2)=0.115$$
$$f_2=f(\alpha_2^{(1)})=1.944\times(1.944+2)=7.667$$

③ 比较函数值 f_1 和 f_2 的大小。因 $f_1<f_2$，则取$[a,\alpha_2^{(1)}]$为新区间，$\alpha_1^{(1)}$ 则作为新区间内的第一个试算点，即令

$$b\Leftarrow\alpha_2^{(1)}=1.944,\quad \alpha_2^{(1)}\Leftarrow\alpha_1^{(1)}=0.056,\quad f_2\Leftarrow f_1=0.155$$

而
$$\alpha_1^{(1)}=a+0.382(b-a)=-3+0.382\times(1.944+3)=-1.111$$
$$f_1=f(\alpha_1^{(1)})=-1.111\times(-1.111+2)=-0.988$$

④ 收敛判断。

$$b-a=1.944-(-3)=4.944>\varepsilon$$

因不满足终止条件，故返回步骤②，继续缩短区间，进行第二次迭代。

各次迭代计算结果如表 2-1 所示，由表 2-1 可知，经过 8 次迭代，其区间缩小为

$$b-a=-0.836-(-1.111)=0.275<\varepsilon=0.3$$

故可停止迭代，输出最优解

$$X^*=\frac{a+b}{2}=\frac{-1.111-0.836}{2}=-0.9735$$
$$f(X^*)=-0.9735\times(-0.9735+2)=-0.9993$$

表 2-1　例 2-1 的迭代计算结果

迭代次数	a	b	a_1	a_2	f_1	比较	f_2	$b-a$
1	−3	5	0.056	1.944	0.155	<	7.667	8.000
2	−3	1.944	−1.111	0.056	−0.988	<	0.115	4.944
3	−3	0.056	−1.833	−1.111	−0.306	>	−0.988	3.056
4	−1.833	0.056	−1.111	−0.666	−0.988	<	−0.888	1.889
5	−1.833	−0.666	−1.387	−1.111	−0.850	>	−0.988	1.167
6	−1.387	−0.666	−1.111	−0.941	−0.988	>	−0.997	0.721
7	−1.111	−0.666	−0.941	−0.836	−0.977	<	−0.973	0.445
8	−1.111	−0.836	—	—	—	—	—	0.275

2.3　无约束优化方法

多维无约束优化问题的一般数学表达式为

$$\min f(\boldsymbol{X})=f(x_1,x_2,\cdots,x_n),\quad \boldsymbol{X}\in\mathbf{R}^n \tag{2-3}$$

求解这类问题的方法称为多维无约束优化方法。它也是构成约束优化方法的基础算法。

多维无约束优化方法是优化技术中最重要和最基本的内容之一。因为不仅可以直接用它来求解无约束优化问题，而且在实际工程设计问题中的大量约束优化问题，有时也是通过对约束条件的适当处理，再转化为无约束优化问题来求解的。所以，无约束优化方法在工程优化设

计中有着十分重要的作用,下面介绍几种经典的无约束优化方法。

2.3.1　坐标轮换法

坐标轮换法是求解多维无约束优化问题的一种直接法,它不需要求函数导数而直接搜索目标函数的最优解,该法又称降维法。

坐标轮换法的基本原理是:它将一个多维无约束优化问题转化为一系列一维优化问题来求解,即依次沿着坐标轴的方向进行一维搜索,求得极小点。当对 n 个变量 $x_1,x_2,\cdots,x_n$ 依次进行过一次搜索之后,即完成一轮计算。若未收敛到极小点,则又从前一轮的最末点开始下一轮搜索,如此继续下去,直至收敛到最优点为止。

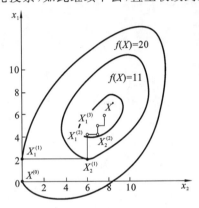

图 2-7　坐标轮换法搜索过程

坐标转换法的搜索过程如图 2-7 所示。对于 n 维问题,是先将 $n-1$ 个变量固定不动,只对第一个变量进行一维搜索,得到极小点 $X_1^{(1)}$;然后,再保持 $n-2$ 个变量固定不动,对第二个变量进行一维搜索,得到极小点 $X_2^{(1)}$;重复此过程,依次得到 $X_3^{(1)},\cdots,X_n^{(1)}$,就把一个 n 维问题转化为一系列一维的优化问题。当沿 $x_1,x_2,\cdots,x_n$ 坐标方向依次进行一维搜索之后,得到 n 个一维极小点 $X_1^{(1)}$,$X_2^{(1)},\cdots,X_n^{(1)}$,即完成第一轮搜索。接着,以最后所得的一维的极小点为始点,重复上述过程,进行下一轮搜索,直到求得满足精度的极小点 X^* 后,则可停止搜索迭代计算。

根据上述原理,对于第 k 轮计算,坐标转换法的迭代计算公式为

$$X_i^{(k)}=X_{i-1}^{(k)}+\alpha_i S_i^{(k)}　(i=1,2,\cdots,n) \tag{2-4}$$

其中,搜索方向 $S_i^{(k)}$ 是轮流取 n 维空间各坐标轴的单位向量

$$S_i^{(k)}=e_i=1　(i=1,2,\cdots,n)$$

即

$$e_1=\begin{bmatrix}1\\0\\0\\\vdots\\0\end{bmatrix},e_2=\begin{bmatrix}0\\1\\0\\\vdots\\0\end{bmatrix},\cdots,e_n=\begin{bmatrix}0\\0\\0\\\vdots\\1\end{bmatrix}$$

即其中第 i 个坐标方向上的分量为 1,其余均为零。其中步长 α_i 取正值或负值均可,正值表示沿着坐标正方向搜索,负值表示逆着坐标轴方向搜索,但无论正负,必须使目标函数值下降,即

$$f(X_i^{(k)})<f(X_{i-1}^{(k)})$$

在坐标轮换法中选取迭代步长 α_i 主要有以下两种取法。

(1) 最优步长。

利用一维搜索来完成该方向上的最优步长,迭代公式为 $X_i=X_{i-1}+\lambda_i X_i$,此方法的每一步均可最大限度地减小目标函数值,故可期望收敛得更快些,但是程序比较复杂。

(2) 加速步长。

即在每一维搜索时,首先选择一个初始步长 α_i,如果沿该维方向第一步搜索成功(即该点函数值下降),则以倍增的步长继续沿该维方向向前搜索,步长的序列为

$$\alpha_i,2\alpha_i,4\alpha_i,8\alpha_i,\cdots$$

直到函数值出现上升时,取前一点为本维极小点,然后改换为沿下一维方向进行搜索,依次循环继续前进,直至达到收敛精度为止。

坐标转换法的特点是:计算简单,概念清楚,易于掌握;但搜索路线较长,计算效率较低,特别是当维数很高时,计算时间很长,所以坐标转换法只能用于低维($n < 10$)优化问题的求解。另外,该法的效能在很大程度上取决于目标函数的性态,即等值线的形态与坐标轴的关系。

2.3.2　牛顿法

牛顿法也是优化方法中的一种经典方法,是一种解析法。此法为梯度法的进一步发展,它的搜索方向是根据目标函数的负梯度和二阶偏导数矩阵来构造的。牛顿法包括原始牛顿法和阻尼牛顿法。

原始牛顿法的基本思想是:在求目标函数 $f(\boldsymbol{X})$ 的极小值时,先将它在点 $\boldsymbol{X}^{(k)}$ 处展成泰勒二次近似式 $\phi(\boldsymbol{X})$,然后求出这个二次函数的极小点,并以此点作为目标函数的极小点的一次近似值;如果此值不满足收敛精度要求,就可以以此近似值作为下一次迭代的初始点,按照上面的做法,求出二次近似值;照此方式迭代下去,直至所求出的近似极小点满足迭代精度要求为止。

现用二维问题来说明。设目标函数 $f(\boldsymbol{X})$ 为连续二阶可微,则在给定点 $\boldsymbol{X}^{(k)}$ 处展成泰勒二次近似式:

$$f(\boldsymbol{X}) \approx \phi(\boldsymbol{X}) = f(\boldsymbol{X}^{(k)}) + [\nabla f(\boldsymbol{X}^{(k)})]^{\mathrm{T}} [\boldsymbol{X} - \boldsymbol{X}^{(k)}] + \frac{1}{2} [\boldsymbol{X} - \boldsymbol{X}^{(k)}] \boldsymbol{H}(\boldsymbol{X}^{(k)}) [\boldsymbol{X} - \boldsymbol{X}^{(k)}]$$

$$(2-5)$$

为求二次近似式 $\phi(\boldsymbol{X})$ 的极小点,对式(2-5)求梯度,并令

$$\nabla \phi(\boldsymbol{X}) = \nabla f(\boldsymbol{X}^{(k)}) + \boldsymbol{H}(\boldsymbol{X}^{(k)})[\boldsymbol{X} - \boldsymbol{X}^{(k)}]$$

解之可得

$$\boldsymbol{X}_\phi^* = \boldsymbol{X}^{(k)} - [\boldsymbol{H}(\boldsymbol{X}^{(k)})]^{-1} \nabla f(\boldsymbol{X}^{(k)}) \qquad (2-6)$$

式中:$[\boldsymbol{H}(\boldsymbol{X}^{(k)})]^{-1}$ 称为海森(Hessian)矩阵的逆矩阵;$\nabla f(\boldsymbol{X}^{(k)})$ 是函数 $f(\boldsymbol{X})$ 的梯度。其中,函数 $f(\boldsymbol{X})$ 在点 $\boldsymbol{X}^{(k)}$ 的海森矩阵经常记作 $\boldsymbol{H}(\boldsymbol{X}^{(k)})$。海森矩阵的组成形式如下:

$$\boldsymbol{H}(\boldsymbol{X}^{(k)}) = \nabla^2 f(\boldsymbol{X}^{(k)}) = \begin{bmatrix} \dfrac{\partial^2 f(\boldsymbol{X}^{(k)})}{\partial x_1^2} & \dfrac{\partial^2 f(\boldsymbol{X}^{(k)})}{\partial x_1 \partial x_2} & \cdots & \dfrac{\partial^2 f(\boldsymbol{X}^{(k)})}{\partial x_1 \partial x_n} \\[2mm] \dfrac{\partial^2 f(\boldsymbol{X}^{(k)})}{\partial x_2 \partial x_1} & \dfrac{\partial^2 f(\boldsymbol{X}^{(k)})}{\partial x_2^2} & \cdots & \dfrac{\partial^2 f(\boldsymbol{X}^{(k)})}{\partial x_2 \partial x_n} \\[2mm] \vdots & \vdots & & \vdots \\[2mm] \dfrac{\partial^2 f(\boldsymbol{X}^{(k)})}{\partial x_n \partial x_1} & \dfrac{\partial^2 f(\boldsymbol{X}^{(k)})}{\partial x_n \partial x_2} & \cdots & \dfrac{\partial^2 f(\boldsymbol{X}^{(k)})}{\partial x_n^2} \end{bmatrix}$$

对于 n 元函数 $f(\boldsymbol{X})$,其梯度为

$$\nabla f(\boldsymbol{X}) = \left[\frac{\partial f(\boldsymbol{X})}{\partial x_1}, \frac{\partial f(\boldsymbol{X})}{\partial x_2}, \cdots, \frac{\partial f(\boldsymbol{X})}{\partial x_n} \right]^{\mathrm{T}}$$

在一般情况下,$f(\boldsymbol{X})$ 不一定是二次函数,因而所求得的极小点 $\boldsymbol{X}_\phi^*$ 也不可能是原目标函数 $f(\boldsymbol{X})$ 的真正极小点。但是由于在 $\boldsymbol{X}^{(k)}$ 点附近,函数 $\boldsymbol{X}_\phi^*$ 和 $f(\boldsymbol{X})$ 是近似的,因此 $\boldsymbol{X}_\phi^*$ 可作为 $f(\boldsymbol{X})$ 的近似极小点。为求得满足迭代精度要求的近似极小点,可将 $\boldsymbol{X}_\phi^*$ 点作为下一次迭代的起始点 $\boldsymbol{X}^{(k+1)}$,可得

$$\boldsymbol{X}^{(k+1)} = \boldsymbol{X}^{(k)} - [\boldsymbol{H}(\boldsymbol{X}^{(k)})]^{-1} \nabla f(\boldsymbol{X}^{(k)}) \qquad (2-7)$$

式(2-7)就是原始牛顿法的迭代公式。由式可知,牛顿法的搜索方向为

$$S^{(k)} = -[H(X^{(k)})]^{-1} \nabla f(X^{(k)}) \tag{2-8}$$

搜索方向 $S^{(k)}$ 称为牛顿方向,可见原始牛顿法的步长因子恒取 $\alpha^{(k)}=1$,因此,原始牛顿法是一种定步长的迭代过程。

如果目标函数 $f(X)$ 是正定二次函数,则海森矩阵 $H(X)$ 是常规矩阵,二次近似式 X_{ϕ}^{*} 变成了精确表达式。因此,由 $X^{(k)}$ 出发只需迭代一次即可求得 $f(X)$ 的极小点。

例 2-2 用原始牛顿法求目标函数 $f(X)=60-10x_1-4x_2+x_1^2+x_2^2-x_1x_2$ 的极小值,取初始点 $X^{(0)} = [0 \quad 0]^{\mathrm{T}}$。

解 对目标函数 $f(X)$ 分别求点 $X^{(0)}$ 的梯度、海森矩阵及其逆矩阵,可得

$$\nabla f(X^{(0)}) = \begin{bmatrix} \dfrac{\partial f(X)}{\partial x_1} \\[2mm] \dfrac{\partial f(X)}{\partial x_2} \end{bmatrix}_{X^0} = \begin{bmatrix} -10+2x_1^{(0)} & -x_2^{(0)} \\ -4+2x_2^{(0)} & -x_1^{(0)} \end{bmatrix}_{\begin{bmatrix}0\\0\end{bmatrix}} = \begin{bmatrix} -10 \\ -4 \end{bmatrix}$$

$$H(X^{(0)}) = \begin{bmatrix} \dfrac{\partial^2 f(X)}{\partial x_1^2} & \dfrac{\partial^2 f(X)}{\partial x_1 \partial x_2} \\[2mm] \dfrac{\partial^2 f(X)}{\partial x_2 \partial x_1} & \dfrac{\partial^2 f(X)}{\partial x_2^2} \end{bmatrix} = \begin{bmatrix} 2 & -1 \\ -1 & 2 \end{bmatrix}$$

$$H(X^{(0)})^{-1} = \dfrac{1}{\begin{vmatrix} 2 & -1 \\ -1 & 2 \end{vmatrix}} \begin{bmatrix} 2 & 1 \\ 1 & 2 \end{bmatrix} = \dfrac{1}{3} \begin{bmatrix} 2 & -1 \\ -1 & 2 \end{bmatrix}$$

代入牛顿法迭代公式,求得

$$X^{(1)} = X^{(0)} - [H(X^{(0)})]^{-1} \nabla f(X^{(0)}) = \begin{bmatrix} 0 \\ 0 \end{bmatrix} - \dfrac{1}{3} \begin{bmatrix} 2 & -1 \\ -1 & 2 \end{bmatrix} \begin{bmatrix} -10 \\ -4 \end{bmatrix} = \begin{bmatrix} 8 \\ 6 \end{bmatrix}$$

例 2-2 表明,牛顿法对于求二次函数的极值是非常有效的,即迭代一步就可得到函数的极值点,而这一步根本就不需要进行一维搜索。对于高次函数,只有当迭代点靠近极值点,目标函数近似二次函数时,才会保证很快收敛,否则也可能导致算法失败。为改正这一缺点,将原始牛顿法的迭代公式修改为

$$X^{(k+1)} = X^{(k)} - \alpha^{(k)} [H(X^{(k)})]^{-1} \nabla f(X^{(k)}) \tag{2-9}$$

式(2-9)为修正牛顿法的迭代公式。式中:步长因子 $\alpha^{(k)}$ 又称为阻尼因子。

修正牛顿法的迭代步骤为

(1) 给定初始点 $X^{(0)}$ 和收敛精度 ε,令 $k=0$;

(2) 计算函数在点 $X^{(k)}$ 上的梯度 $\nabla f(X^{(k)})$、海森矩阵 $H(X^{(k)})$ 及其逆阵 $H(X^{(k)})^{-1}$;

(3) 进行收敛判断,若满足 $\| \nabla f(X^{(k)}) \| \leqslant \varepsilon$,则停止迭代,输出最优解;$X^* = X^{(k)}$,$f(X^*) = f(X^{(k)})$;否则,转下一步;

(4) 构造牛顿搜索方向,即

$$S^{(k)} = -[H(X^{(k)})]^{-1} \nabla f(X^{(k)})$$

并从 $k \Leftarrow k+1$ 出发沿牛顿方向 $S^{(k)}$ 进行一维搜索,即求出在 $S^{(k)}$ 方向上的最优步长 $\alpha^{(k)}$,使

$$f(X^{(k)} + \alpha^{(k)} S^{(k)}) = \min f(X^{(k)} + \alpha^{(k)} S^{(k)})$$

(5) 沿方向 $S^{(k)}$ 进行一维搜索,得迭代点

$$X^{(k+1)} = X^{(k)} + \alpha^{(k)} S^{(k)}$$

置 $k \Leftarrow k+1$,转步骤(2)。

2.4 约束优化方法

优化设计问题大多数都属于约束优化问题,其数学模型为

$$\min f(\boldsymbol{X}) = f(x_1, x_2, \cdots, x_n)$$
$$\text{s. t. } g_j(\boldsymbol{X}) = g_j(x_1, x_2, \cdots, x_n) \leqslant 0 \quad (j = 1, 2, \cdots, m) \tag{2-10}$$
$$h_k(\boldsymbol{X}) = h_k(x_1, x_2, \cdots, x_n) = 0 \quad (k = 1, 2, \cdots, l)$$

求解式(2-10)的方法称为约束优化方法。根据求解方式的不同,约束优化方法可分为直接解法、间接解法等。

2.4.1 遗传算法

近年来,遗传算法在机械优化中的应用越来越广泛,它是模拟生物在自然环境中的遗传和进化过程而形成的一种自适应全局优化概率搜索算法,最早是在 1975 年由美国的 Holland 教授提出的,起源于 20 世纪 60 年代对自然和人工自适应系统的研究。遗传算法作为一种实用、高效、鲁棒性强的优化技术,发展极为迅速,在各种不同领域中得到了广泛应用,引起了许多学者的关注。

遗传算法是从达尔文进化论中得到灵感和启迪,借鉴自然选择和自然进化的原理,模拟生物在自然界中的进化过程所形成的一种优化求解方法。尽管这种自适应寻优技术可用来处理复杂的线性、非线性问题,但它的工作机理十分简单。标准遗传算法(canonical genetic algorithm)的步骤如下。

(1) 构造满足约束条件的染色体。由于遗传算法不能直接处理解空间中的解,因此必须通过编码将解表示成适当的染色体。实际问题的染色体有多种编码方式,染色体编码方式的选取应尽可能地符合问题约束,否则将影响计算效果。

(2) 随机产生初始群体。初始群体是搜索开始时的一组染色体,其数量应适当选择。

(3) 计算每个染色体的适应度。适应度是反映染色体优劣的唯一指标,遗传算法就是要寻得适应度最大的染色体。

(4) 使用复制、交叉和变异算子产生子群体。这三个算子是遗传算法的基本算子,其中复制体现了优胜劣汰的自然规律,交叉体现了有性繁殖的思想,变异体现了进化过程中的基因突变。

(5) 重复步骤(3)、(4),直到满足终止条件为止。

遗传算法与前述几种优化方法的区别在于:

(1) 遗传算法是多点搜索,而不是单点寻优;

(2) 遗传算法是直接利用从目标函数转化成的适应函数,而不采用导数等信息;

(3) 遗传算法采用编码方法而不是参数本身;

(4) 遗传算法是以概率原则,而不是以确定性的转化原则指导搜索。

与传统方法相比,遗传算法比较适用于求解不连续、多峰、高维、具有凹凸性的问题,而对于低维、连续、单峰等简单问题,遗传算法不能显示其优越性,另外,比较常用的还有粒子群算法与神经网络算法,等等。

例 2-3 蛋白质折叠热力学假说认为天然结构下的蛋白质的自由能是全局最小值。将已有蛋白质能量函数与 HP 二维格子模型相结合,构建一种简化的能量函数,运用遗传算法进行

结构求解。给出计算实例,并进行参数性能的讨论。

解　蛋白质结构的理论预测是当前生物信息学研究的热点之一。蛋白质结构的理论预测方法都是建立在氨基酸的一级结构决定高级结构的理论基础上的,方法有同源建模法、反向折叠法和从头预测法等。下面的工作属于从头预测法范畴。

按照 Anfisen 原理,蛋白质结构预测的任务就是找到自由能最小的自然态。从头预测法便归结为求解一个优化问题:

$$\begin{cases} \min E(x) \\ x \in \Omega \end{cases}$$

这里 $E(X)$ 为势能函数,Ω 为构象空间。

传统平均势能函数是利用统计方法得到的优化模型,如下式:

$$U = \sum_{i<j} U_{sc_i sc_j} + \sum_{i \neq j} U_{sc_i p_j} + \omega_{el} \sum_{i<j-1} U_{p_i p_j} + \omega_{tor} \sum_i U_{tor}(\gamma_i)$$
$$+ \omega_{loc} \sum_i [U_b(\theta_i) + U_{rot}(\alpha_{sc_i}, \beta_{sc_j})] + \omega_{corr} U_{corr}$$

式中:$U_{sc_i sc_j}$ 表示联合侧链 sc_i 与 sc_j 的相互作用能,包含了侧链间疏水/亲水作用的平均自由能;$U_{sc_i p_j}$ 为联合侧链 sc_i 与联合肽基 p_j 的相互作用能;$U_{p_i p_j}$ 为联合肽基 p_i 与 p_j 的相互作用能,主要指它们之间的静电作用;U_{tor}、U_b 和 U_{rot} 三项说明了局部性质,U_{tor} 为虚键二面角扭转能,U_b 为虚键键角变形能,U_{rot} 为侧链的旋转能;U_{corr} 表示多体相互作用;ω_{el},ω_{tor},ω_{loc},ω_{corr} 为权系数。

为了减少计算量,从不同角度对分子力学模型进行不同程度的简化往往可以达到更理想的效果,上式可简化为

$$U = 2\omega_1 \sum_{i,j} U_{sc_i sc_j} + \omega_2 \sum_{i \neq j} U_{sc_i p_j} + c \tag{2-11}$$

式中:$U_{sc_i sc_j}$ 表示联合侧链 sc_i 与 sc_j 的相互作用能(即疏水键能),$U_{sc_i sc_j} = \varepsilon_{ij} x_{ij}$,$\varepsilon_{ij}$ 为能量参数,x_{ij} 为两侧链间的位置关系,当两侧链在格点上处于最近邻位置而又在序列上不相邻时,$x_{ij} = 1$,否则 $x_{ij} = 0$。若 sc_i 与 sc_j 均为疏水性时,$\varepsilon_{ij} = -2.3$ kJ/mol;若 sc_i 与 sc_j 均为亲水性时,$\varepsilon_{ij} = 0$ kJ/mol;若一个为亲水性,另一个为疏水性时,$\varepsilon_{ij} = -1$ kJ/mol。$U_{sc_i p_j} = r_{ij} x_{ij}$ 是为了防止一个残基的侧链与另一个残基的主链靠得太近而造成的不合理结构而加入的惩罚项。若 sc_i 与 sc_j 相邻,则 r_{ij} 可忽略不计;若二者不相邻,则 $r_{ij} \approx -0.05$ kJ/mol,而 $x_{ij} = 0$。故乘积 $r_{ij} x_{ij}$ 始终为 0,所以第二项 $\sum_{i \neq j} U_{sc_i p_j} = 0$。$\omega_k (k = 1, 2, 3)$ 为权重。

HP 格子模型是一种粗粒化的模型。根据氨基酸的基本属性,可以将氨基酸分为两类:一类是疏水性的氨基酸,一类是亲水性的氨基酸。这个模型体现了蛋白质折叠过程的主要驱动力为蛋白质内部的疏水性相互作用。

可以将蛋白质中的氨基酸分别放到空间的格子中。那么这个蛋白质的氨基酸链就由在二维或者三维的正方形格子空间中的自回避行走轨迹表示。蛋白质的氨基酸链中相邻的两个氨基酸占据空间的两个格子,格子中的距离是正方形格子空间中最邻近的距离。格子模型将蛋白质分子内部的连续性空间离散化,并且分子内部的自由度减小。

HP 格子模型在序列空间与结构空间作了较大的简化,同时保留了最基本的特性,这一结果使得此模型可以对结构序列离散化空间进行完备的描述及简化搜索,并可以从中得到在天然状态的蛋白质结构序列中有对应意义的规律。

此处采用了蛋白质的二维平面格子模型。

（1）编码。

由于 HP 二维晶格模型是蛋白质结构的离散模型，因此，在基于遗传算法进行蛋白质结构求解时，就采用了二进制的编码方式。

假设蛋白质的长度为 N，以 HP 格子模型为基础，如果知道了这个蛋白质中的每两个相邻的氨基酸之间的折叠方向，那么初始化第一个氨基酸的二维空间位置，就可以得到这个蛋白质的结构。由此可知，两个氨基酸之间的折叠方向是蛋白质结构的最基本的要素，要想在计算机中以 HP 格子模型为基础来表示此蛋白质的组态，只需要表示折叠方向，然后将这些折叠方向连接起来就可以了。

每一个折叠方向可以通过 2 位的二进制数来表示，其值可以是：

00,01,10,11

00 表示折叠方向为 $+X$ 方向；

01 表示折叠方向为 $+Y$ 方向；

10 表示折叠方向为 $-X$ 方向；

11 表示折叠方向为 $-Y$ 方向。

如果一条蛋白质序列由 N 个氨基酸组成，那么这条序列的二进制串长度等于 $2*(N-1)$。

（2）初始化。

随机产生含有 100 个个体的初始种群。初始种群的每一个个体代表一个蛋白质的折叠序列，这个折叠序列就代表了蛋白质的一个二维组态。比如：

101100110001

从这个字符串可以得知：这个蛋白质序列有 7 个氨基酸，如果将第一个氨基酸进行定位，则可以得到这条蛋白质序列的一个二维形态。

（3）选择过程。

步骤 1：计算初始群体中的个体势能（按式(2-11)），并计算所有个体的能量之和；

步骤 2：将种群中的个体按照能量值进行排序；

步骤 3：分别计算每一个个体在下一代的种群中所占的个数，计算方法为这个个体的能量除以种群中的所有个体能量之和，再乘以种群的大小；

步骤 4：根据能量从大到小的次序和个体在下一代种群中的个数来选择个体。

（4）杂交过程。

随机选择序列 i 与序列 j 进行杂交，过程如下：

步骤 1：假设蛋白质序列长度为 N，随机产生一个小于 $2(N-1)$ 的整数 K；

步骤 2：将第 i 个个体的由前 k 个字符组成的子序列与第 j 个个体的后 $2(N-1)-k$ 个字符组成的子序列拼接起来形成一个新的个体；

步骤 3：将第 j 个个体的由前 k 个字符组成的子序列与第 i 个个体的后 $2(N-1)-k$ 个字符组成的子序列拼接起来形成一个新的个体；

步骤 4：进行自回避检查，判断这两个新个体是否合格，如果不合格，则转步骤 1，否则结束。

（5）变异过程。

步骤 1：随机产生一个小于种群大小的整数 M，这个整数表示对种群中的哪一个个体进行变异；

步骤 2：随机产生一个小于 $2(N-1)$ 的整数 N，这个整数表示对种群中所选定的第 M 个个体中的第 N 个值进行变异；

步骤 3：若第 M 个个体中的第 N 个值为 1，则将它变异为 0，反之，则将它变异为 1；

步骤 4：进行自回避检查，判断这个新个体是否合格，如果它不合格，则转步骤 1，否则结束。

此处，初始种群大小为 100，交叉概率 P_c 取为 0.7，变异概率 P_m 取为 0.01。分别选取了序列长度为 7、10、14、19 的四个序列进行计算，其初始序列分别为：

HPPHHPH；

HPHHHPHHPH；

HHPHPPHPHPHHPH；

HPPHHPHHPHPPHHHHPHHP；

经过计算，得到的各序列二维晶格结构如图 2-8 所示。

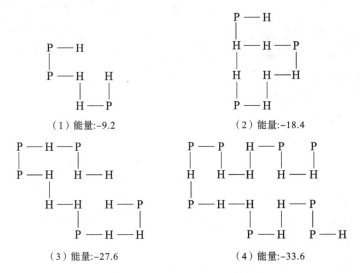

图 2-8　能量最低时的蛋白质构象

从计算结果来看，疏水残基（H）基本在里边，亲水残基（P）倾向于在外边，这与实际情况是吻合的，表明利用遗传算法进行蛋白质结构预测是有效的。

另外，我们还比较了算法参数对计算性能的影响，经过测试，我们发现，交叉概率 P_c 取 0.6 左右时，变异概率 P_m 不大于 0.03，此时，无论是对于迭代次数，还是对于避免局部收敛都是较佳的参数。

2.4.2　惩罚函数法

惩罚函数法是求解约束优化问题的一种间接解法。它的基本思想是将一个约束的优化问题转化为一系列的无约束优化问题来求解。依据这一思想，对于约束优化问题式：

$$\min f(\boldsymbol{X}) = f(x_1, x_2, \cdots, x_n)$$
$$\text{s.t.}\ \ g_j(\boldsymbol{X}) = g_j(x_1, x_2, \cdots, x_n) \leqslant 0 \quad (j=1, 2, \cdots, m)$$
$$h_k(\boldsymbol{X}) = h_k(x_1, x_2, \cdots, x_n) = 0 \quad (k=1, 2, \cdots, l)$$

引入一个新的目标函数，即惩罚函数

$$\phi(\boldsymbol{X}, r^{(k)}) = f(\boldsymbol{X}) + r^{(k)} \left\{ \sum_{u=1}^{m} G[g_u(\boldsymbol{X})] + \sum_{v=1}^{p} H[h_v(\boldsymbol{X})] \right\} \tag{2-12}$$

式中：$\phi(\boldsymbol{X}, r^{(k)})$ 为惩罚函数，简称惩函数；$r^{(k)}$ 为惩罚因子；$\sum_{u=1}^{m} G[g_u(\boldsymbol{X})]$、$\sum_{v=1}^{p} H[h_v(\boldsymbol{X})]$ 分别

是由约束函数 $g_u(\boldsymbol{X})$、$h_v(\boldsymbol{X})$ 构成的复合函数,又称与不等式约束、等式约束有关的惩罚项。

于是,对应罚因子 $r^{(k)}$ 的序列 $\{r^{(k)}\}(k=0,1,2,\cdots)$,可将约束优化问题式(2-10)转换成一系列无约束优化问题

$$\left.\begin{aligned}\min\phi(\boldsymbol{X},r^{(k)})\quad(k=0,1,2,\cdots)\\\boldsymbol{X}\in\mathbf{R}^n\end{aligned}\right\}\qquad(2\text{-}13)$$

可以证明,当惩罚项和惩罚函数满足以下条件:

$$\left.\begin{aligned}\lim_{k\to\infty}r^{(k)}\sum_{u=1}^m G[g_u(\boldsymbol{X})]=0\\\lim_{k\to\infty}r^{(k)}\sum_{v=1}^p H[h_v(\boldsymbol{X})]=0\\\lim_{k\to\infty}|\phi(\boldsymbol{X},r^{(k)})-f(\boldsymbol{X}^{(k)})|=0\end{aligned}\right\}\qquad(2\text{-}14)$$

时,无约束优化问题式(2-13)在 $k\to\infty$ 的过程中所产生的极小点 $\boldsymbol{X}^{(k)}$ 序列将逐渐逼近于原约束优化问题(2-10)的最优解,即有

$$\lim_{k\to\infty}\boldsymbol{X}^{(k)}=\boldsymbol{X}^*$$

惩罚函数法按其惩罚函数的构成形式不同,又可分为内点惩罚函数法、外点惩罚函数法和混合惩罚函数法,分别简称为内点法、外点法和混合法。

1)内点法

内点法只可用来求解不等式约束优化问题。该法的主要特点是将惩罚函数定义在可行域的内部。这样,便要求迭代过程始终限制在可行域进行,使所求得的系列无约束优化问题的优化解总是可行解,从而从可行域内部逐渐逼近原约束优化问题的最优解。

对于不等式约束优化问题,根据惩罚函数法的基本思想,将惩罚函数定义在可行域内部,可以构造其内点惩罚函数的一般形式为

$$\phi(\boldsymbol{X},r^{(k)})=f(\boldsymbol{X})+r^{(k)}\sum_{u=1}^m G[g_u(\boldsymbol{X})]=f(\boldsymbol{X})-r^{(k)}\sum_{u=1}^m\frac{1}{g_u(\boldsymbol{X})}\qquad(2\text{-}15)$$

或 $$\phi(\boldsymbol{X},r^{(k)})=f(\boldsymbol{X})+r^{(k)}\sum_{u=1}^m G[g_u(\boldsymbol{X})]=f(\boldsymbol{X})-r^{(k)}\sum_{u=1}^m\ln[-g_u(\boldsymbol{X})]\qquad(2\text{-}16)$$

其中,惩罚项为

$$r^{(k)}\sum_{u=1}^m G[g_u(\boldsymbol{X})]=-r^{(k)}\sum_{u=1}^m\frac{1}{g_u(\boldsymbol{X})}$$

或

$$r^{(k)}\sum_{u=1}^m G[g_u(\boldsymbol{X})]=-r^{(k)}\sum_{u=1}^m\ln[g_u(\boldsymbol{X})]=r^{(k)}\left|\sum_{u=1}^m\ln|g_u(\boldsymbol{X})|\right|$$

式中,惩罚因子 $r^{(k)}>0$,是一递减的正数序列,即 $r^{(0)}>r^{(1)}>r^{(2)}>\cdots>r^{(k)}\cdots$,且 $\lim\limits_{k\to\infty}r^{(k)}=0$。

关于惩罚项的说明如下:

当迭代点在可行域内部时,有 $g_u(\boldsymbol{X})<0\ (u=1,2,\cdots,m)$,而 $r^{(k)}>0$,惩罚项 $-r^{(k)}\sum\limits_{u=1}^m\frac{1}{g_u(\boldsymbol{X})}$ 或 $r^{(k)}\left|\sum\limits_{u=1}^m\ln|g_u(\boldsymbol{X})|\right|$ 恒为正值;而对于给定的某一惩罚因子 $r^{(k)}$,当迭代点在可行域内时,两种惩罚项的值均大于零,而且当迭代点在某一约束边界上时,则惩罚项的值趋于无穷,内点惩罚函数也增至无穷大,犹如在约束边界筑起一道围墙,使迭代过程保持在可行域内进行。当 $r^{(k)}$ 越取越小,惩罚项的值亦随之减少,直至 $r^{(k)}\to 0$,无约束极小点(迭代点)

趋于原约束问题的最优点。

由于构造的内点惩罚函数是定义在可行域内的函数,而等式约束优化问题不存在可行域空间,因此,内点法不适用于等式约束优化问题。

内点惩罚函数法的迭代步骤如下:

(1) 给定初始罚因子 $r^{(0)}>0$,允许置 $\varepsilon>0$;

(2) 在可行域内确定一个初始点 $\boldsymbol{X}^{(0)}$,置 $k=0$;

(3) 构造惩罚函数 $\phi(\boldsymbol{X},r^{(k)})$,用无约束优化方法求解 $\min\phi(\boldsymbol{X},r^{(k)})$,$\boldsymbol{X}\in\mathbf{R}^n$ 的极值点 $\boldsymbol{X}^*(r^{(k)})$;

(4) 检验迭代终止准则,若满足

$$\|\boldsymbol{X}^{(*)}(r^{(k)})-\boldsymbol{X}^*(r^{(k-1)})\|\leqslant\varepsilon$$

或

$$\left|\frac{\phi[\boldsymbol{X}^*(r^{(k)})]-\phi[\boldsymbol{X}^*(r^{(k-1)})]}{\phi[\boldsymbol{X}^*(r^{(k)})]}\right|\leqslant\varepsilon$$

则停止迭代计算,输出最优解 $\boldsymbol{X}^*=\boldsymbol{X}^*(r^{(k)})$,$f^*=f(\boldsymbol{X}^*)$;否则转入下一步;

(5) 取 $r^{(k+1)}=Cr^{(k)}$,递减系数 $C=0.1\sim0.5$,常取 0.1,并令 $\boldsymbol{X}^{(0)}\Leftarrow\boldsymbol{X}^*(r^{(k)})$,$k\Leftarrow k+1$ 转入步骤(3)。

内点法的程序框图如图 2-9 所示:

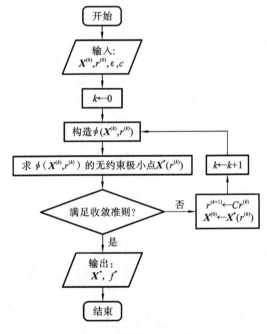

图 2-9　内点法的程序框图

现将初始点 $\boldsymbol{X}^{(0)}$ 以及初始惩罚因子 $r^{(0)}$ 的选取说明如下。

① 内点法的初始点 $\boldsymbol{X}^{(0)}$ 要求严格满足所有约束条件,即应该避免 $\boldsymbol{X}^{(0)}$ 为约束边界上的迭代点,必须是域内可行点。

② 在内点法中,初始罚因子 $r^{(0)}$ 的选择很重要。实践经验表明,初始罚因子 $r^{(0)}$ 选得恰当与否,会显著地影响到惩罚函数法的收敛速度,甚至解题的成败,根据经验,一般可取 $r^{(0)}=1\sim50$,但多数情况下取 $r^{(0)}=1$。也有建议按初始惩罚项作用与初始目标函数作用相近的原则来确定 $r^{(0)}$ 值,即

$$r^{(0)} = \left| \frac{f(\boldsymbol{X}^{(0)})}{\displaystyle\sum_{u=1}^{m} \frac{1}{g_u(\boldsymbol{X})}} \right|$$

内点法惩罚因子递减数列的递减关系为

$$r^{(k+1)} = Cr^{(k)} (k=0,1,2,\cdots), \quad 0 < C < 1$$

其中,C 称为惩罚因子递减系数。一般认为,C 的选取对迭代计算的收敛或成败影响不大。经验取值:$C=0.1 \sim 0.5$,通常取 0.1。

2) 外点法

外点法既可用来求解不等式约束优化问题,又可用来求解等式约束优化问题。其主要特点是:将惩罚函数定义在可行域的外部,从而在求解系列无约束优化问题的过程中,从可行域的外部逐渐逼近原约束优化问题的最优解。

对于目标函数 $f(\boldsymbol{X})$ 受约束于 $g_u(\boldsymbol{X}) \leqslant 0 (u=1,2,\cdots,m)$ 的不等式约束优化问题,可构造一般形式的外点惩罚函数为

$$\phi(\boldsymbol{X}, r^{(k)}) = f(\boldsymbol{X}) + r^{(k)} \sum_{u=1}^{m} \{\max[0, g_u(\boldsymbol{X})]\}^2 \tag{2-17}$$

式中惩罚项 $\displaystyle\sum_{u=1}^{m} \{\max[0, g_u(\boldsymbol{X})]\}^2$ 的含义为:当迭代点 $\boldsymbol{X}$ 在可行域内,由于 $g_u(\boldsymbol{X}) \leqslant 0 (u=1,2,\cdots,m)$,无论 $f(\boldsymbol{X})$ 取何值,惩罚项的值取零,函数值不受到惩罚,这时惩罚函数等价于原目标函数 $f(\boldsymbol{X})$;当迭代点 $\boldsymbol{X}$ 违反某一约束,在可行域之外,由于 $g_j(\boldsymbol{X}) > 0$,无论 $r^{(k)}$ 取何正值,必定有

$$\sum_{u=1}^{m} \{\max[0, g_u(\boldsymbol{X})]\}^2 = r^{(k)} [g_j(\boldsymbol{X})]^2 > 0$$

这表明 $\boldsymbol{X}$ 在可行域外时,惩罚项起着惩罚作用。$\boldsymbol{X}$ 离开约束边界越远,$g_j(\boldsymbol{X})$ 越大,惩罚作用也越大。

对于目标函数 $f(\boldsymbol{X})$ 受约束于 $h_v(\boldsymbol{X}) = 0 (v=1,2,\cdots,p)$ 的等式约束优化问题,可构造其外点惩罚函数为

$$\phi(\boldsymbol{X}, r^{(k)}) = f(\boldsymbol{X}) + r^{(k)} \sum_{v=1}^{p} [h_v(\boldsymbol{X})]^2 \tag{2-18}$$

若迭代点在可行域上,惩罚项为零(因 $h_v(\boldsymbol{X})=0$),函数值不受到惩罚;若迭代点在非可行域,惩罚项就显示其惩罚作用。

上述所构造的外点惩罚函数,就是经过转化的新目标函数,对它不再存在约束条件,成为无约束问题的目标函数,即可选用无约束优化方法求解。惩罚函数中的惩罚项所赋予的惩罚因子 $r^{(k)}$,是一个递增的正实数数列 $r^{(0)} < r^{(1)} < r^{(2)} < \cdots < r^{(k)} \cdots$,即 $\lim\limits_{k \to \infty} r^{(k)} = \infty$。

综合上述两种情况,可以得到一般约束优化问题的外点惩罚函数形式为

$$\phi(\boldsymbol{X}, r^{(k)}) = f(\boldsymbol{X}) + r^{(k)} \left\{ \sum_{u=1}^{m} [\max(0, g_u(\boldsymbol{X}))]^2 + \sum_{v=1}^{p} [h_v(\boldsymbol{X})]^2 \right\} \tag{2-19}$$

即外点惩罚函数由原目标函数 $f(\boldsymbol{X})$ 与惩罚项组成,在可行域内部及约束面上有 $\phi(\boldsymbol{X}, r^{(k)}) = f(\boldsymbol{X})$;而在非可行域和约束面上则有 $\phi(\boldsymbol{X}, r^{(k)}) > f(\boldsymbol{X})$,且当 $\boldsymbol{X}$ 离开可行域愈远,外点惩罚函数 $\phi(\boldsymbol{X}, r^{(k)})$ 较之原目标函数大得愈多。

外点法的迭代步骤如下。

(1) 给定初始点 $\boldsymbol{X}^{(0)}$、收敛精度 ε、初始罚因子 $r^{(0)}$ 和惩罚因子递增系数 $C(>1)$，置 $k=0$。

(2) 构造惩罚函数

$$\phi(\boldsymbol{X},r^{(k)}) = f(\boldsymbol{X}) + r^{(k)}\left\{\sum_{n=1}^{m}\left[\max(0,g_u(\boldsymbol{X}))\right]^2 + \sum_{v=1}^{p}\left[h_v(\boldsymbol{X})\right]^2\right\} \qquad (2\text{-}20)$$

(3) 求解无约束优化问题 $\min\phi(\boldsymbol{X},r^{(k)})$，得极值点 $\boldsymbol{X}^*(r^{(k)})$。

(4) 检验迭代终止准则，若满足

$$\|\boldsymbol{X}^*(r^{(k)}) - \boldsymbol{X}^*(r^{(k-1)})\| \leqslant \varepsilon$$

则停止迭代计算，输出最优点 $\boldsymbol{X}^* = \boldsymbol{X}^*(r^{(k)})$；否则，转入步骤(5)。

(5) 取 $r^{(k+1)} = Cr^{(k)}$，$\boldsymbol{X}^{(0)} \Leftarrow \boldsymbol{X}^*(r^{(k)})$，$k \Leftarrow k+1$，转步骤(2)继续迭代。

外点法的程序框图如图 2-10 所示。

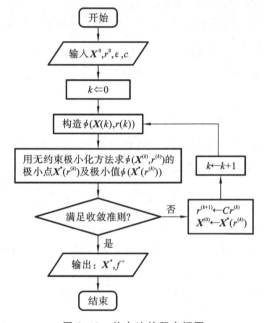

图 2-10　外点法的程序框图

外点法的初始惩罚因子 $r^{(0)}$ 的选取，可利用经验公式：

$$r^{(0)} = \frac{0.02}{mg_u(\boldsymbol{X}^{(0)})f(\boldsymbol{X}^{(0)})} \qquad (u=1,2,\cdots,m)$$

惩罚因子的递增系数 C 常取为 $5\sim10$。

3）混合法

混合法是综合内点法和外点法的优点而建立的一种惩罚函数法。对于不等式约束按内点法来构造惩罚项，对于等式约束按外点法构造惩罚项，由此得到混合法的惩罚函数，简称混合罚函数，其形式为

$$\phi(\boldsymbol{X},r^{(k)}) = f(\boldsymbol{X}) - r^{(k)}\sum_{u \in I_1}\frac{1}{g_u(\boldsymbol{X})} + r^{(k)}\left\{\sum_{u \in I_2}G[g_u(\boldsymbol{X})] + \sum_{v=1}^{p}H[h_v(\boldsymbol{X})]\right\} \qquad (2\text{-}21)$$

式中：$\sum\limits_{u \in I_i}$ 表示对所有下标 u 属于 I_i（i 为 1 或 2）的那些项求和；I_1、I_2 为约束函数的下标集合的表示符号；I_1 为所有被满足的约束条件的下标集合，I_2 为所有不被满足的约束条件的下标集合。即

$$I_1 = \{u \mid g_u(\boldsymbol{X}^k) \leqslant 0, u = 1, 2, \cdots, m\} \Big\}$$
$$I_2 = \{u \mid g_u(\boldsymbol{X}^k) \geqslant 0, u = 1, 2, \cdots, m\} \Big\}$$

(2-22)

惩罚因子系列 $\{r^{(k)}\}$ 应满足

$$r^{(0)} > r^{(1)} > r^{(2)} > \cdots > r^{(k)} > \cdots$$

且

$$\lim_{k \to \infty} r^{(k)} = 0$$

使用上面的混合惩罚函数时,其初始点 $\boldsymbol{X}^{(0)}$ 可任意选取。混合法的计算步骤和程序框图与外点法的相似。

2.4.3　复合形法

复合形法是求解约束优化问题的一种重要的直接解法。它的基本思路是在可行域内构造一个具有 k 个顶点的初始复合形。对该复合形各顶点的目标函数值进行比较,找到目标函数值最大的顶点(称最坏点),然后按一定的法则求出目标函数值有所下降的可行的新点,并以此点代替最坏点,构成新的复合形。复合形的形状每改变一次,就向最优点移动一步,直至逼近最优点。

由于复合形的形状不必保持规则的图形,对目标函数及约束函数的形状又无特殊要求,因此该法的适应性较强,在机械优化设计中得到广泛应用。

根据上述复合形法的基本思想,对于求解:

$$\min f(\boldsymbol{X}), \quad \boldsymbol{X} \in \mathbf{R}^n$$
$$\text{s. t. } g_u(\boldsymbol{X}) \leqslant 0, \quad u = 1, 2, \cdots, m$$

(2-23)

的优化问题时,采用复合形法来求解,需分两步进行。第一步是在设计空间的可行域 $D = \{\boldsymbol{X} \mid g_u(\boldsymbol{X}) \leqslant 0, u = 1, 2, \cdots, m\}$ 内产生 k 个初始顶点,构成一个不规则的多面体,即生成初始复合形。一般取复合形顶点数为:$n+1 \leqslant k \leqslant 2n$。例如,对于图 2-11 所示的二维约束优化问题,在 D 域内可构成一个三边形或四边形。第二步进行该复合形的调优迭代计算。通过对各顶点函数值大小的比较,判断下降方向,不断用新的可行好点取代坏点,构成新的复合形,使它逐步向约束最优点移动、收缩和逼近,直到满足一定的收敛精度为止。

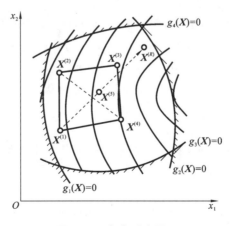

图 2-11　复合形法原理

1)初始复合形的生成

生成初始复合形,实际就是要确定 k 个可行点作为初始复合形的顶点。对于维数较低的约束优化问题,其顶点数少,可以由设计者试凑出来。但是对于高维优化问题,就难以试凑,可采用随机法产生。通常,初始复合形的生成方法主要采用如下两种方法。

(1) 人为地给定 k 个初始顶点。

可由设计者预先选择 k 个设计方案,即人工构造一个初始复合形。k 个顶点都必须满足所有的约束条件。

(2) 给定一个初始顶点,随机产生其他顶点。

在高维且多约束条件的情况下,一般是人为地确定一个初始可行点 $\boldsymbol{X}^{(1)}$,其余 $k-1$ 个顶点 $\boldsymbol{X}^{(j)}(j=2,3,\cdots,k)$ 可用随机法产生,即

$$\boldsymbol{X}_i^{(j)}=a_i+r_i^{(j)}(b_i-a_i) \quad (i=1,2,\cdots,n;j=1,2,\cdots,k) \tag{2-24}$$

式中:j 为复合形顶点的标号($j=2,3,\cdots,k$);i 为设计变量的标号($i=1,2,\cdots,n$),表示点的坐标分量;a_i,b_i 为设计变量 $x_i(i=1,2,\cdots,n)$ 的解域或上下界值,一般可取约束边界值;$r_i^{(j)}$ 为 $[0,1]$ 区间内服从均匀分布伪随机数。

用这种方法随机产生的 $k-1$ 个顶点,虽然可以满足设计变量的边界约束条件,但不一定是可行点,所以还必须逐个检查其可行性,并使其成为可行点。设已有 $q(q=1,\cdots,k)$ 个顶点满足全部约束条件,第 $q+1$ 点 $\boldsymbol{X}^{(q+1)}$ 不是可行点,则先求出 q 个顶点的中心点:

$$\boldsymbol{X}_i^{(t)} = \frac{1}{q} \sum_{j=1}^{q} \boldsymbol{X}_i^{(j)} \quad (i=1,2,\cdots,n) \tag{2-25}$$

然后,将不满足约束条件的点 $\boldsymbol{X}^{(q+1)}$ 向中心点 $\boldsymbol{X}^{(t)}$ 靠拢,即

$$\boldsymbol{X}^{(q+1)'}=\boldsymbol{X}^{(t)}+0.5(\boldsymbol{X}^{(q+1)}-\boldsymbol{X}^{(t)}) \tag{2-26}$$

若新得到的 $\boldsymbol{X}^{(q+1)'}$ 仍在可行域外,则重复式(2-26)进行调整,直到 $\boldsymbol{X}^{(q+1)'}$ 点成为可行点为止。然后,同样处理其余 $\boldsymbol{X}^{(q+2)}$,$\boldsymbol{X}^{(q+3)}$,$\cdots$,$\boldsymbol{X}^{(p)}$ 各点,使其全部进入可行域,从而构成一个所有顶点均在可行域内的初始复合形。

2) 复合形法的调优迭代

在构成初始复合形以后,即可按下述步骤和规则进行复合形法的调优迭代计算。

(1) 计算初始复合形各顶点的函数值 $f(\boldsymbol{X}^{(j)})(j=1,2,\cdots,k)$,选出好点 $\boldsymbol{X}^{(L)}$、坏点 $\boldsymbol{X}^{(H)}$、次坏点 $\boldsymbol{X}^{(G)}$。

$$\boldsymbol{X}^{(L)}:f(\boldsymbol{X}^{(L)})=\min\{f(\boldsymbol{X}^{(j)}),j=1,2,\cdots,k\}$$
$$\boldsymbol{X}^{(H)}:f(\boldsymbol{X}^{(H)})=\max\{f(\boldsymbol{X}^{(j)}),j=1,2,\cdots,k\}$$
$$\boldsymbol{X}^{(G)}:f(\boldsymbol{X}^{(G)})=\max\{f(\boldsymbol{X}^{(j)}),j=1,2,\cdots,k;j\neq H\}$$

(2) 计算除点 $\boldsymbol{X}^{(H)}$ 外其余 $k-1$ 个顶点的几何中心点 $\boldsymbol{X}^{(S)}$:

$$\boldsymbol{X}^{(S)} = \frac{1}{k-1} \sum_{j=1}^{k-1} X^{(j)}, \quad j \neq H$$

并检验 $\boldsymbol{X}^{(S)}$ 点是否在可行域内。如果 $\boldsymbol{X}^{(S)}$ 是可行点,则执行下一步,否则转第(4)步。

(3) 沿 $\boldsymbol{X}^{(H)}$ 和 $\boldsymbol{X}^{(S)}$ 连线方向求映射点 $\boldsymbol{X}^{(R)}$:

$$\boldsymbol{X}^{(R)}=\boldsymbol{X}^{(S)}+\alpha(\boldsymbol{X}^{(S)}-\boldsymbol{X}^{(H)}) \tag{2-27}$$

式中:α 为映射系数,通常取 $\alpha=1.3$,然后检验 $\boldsymbol{X}^{(R)}$ 的可行性。若 $\boldsymbol{X}^{(R)}$ 为非可行点,则将 α 减半,重新计算 $\boldsymbol{X}^{(R)}$,直到 $\boldsymbol{X}^{(R)}$ 成为可行点。

(4) 若 $\boldsymbol{X}^{(R)}$ 在可行域外,此时 D 可能是非凸集,如图 2-12 所示。此时,利用 $\boldsymbol{X}^{(S)}$ 和 $\boldsymbol{X}^{(L)}$ 重复确定一个区间,在此区间内随机产生 k 个顶点构成复合形。新的区间如图 2-12 所示,其边

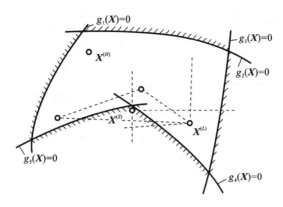

图 2-12　可行域为非凸集

界值为

若 $\boldsymbol{X}_i^{(L)} < \boldsymbol{X}_i^{(S)}$，$(i=1,2,\cdots,n)$，则取

$$\begin{cases} a_i = \boldsymbol{X}_i^{(L)} \\ b_i = \boldsymbol{X}_i^{(S)} \end{cases} \quad (i=1,2,\cdots,n) \tag{2-28}$$

若 $\boldsymbol{X}_i^{(L)} > \boldsymbol{X}_i^{(S)}$，则取

$$\begin{cases} a_i = \boldsymbol{X}_i^{(S)} \\ b_i = \boldsymbol{X}_i^{(L)} \end{cases} \quad (i=1,2,\cdots,n) \tag{2-29}$$

重新构成复合形后重复第（1）、（2）步，直到 $\boldsymbol{X}^{(S)}$ 成为可行点为止。

（5）计算映射点 $\boldsymbol{X}^{(R)}$ 的目标函数值 $f(\boldsymbol{X}^{(R)})$，若 $f(\boldsymbol{X}^{(R)}) < f(\boldsymbol{X}^{(H)})$，则用映射点 $\boldsymbol{X}^{(R)}$ 替换坏点 $\boldsymbol{X}^{(H)}$，构成新的复合形，完成一次调优迭代计算，并转向第（1）步；否则继续下一步。

（6）若 $f(\boldsymbol{X}^{(R)}) > f(\boldsymbol{X}^{(H)})$，则将映射系数 α 减半，重新计算映射点。如果新的映射点 $\boldsymbol{X}^{(R)}$ 既为可行点，又满足 $f(\boldsymbol{X}^{(R)}) < f(\boldsymbol{X}^{(H)})$，即代替 $\boldsymbol{X}^{(H)}$，完成本次迭代；否则继续将 α 减半，直到当 α 值减到小于预先给定的一个很小正数 ξ（例如 $\xi = 10^{-5}$）时，仍不能使映射点优于坏点，则说明该映射方向不利，应改用次坏点 $\boldsymbol{X}^{(G)}$ 替换坏点再进行映射。

（7）进行收敛判断。当每一个新复合形构成时，就用终止迭代条件来判别是否可结束迭代。在反复执行上述迭代的过程中，复合形会逐渐变小且向约束最优点逼近，直到满足

$$\left\{ \frac{1}{k} \sum_{j=1}^{k} \left[f(\boldsymbol{X}^{(j)}) - f(\boldsymbol{X}^{(c)}) \right]^2 \right\}^{\frac{1}{2}} \leqslant \xi \tag{2-30}$$

时，可结束迭代计算。此时，复合形中目标函数值最小的顶点即该约束优化问题的最优点。式（2-30）中的 $\boldsymbol{X}^{(c)}$ 为复合形所有顶点的点集中心，即

$$\boldsymbol{X}_i^{(c)} = \frac{1}{k} \sum_{j=1}^{k} \boldsymbol{X}_i^{(j)} \quad (i=1,2,\cdots,n)$$

复合形法的迭代计算框图如图 2-13 所示。

在复合形的调优迭代计算中，为了使复合形法更有效，除了采用映射手段外，还可以运用扩张、压缩、向最好点收缩、绕最好点旋转等技巧，使复合形在迭代中具有更大的灵活性，以达到较好的收缩精度。在求解不等式的约束优化问题的方法中，复合形法是一种效果较好的方法，同时也是工程优化设计中较为常用的算法之一。

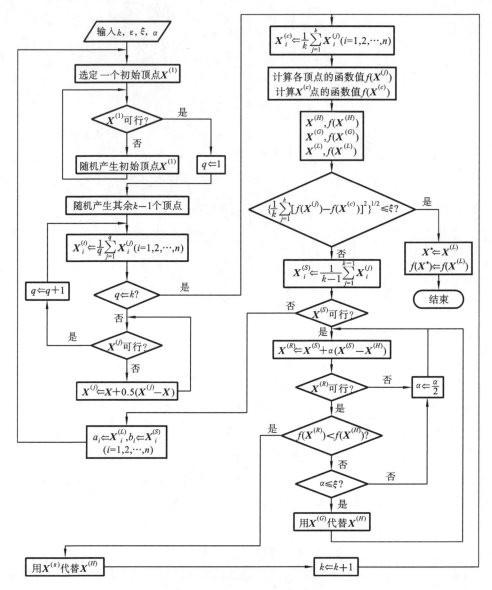

图 2-13　复合形法的计算框图

2.5　多目标优化方法

多目标优化问题的求解方法很多,其中最主要的有两大类。一类是直接求出非劣解,然后从中选择较好解。属于这类方法的有合适等约束法等。另一类是在多目标优化问题求解时做适当的处理。处理的方法可分为两种:一种处理方法是将多目标优化问题重新构造一个函数,即评价函数,从而将多目标优化问题转变为求评价函数的单目标优化问题;另一种是将多目标优化问题转化为一系列单目标优化问题来求解。属于这一大类的前一种方法有:主要目标法、线性加权组合法、理想点法、平方和加权法、分目标等除法、功率系数法——几何平均法以及极大极小法等。属于这一大类的后一种方法有分层序列法等。此外,还有其他类型的方法,如协调曲线法等。下面简要介绍多目标优化问题和几种比较常用的方法。

2.5.1　多目标优化问题

在实际问题中,对于大量的工程设计方案要评价其优劣,往往要同时考虑多个目标。例如,对于车床齿轮变速器的设计,提出了下列要求:

(1) 各齿轮体积总和 $f_1(x)$ 尽可能小,使材料消耗减少,成本降低;

(2) 各传动轴间的中心距总和 $f_2(x)$ 尽可能小,使变速箱结构紧凑;

(3) 齿轮的最大圆周速度 $f_3(x)$ 尽可能低,使变速箱运转噪声小;

(4) 传动效率尽可能高,即机械损耗率 $f_4(x)$ 尽可能低,以节省能源。

此外,该变速箱设计时除需满足齿轮不根切、不干涉等几何约束条件,还需满足齿轮强度等约束条件,以及有关设计变量的非负约束条件等。

按照上述要求,可分别建立四个目标函数:$f_1(x)$、$f_2(x)$、$f_3(x)$、$f_4(x)$。若这几个目标函数都要达到最优,且又要满足约束条件,则可归纳为

$$V-\min_{x \in R^n} F(x) = \min \begin{bmatrix} f_1(x) & f_2(x) & f_3(x) & f_4(x) \end{bmatrix}^T \qquad (2\text{-}31)$$

$$\text{s.t.} \quad g_j(x) \leqslant 0 \quad (j=1,2,\cdots,p)$$

$$h_k(x) = 0 \quad (k=1,2,\cdots,q)$$

显然这个问题是一个约束多目标优化问题。

在多目标优化模型中,还有一类模型,其特点是,在约束条件下,各个目标函数不是同等地被优化,而是按不同的优先层次先后地进行优化。例如,某工厂生产:1 号产品,2 号产品,3 号产品,$\cdots$,n 号产品。应如何安排生产计划,在避免开工不足的条件下,使工厂获得最大利润,工人加班时间尽可能少。若决策者希望把所考虑的两个目标函数按其重要性分成以下两个优先层次:第一优先层次——工厂获得最大利润;第二优先层次——工人加班时间尽可能少。那么,这种先在第一优先层次极大化总利润,然后在此基础上再在第二优先层次同等地极小化工人加班时间的问题就是分层多目标优化问题。

多目标优化设计问题要求各分量目标都达到最优,如能获得这样的结果,当然是十分理想的。但是,一般比较困难,尤其是各个分目标的优化互相矛盾时更是如此。机械优化设计中技术性能的要求往往与经济性的要求互相矛盾。所以,解决多目标优化设计问题也是一个复杂的问题。

从上述有关多目标优化问题的数学模型可见,多目标优化问题与单目标优化问题的一个本质区别在于:多目标优化是一个向量函数的优化,即函数值大小的比较,而向量函数值大小的比较,要比标量值大小的比较复杂。在单目标优化问题中,任何两个解都可以比较其优劣,因此是完全有序的。可是对于多目标优化问题,任何两个解不一定都可以比较出优劣,因此只能是半有序的。例如,设计某一产品时,希望对不同要求的 A 和 B 为最小。一般来说这种要求是难以完美实现的,因为它们没有确切的意义。除非这些性质靠完全不同的设计变量组来决定,而且全部约束条件也是各自独立的。假设产品有 D_1 和 D_2 两个设计,$A(D_1)$ 小于全部可接受 D 的任何一个 $A(D)$,而 $B(D_2)$ 也小于任何其他一个 $B(D)$。设 $A(D_1)<A(D_2)$,$B(D_1)<B(D_2)$,可见上述的 D_1 和 D_2 两个设计,没有一个能同时满足 A 与 B 为最小的要求,即没有一个设计是所期望的。更一般的情形,设 $x^{(0)}$ 和 $x^{(1)}$ 是多目标优化问题的满足约束条件的两个方案(即设计点),要判别这两个设计方案的优劣,需先求出各目标函数的值。显然,方案 $x^{(1)}$ 肯定比方案 $x^{(0)}$ 好。但是,绝大多数的情况是:$x^{(1)}$ 对应的某些 $f(x^{(1)})$ 的值小于 $x^{(0)}$

对应的某些 $f(x^{(0)})$ 值;而另一些则刚好相反。因此,对多目标设计指标而言,任意两个设计方案的优劣一般是难以判别的,这就是多目标优化问题的特点。这样,在单目标优化问题中得到的是最优解,而在多目标优化问题中得到的只是非劣解。而且,非劣解往往不止一个。因此,要求得能接受的最好非劣解,关键是要选择某种形式的折中。

所谓非劣解是指若有 m 个目标,当要求$(m-1)$个目标值不变坏时,找不到一个 x,使得另一个目标函数值 $f_i(x)(i=1,2,\cdots,m)$比 $f_i(x^*)$ 更好,则将此 x^* 作为非劣解。

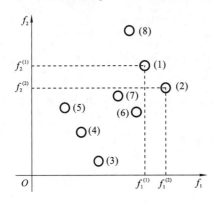

图 2-14 多目标问题的劣解与非劣解

如图 2-14 所示的两个目标 f_1、f_2,若希望所有的目标都是越小越好,将方案(1)、(2)进行比较,对于第一个目标,方案(1)比(2)优;而对于第二个目标,方案(1)比(2)劣。那么,方案(1)、(2)就无法定出其优劣;但它们都比方案(3)、(5)劣;而方案(3)、(5)又无法比较优劣。在图中的 8 个方案中,除方案(3)、(4)、(5)以外,其他的方案两两之间有时不可相比较,但总可以找到另一个方案比它们优。例如,方案(2)比方案(6)劣,方案(6)比方案(3)劣,方案(1)比方案(7)劣,方案(7)比方案(5)劣,方案(8)比方案(4)劣,等等。因此,方案(1)、(2)、(6)、(7)、(8)称为劣解;而方案(3)、(4)、(5)彼此间无法比较优劣,但又没有别的方案比它们中的任一个好,因此,这三个解就称为非劣解。这种非劣解在目标优化问题中有着十分重要的作用。

2.5.2 主要目标法

主要目标法的基本思想为:假设按照设计准则建立了 q 个分目标函数 $f_1(\boldsymbol{X}),f_2(\boldsymbol{X}),\cdots,f_q(\boldsymbol{X})$,可以根据这些准则的重要程度,从中选择一个重要的作为主要设计目标,将其他目标作为约束函数处理,从而构成一个新的单目标优化问题,并将该单目标优化问题的最优解作为所求多目标优化问题的相对最优解。

对于多目标函数优化问题,主要目标法所构成的单目标优化问题数学模型如下:

$$
\left.
\begin{aligned}
&\min f_1(\boldsymbol{X}),\boldsymbol{X}\in\mathbf{R}^n\\
&\text{s. t. } g_u(\boldsymbol{X})\leqslant 0\,(u=1,2,\cdots,m)\\
&h_v(\boldsymbol{X})=0\,(v=1,2,\cdots,p<n)\\
&g_{m+j-1}(\boldsymbol{X})=f_j(\boldsymbol{X})-f_j^{(\beta)}\leqslant 0\,(j=2,3,\cdots,q)
\end{aligned}
\right\}
\tag{2-32}
$$

式中:$f_1(\boldsymbol{X})$ 为主要目标函数;$f_j(\boldsymbol{X})$ $(j=2,3,\cdots,q)$ 为次要分目标函数;$f_j^{(\beta)}(j=2,3,\cdots,q)$ 为各个次要分目标函数的最大限定值。

2.5.3 统一目标法

统一目标法是指将各个分目标函数 $f_1(\boldsymbol{X}),f_2(\boldsymbol{X}),\cdots,f_q(\boldsymbol{X})$ 按照某种关系建立一个统一的目标函数

$$
F(\boldsymbol{X})=[f_1(\boldsymbol{X})\quad f_2(\boldsymbol{X})\quad \cdots\quad f_q(\boldsymbol{X})]^{\mathrm{T}}\to\min
$$

然后采用前述的单目标函数优化方法来求解。由于对统一的目标函数 $F(\boldsymbol{X})$ 定义方法的不同,分为线性加权组合法、乘除法等,下面重点介绍线性加权组合法。

线性加权组合法是将各个分目标函数按式(2-33)组合成统一的目标函数

$$F(\boldsymbol{X}) = \sum_{j=1}^{q} W_j f_j(\boldsymbol{X}) \rightarrow \min \qquad (2\text{-}33)$$

式中：W_j 为加权因子，是一个大于零的数，其值用以考虑各个分目标函数在相对重要程度方面的差异以及在量级和量纲上的差异。

若取 $W_j = 1 (j=1,2,\cdots,q)$，则称为均匀计权，表示各项分目标同等重要；否则，可以用规格化加权处理，即取

$$\sum_{j=1}^{q} W_j = 1 \qquad (2\text{-}34)$$

以表示该目标在该项优化设计中所占的相对重要程度。

显然，在线性加权组合法中，加权因子的选择合理与否，将直接影响优化设计的结果期望，各项分目标函数值的下降率应尽量相近，且使各变量变化对目标函数值的灵敏度尽量趋向一致。

2.6　工程优化设计应用

前面几节介绍了优化设计的有关理论及方法，本节介绍优化设计的工程应用。

2.6.1　工程优化设计的一般步骤

进行实际工程问题的优化设计，一般步骤概述如下：

(1) 明确设计变量、目标函数和约束条件，建立优化问题的数学模型；

(2) 选择合适的优化方法及计算程序；

(3) 编写主程序和函数子程序，上机寻优计算，求得最优解；

(4) 对优化结果进行分析。

求得优化结果后，应对其进行分析、比较，看其结果是否符合实际，是否满足设计要求，是否合理，再决定是否采用。在以上步骤中，建立优化设计数学模型是首要的和关键的一步，是取得正确结果的前提。优化方法的选择取决于数学模型的特点，例如优化问题规模的大小，目标函数和约束函数的形态以及计算精度等。在比较各种可供选用的优化方法时，需要考虑的一个重要因素是计算机执行这些程序所花费的时间和费用，即计算效率。正确地选择优化方法，至今还没有一定的原则。因为已经有很多成熟的优化方法程序可供选择，所以让使用者编写计算机程序已经没有必要了。

2.6.2　工程优化设计实例

例 2-4　单级直齿圆柱齿轮传动减速器的优化设计。

假设单级直齿圆柱齿轮减速器的传动比 $i=5$，输入扭矩 $T_1 = 2674$ N·m，在保证承载能力的条件下，要求确定该减速器的结构参数，使减速器的重量最轻。大齿轮选用四孔辐板式结构，小齿轮选用实心轮结构，其结构尺寸如图 2-15 所示，图中 $\Delta_1 = 280$ mm，$\Delta_2 = 320$ mm。

解　1) 数学模型的建立

(1) 齿轮参数的计算。

$$d_1 = m z_1, \quad d_2 = m z_2, \quad \delta = 5m, \; D_2' = m z_1 i - 10m,$$
$$d_{g_2} = 1.6 d_2', \quad d_0 = 0.25(m z_1 i - 10m - 1.6 d_2'), \quad c = 0.2B$$

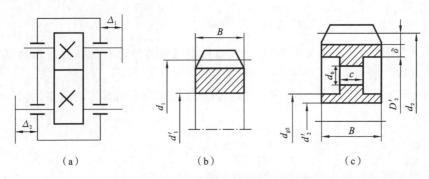

图 2-15　单级直齿圆柱齿轮减速器结构图

$$V_1 = \pi(d_1^2 - d_1'^2)B/4, \quad V_2 = \pi(d_2^2 - d_2'^2)B/4,$$
$$V_3 = \pi(D_2'^2 - d_{g_2}^2)(B-c)/4 + \pi(4d_0^2 c)/4,$$
$$V_4 = \pi(d_1'^2 - d_2'^2)/4 + 280\pi d_1'^2/4 + 320\pi d_2'^2/4$$

由上可得,减速器的齿轮与轴的体积之和为

$$V = V_1 + V_2 - V_3 + V_4$$

(2) 设计变量的确定。

从上述齿轮减速器体积(简化为齿轮和轴的体积)的计算公式可知,体积 V 取决于轴的支撑跨距 l、主动轴直径 d_1'、从动轴直径 d_2'、齿轮宽度 B、小齿轮齿数 z_1、模数 m 和传动比 i 等 7 个参数。其中传动比 i 由已知条件给定,为常量。故该优化设计问题可取 6 个设计变量,如下所示

$$\boldsymbol{X} = [x_1 \quad x_2 \quad x_3 \quad x_4 \quad x_5 \quad x_6]^T = [B \quad z_1 \quad m \quad l \quad d_1' \quad d_2']^T$$

(3) 目标函数的建立。

以减速器的重量最轻为目标函数,此减速器的重量可以以齿轮和两根轴的重量之和近似求出,又因钢的密度 ρ 为常数,故减速器的重量 $W = (V_1 + V_2 - V_3 + V_4)\rho$,所以可取减速器的体积为目标函数。将设计变量代入减速器的体积公式,经整理后最终得目标函数为

$$f(\boldsymbol{X}) = V = V_1 + V_2 - V_3 + V_4$$
$$= 0.785398(4.75x_1 x_2^2 x_3^2 + 85x_1 x_2 x_3^2 - 85x_1 x_3^2 + 0.92x_1 x_6^2 - x_1 x_5^2$$
$$+ 0.8x_1 x_2 x_3 x_6 - 1.6x_1 x_3 x_6 + x_4 x_5^2 + x_4 x_6^2 + 280x_5^2 + 320x_6^2)$$

(4) 约束条件的确定。

① 传递动力的齿轮,要求齿轮模数一般应大于 2 mm,故得

$$g_2(\boldsymbol{X}) = 2 - x_3 \leqslant 0$$

② 为了保证齿轮承载能力,且避免载荷沿齿宽分布严重不均,要求

$$16 \leqslant \frac{B}{m} \leqslant 35$$

由此得

$$g_7(\boldsymbol{X}) = \frac{x_1}{35x_3} - 1 \leqslant 0$$

$$g_8(\boldsymbol{X}) = 1 - \frac{x_1}{16x_3} \leqslant 0$$

③ 根据设计经验,主、从动轴的直径范围取 150 mm$\geqslant d_1' \geqslant$100 mm,200 mm$\geqslant d_2' \geqslant$130 mm,则轴直径约束为

$$g_3(\boldsymbol{X}) = 100 - x_5 \leqslant 0$$

$$g_4(\boldsymbol{X}) = x_5 - 150 \leqslant 0$$

$$g_5(\boldsymbol{X}) = 130 - x_6 \leqslant 0$$

$$g_6(\boldsymbol{X}) = x_6 - 200 \leqslant 0$$

④ 为避免发生根切,小齿轮的齿数 z_1 不应小于最小齿数 $z_{\min}$,即 $z_1 \geqslant z_{\min} = 17$,于是得约束条件

$$g_1(\boldsymbol{X}) = 17 - x_2 \leqslant 0$$

⑤ 根据工艺装备条件,要求大齿轮直径不得超过 1500 mm,若 $i = 5$,则小齿轮直径不能超过 300 mm,即 $d_1 - 300 \leqslant 0$,写成约束条件为

$$g_9(\boldsymbol{X}) = \frac{x_2 x_3}{300} - 1 \leqslant 0$$

⑥ 按齿轮的齿面接触强度条件,有

$$\sigma_H = 670\sqrt{\frac{(i+1)KT_1}{Bd_1^2 i}} \leqslant [\sigma_H]$$

式中:T_1 取 2674000 N・mm,$K = 1.3$,$[\sigma_H] = 855.5$ N/mm^2。将以上各参数代入上式,整理后可得接触应力约束条件

$$g_{10}(\boldsymbol{X}) = \frac{670}{855.5}\sqrt{\frac{(i+1)KT_1}{x_1(x_2 x_3)^2 i}} - 1 \leqslant 0$$

⑦ 按齿轮的齿根弯曲疲劳强度条件,有

$$\sigma_F = \frac{2KT_1}{Bd_1 my} \leqslant [\sigma_F]$$

如取 $T_1 = 2674000$ N・mm,$K = 1.3$,$[\sigma_{F_1}] = 261.7$ N/mm^2,$[\sigma_{F_2}] = 213.3$ N/mm^2;若大、小齿轮齿形系数 y_2、y_1 分别按下述二式计算,即

$$y_2 = 0.2824 + 0.0003539(i x_2) - 0.000001576(i x_2)^2$$

$$y_1 = 0.169 + 0.006666 x_2 - 0.0000854 x_2^2$$

则得小齿轮的弯曲疲劳强度条件为

$$g_{11}(\boldsymbol{X}) = \frac{2KT_1}{261.7 x_1 x_2 x_3^2 y_1} - 1 \leqslant 0$$

大齿轮的弯曲疲劳强度条件为

$$g_{12}(\boldsymbol{X}) = \frac{2KT_1}{213.3 x_1 x_2 x_3^2 y_2} - 1 \leqslant 0$$

⑧ 根据轴的刚度计算公式

$$\frac{F_n l^3}{48EJ} \leqslant 0.003l$$

式中:$F_n = \dfrac{F_{t1}}{\cos\alpha} = \dfrac{2T_1}{m z_1 \cos\alpha} = \dfrac{2T_1}{x_2 x_3 \cos\alpha}$;

$E = 2 \times 10^5$ N/mm^2;$\alpha = 20°$;

$J = \pi d_1'^4 / 64 = \pi x_5^4 / 64$。

得主动轴的刚度约束条件为

$$g_{13}(\boldsymbol{X}) = \frac{F_n x_4^2}{48 \times 0.003EJ} - 1 \leqslant 0$$

⑨ 主、从动轴的弯曲强度条件为

$$\sigma_W = \frac{\sqrt{M^2 + (\alpha_1 T)^2}}{W} \leqslant [\sigma_{-1}]$$

对主动轴:轴所受弯矩为

$$M = F_n \cdot \frac{l}{2} = \frac{T_1 l}{m Z_1 \cos\alpha} = \frac{T_1 x_4}{x_2 x_3 \cos\alpha}$$

假设取 $T_1 = 2674000$ N · mm,$\alpha = 20°$,扭矩校正系数 $\alpha_1 = 0.58$。

对实心轴:

$$W_1 = 0.1 d_1'^3 = 0.1 x_5^3, \quad [\sigma_{-1}] = 55 \text{ N/mm}^2$$

得主动轴弯曲强度约束为

$$g_{14}(\boldsymbol{X}) = \frac{\sqrt{M^2 + (\alpha_1 T_1)^2}}{55 W_1} - 1 \leqslant 0$$

对从动轴:

$$W_2 = 0.1 d_2'^3 = 0.1 x_6^3, \quad [\sigma_{-1}] = 55 \text{ N/mm}^2$$

可得从动轴弯曲强度约束为

$$g_{15}(\boldsymbol{X}) = \frac{\sqrt{M^2 + (\alpha_1 T_1)^2}}{55 W_2} - 1 \leqslant 0$$

⑩ 轴的支承跨距按结构关系和设计经验取

$$l \geqslant B + 2\Delta_{\min} + 0.25 d_2'$$

式中:$\Delta_{\min}$ 为箱体内壁到轴承中心线的距离,现取 $\Delta_{\min} = 20$ mm,则有 $B - l + 0.25 d_2' + 40 \leqslant 0$,写成约束条件为

$$g_{16}(\boldsymbol{X}) = \frac{(x_1 - x_4 + 0.25 x_6)}{40} + 1 \leqslant 0$$

(5) 优化问题的数学模型。

综上所述,可得该优化问题的数学模型为

$$\min f(\boldsymbol{X}), \quad \boldsymbol{X} \in \mathbf{R}^6$$
$$\text{s.t.} \ g_u(\boldsymbol{X}) \leqslant 0 \quad (u = 1, 2, \cdots, 16)$$

即本优化问题是一个具有 16 个不等式约束条件的 6 维约束优化问题。

2) 优化方法的选择及优化结果

对本优化问题,现选用内点惩罚函数法求解,可构造惩罚函数为

$$\phi(\boldsymbol{X}, r^{(k)}) = f(\boldsymbol{X}) + r^{(k)} \sum_{u=1}^{16} \frac{1}{g_u(\boldsymbol{X})}$$

参考同类齿轮减速器的设计参数,现取原设计方案为初始点 $X^{(0)}$,即

$$\boldsymbol{X}^{(0)} = [x_1^{(0)} \quad x_2^{(0)} \quad x_3^{(0)} \quad x_4^{(0)} \quad x_5^{(0)} \quad x_6^{(0)}]^{\mathrm{T}} = [230 \quad 210 \quad 8 \quad 420 \quad 120 \quad 160]^{\mathrm{T}}$$

则该点的目标函数值为

$$f(\boldsymbol{X}^{(0)}) = 87139235.1 \text{ mm}^3$$

采用鲍威尔法求解惩罚函数 $\phi(\boldsymbol{X}, r^{(k)})$ 的极小点,取惩罚因子递减系数 $C = 0.5$,其中一维搜索选用二次插值法,收敛精度 $\varepsilon_1 = 10^{-7}$;鲍威尔法及惩罚函数法的收敛精度都取 $\varepsilon_2 = 10^{-7}$,得最优化解

$$\boldsymbol{X}^* = [x_1^* \quad x_2^* \quad x_3^* \quad x_4^* \quad x_5^* \quad x_6^*] = [130.93 \quad 18.74 \quad 8.18 \quad 235.93 \quad 100.01 \quad 130.00]^{\mathrm{T}}$$
$$f(\boldsymbol{X}^*) = 35334358.3 \text{ mm}^3$$

该方案与原方案的体积计算相比,下降了 59.45%。

上述最优解并不能直接作为减速器的设计方案,根据几何参数的标准化,要进行圆整,最后得

$$B^* = 130 \text{ mm}, \quad z_1 = 19, \quad m^* = 8 \text{ mm},$$
$$l^* = 236 \text{ mm}, \quad d_1'^* = 100 \text{ mm}, \quad d_2'^* = 130 \text{ mm}$$

经过验证,圆整后的设计方案 X^* 满足所有约束条件,其最优方案与原设计方案的减速器体积相比,下降了 53.9%。

可靠性设计

3.1 机械失效与可靠性

3.1.1 可靠性定义及要点

可靠性(reliability)的定义是:产品在规定的条件下和规定的时间区间内完成规定功能的能力。

可靠性定义的要点如下。

(1)"产品":包括任何元件、零件、部件、设备和系统,既可以是有形的硬件,也可以是软件和人机系统。

(2)"规定的条件":主要指工作环境条件、使用和维修条件、动力和载荷条件、操作人员的技术条件,如压力、温度、湿度、烟雾、腐蚀、辐射、冲击、振动、噪声等。

(3)"规定时间":可靠性随时间变化而变化,是时间性的质量指标。可靠性需要对时间有明确的规定,时间可指日历时间,通常的时间单位是小时、年。根据产品的不同,时间还可指与时间成比例的次数、距离等,称为广义的时间,其单位可用工作循环次数、回转零件转数、机械装置的动作次数等表示。

(4)"规定功能":功能通常指产品的工作性能,可靠性设计分析中主要强调产品是否丧失了工作性能,失效即产品丧失了规定功能,故障即可修复产品暂时丧失了功能。

(5)"能力":产品的失效或故障具有偶然性,这里的能力具有统计学的意义,需要用概率论和数理统计的方法来处理。

可靠性通过可靠度来度量,可靠度 $R(t_1,t_2)$ 的定义是:产品在规定的条件下和规定的时间区间 (t_1,t_2) 内能完成规定功能的概率。

3.1.2 失效的定义

失效(failure)的定义是:产品终止完成规定功能的能力的事件。失效是指产品或产品的一部分丧失规定的功能。

对可修复产品而言,这种失效通常称为故障。失效与故障的区别在于,失效是一次事件,故障是一种状态。失效可按多种方法分类:①机械零部件失效可分为变形失效、断裂失效和表面损伤失效;②按失效时间特性,分为突然失效和渐变失效;③按失效存在的时间长短,可分为恒定失效、间歇失效和运行紊乱失效;④按失效的完备性,分为系统失效、完全失效和部分失效;⑤按产品系统各零部件之间的联系,可分为独立失效和相关失效;⑥按导致失效的不同原因,分为设计失效、生产失效、使用失效等;⑦按失效严重程度,可分为致命失效、严重失效和参数失效。

3.1.3　产品可靠性寿命指标

1) 平均寿命

在产品的寿命指标中,最常用的是平均寿命。对于不可修复的产品,平均寿命是指产品从开始使用到失效这段有效工作时间的平均值,用 MTTF(mean time to failures)表示;对于可修复的产品,平均寿命指的是平均无故障工作时间,用 MTBF(mean time between failures)表示。

由于产品投入运行后的失效时间是随机变量,具有确定的统计分布规律。因此,平均寿命是失效时间的数学期望值,用 $E(T)$ 表示。

2) 寿命方差与标准差

平均寿命是一批产品中各个产品寿命的平均值。它只能反映这批产品寿命分布的中心位置,而不能反映各产品寿命与此中心位置的偏离程度。寿命方差和标准差是用来反映产品寿命离散程度的特征值。

3) 可靠寿命、中位寿命与特征寿命

可靠寿命是指可靠度为给定值 R 时的工作寿命;中位寿命是指可靠度 $R=50\%$ 时的工作寿命,用符号 $t_{0.5}$ 表示;特征寿命是指可靠度 $R=e^{-1}$ 时的工作寿命,用 $t_{e^{-1}}$ 表示。

3.1.4　可靠性特征量

可靠性特征量是表示产品总体可靠性水平高低的各种可靠性指标。常用的可靠性特征量有可靠度、可靠寿命、中位寿命、平均寿命、失效概率、失效率和失效率曲线。

1) 可靠度

可靠度是指产品在规定条件下和规定时间内完成规定功能的概率,一般用 $R(t_1,t_2)$ 表示。它是时间的函数,故也记为 $R(t)$,称为可靠度函数。

如果用随机变量 T 表示产品从开始工作到发生失效或故障的时间,其概率密度为 $f(t)$,则该产品在 t 时刻的可靠度如式(3-1)所示,函数图如图 3-1 所示。

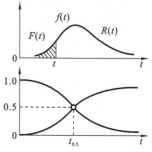

$$R(t)=P(T>t)=\int_t^\infty f(t)\mathrm{d}t \qquad (3\text{-}1)$$

对于不可修复的产品,可靠度的观测值是指直到规定的时间区间终了为止,能完成规定功能的产品数与在该区间开始时投入工作产品数之比。

$$R(t)=\frac{N_S(t)}{N}=1-\frac{N_F(t)}{N} \qquad (3\text{-}2)$$

图 3-1　可靠度、失效概率与时间关系曲线

式中:N 表示开始时投入工作产品数;$N_S(t)$ 表示到 t 时刻完成规定功能产品数,即残存数;$N_F(t)$ 是指到 t 时刻未完成规定功能产品数,即失效数。

2) 可靠寿命、中位寿命和平均寿命

可靠寿命是给定的可靠度所对应的时间,一般用 $t(R)$ 表示。如图 3-2 所示,一般可靠度随着工作时间的增长而下降,对给定的不同可靠度 R,则有不同的 $t(R)$,即

$$t(R) = R^{-1}(R) \tag{3-3}$$

式中:R^{-1}为可靠度 R 的反函数,即由 $R(t)=R$ 反求时间 t。可靠寿命的观测值是能完成规定功能的产品的比例恰好等于给定可靠度时所对应的时间。

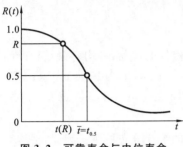

图 3-2　可靠寿命与中位寿命

当指定 $R=0.5$ 时,即 $R(t)=0.5$ 时的寿命称为中位寿命(见图 3-2),记为 $t_{0.5}$。

平均寿命是指寿命的平均值,对不可修复产品常用 MTTF 表示;对可修复产品常用 MTBF 表示。它们都表示无故障工作时间 T 的期望 $E(T)$ 或简记为 $\bar{t}$。如已知 T 的概率密度函数 $f(t)$,则

$$\bar{t} = E(T) = \int_0^\infty t f(t)\,\mathrm{d}t \tag{3-4}$$

经分部积分后也可求得

$$\bar{t} = \int_0^\infty R(t)\,\mathrm{d}t \tag{3-5}$$

3) 失效概率

失效概率是指产品在规定条件下和规定时间内未完成规定功能(即发生失效)的概率,也称为不可靠度。一般用 F 或 $F(t)$ 表示。

因为完成规定功能与未完成规定功能是对立事件,按概率互补定理可得

$$F(t) = 1 - R(t) \tag{3-6}$$

对于不可修复产品和可修复产品,失效概率的观测值都可按概率互补定理,取

$$\hat{F}(t) = 1 - \hat{R}(t) \tag{3-7}$$

4) 失效率和失效率曲线

失效率是指工作到某时刻尚未失效的产品,在该时刻后单位时间内发生失效的概率。一般用 λ 表示,它也是时间 t 的函数,故也记为 $\lambda(t)$,称为失效率函数,有时也称为故障率函数或风险函数。

按上述定义,失效率是在时刻 t 尚未失效产品在 $t+\Delta t$ 的单位时间内发生失效的条件概率,即

$$\lambda(t) = \lim_{\Delta t \to 0} \frac{1}{\Delta t} P(t < T \leqslant t + \Delta t \mid T > t) \tag{3-8}$$

它反映 t 时刻失效的速率,也称为瞬时失效率。

失效率的观测值是在某时刻后单位时间内失效的产品数与工作到该时刻尚未失效的产品数之比,即

$$\hat{\lambda}(t) = \frac{\Delta N_f(t)}{N_s(t)\Delta t} \tag{3-9}$$

典型的失效率(或故障率)曲线反映产品总体各寿命期失效率的情况。图 3-3 所示为失效率曲线的典型情况,有时形象地称为浴盆曲线。失效率随时间变化可分为三段时期,包括早期失效期、偶然失效期和损耗失效期。

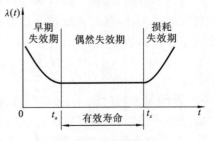

图 3-3　浴盆曲线

3.2　可靠性设计流程

3.2.1　机械可靠性设计的基本特点

机械可靠性设计与传统设计方法不同,机械可靠性设计具有以下基本特点。

(1)以应力和强度为随机变量作为出发点。可靠性设计将机械零部件所承受的载荷、应力、结构尺寸、材料的强度和机械的工况均视为非定值,以随机变量来表示,具有离散性质,数学上用分布函数来描述。

(2)基于载荷、应力、尺寸、强度和工况为随机变量的事实和认识,应用概率和统计方法进行分析、求解。

(3)产品设计过程中要求产品不能超过技术文件所规定的许用值,因此能定量地回答产品的失效概率和可靠度。

(4)传统的机械设计方法仅有一种可靠性评价指标,即安全系数;而机械可靠性设计则要求根据不同产品的具体情况选择不同的、最适宜的可靠性指标,如失效概率、可靠度、MTBF 等。

(5)产品设计对产品质量的贡献率达 $70\%\sim80\%$,设计决定了产品的固有质量特性。可靠性设计强调设计对产品可靠性的主导作用。

(6)产品环境中的温度、振动、冲击、湿度、盐雾、腐蚀、沙尘、磨损等对产品可靠度有很大影响,可靠性设计必须考虑环境的影响。

(7)以有效度为可靠性指标的机械产品,不论产品设计的固有可靠性有多高,都必须考虑维修性。在浴盆曲线的耗损失效期及当有效度是主要可靠性指标时,从设计一开始,就必须将固有可靠性和使用可靠性联系起来作为整体考虑。

(8)可靠性设计承认在设计期间及其以后都需要可靠性增长。机械产品在设计、研制过程中,随着经验的积累会改进设计、制造工艺,提高产品的可靠性,产品在发生故障后,分析故障原因就提供了改善可靠性的信息。

3.2.2　可靠性设计的主要内容

机械可靠性设计的内容最基本的有以下几个方面。

(1)研究产品的故障物理和故障模型。用统计分析的方法使故障(失效)机理模型化,建立计算用的可靠度模型或故障模型,为机械可靠性设计奠定物理数学基础。故障模型的建立,往往以可靠性试验结果为依据。为节省时间、加快新产品设计、开发进度,建立合理的加速试验方法非常有必要。

(2)确定产品的可靠性指标及其等级。产品可靠性指标的等级或量值,应依据设计要求或已有的试验、使用和修理的统计数据、设计经验、产品的重要程度、技术发展趋势及市场需求等来确定。

(3)可靠性预测。可靠性预测是指在设计开始时,运用以往的可靠性数据资料计算系统可靠性的特征量并进行详细设计。不同阶段,系统可靠性预测要反复进行。

(4)合理分配产品的可靠性指标。将可靠性指标分配到各子系统,并与各子系统能达到的指标相比较,判断是否需要改进设计,再把改进设计后的可靠性指标重新分配。可采用优化设计方法将产品(系统、设备)的可靠性指标值分配给各个部件、零件,以求得到最大经济效益下的各零部件可靠性指标值的最合理的匹配。

(5)以规定的可靠性指标为依据对零件进行可靠性设计。把规定的可靠性指标值直接设计到零件的有关参数中,使它们能够保证可靠性指标值的实现。

3.2.3　机械可靠性设计流程

(1)提出设计任务,规定详细指标。提出设计任务及详细的技术指标、性能指标和可靠性指标。

(2)确定有关的设计变量参数。设计变量及参数应当是对设计结果有影响的、能够量度和相互独立的。

(3)失效模式、影响及其危害分析。研究系统与零部件的相互关系,以便确定可能失效部位、失效模式和失效机理,确定每一失效模式对系统及其零部件产生的影响,认识危害程度并提出可采取的预防改进措施,以提高产品的可靠性。

(4)确定零件的失效模式是不是相互独立的。若失效模式相互独立,则该失效模式下的应力与强度计算不受其他失效模式影响;否则,需对受到影响的失效模式下的应力与强度加以修正以使不同失效模式的可靠度相互独立。

(5)确定失效模式的判据。较常用的判据包括最大正应力、最大切应力、最大变形能、最大应变能、最大应变、最大变形、疲劳下的变形能、疲劳下的最大总应变、最大许用腐蚀量、最大许用磨损量、最大许用振幅、最大允许声强、最大许用蠕变等。

(6)得出应力公式。对于每种失效模式,在确定载荷、尺寸、物理性质、工作环境、时间等设计变量及参数之间的函数关系后得出应力公式。

(7)确定每种失效模式下的应力分布。根据应力分布公式,画出零部件应力分布图。

(8)确定强度公式。一旦强度失效时的应力被工作应力超过,就会导致一定的失效模式,这种失效模式发生的概率,就是不可靠度。

(9)确定每种失效模式下的强度分布。零件的强度分布可由试件的强度分布用每个强度修正系数加以修正后得到。

(10)确定每种致命失效模式下应力分布和强度分布的可靠度。当零件有多种致命失效模式,需要计算所有致命失效模式的可靠度。

(11)确定零件的可靠度。若零件确是由单一的失效模式引起失效,则其实际可靠度将接近(小于)或等于 $R_{i(\min)}$;如果是由多种原因引起失效,则零件的实际可靠度将接近(大于)或等于 $\prod\limits_{i=1} R_i$。

(12)确定零件可靠度的置信水平。可靠度指的是零件可靠度,而置信度是相对样本试验结果而言的。

(13)按上述步骤求出系统中所有关键零部件的可靠度,并计算子系统和整个系统的可靠度。当计算的系统可靠度达不到要求时,则应对设计进行迭代调整,直到达到规定的目标值为止。必要时还需对某些设计内容进行优化。

3.3　零件静强度可靠性设计

机械强度可靠性设计的基础是应力-强度分布干涉理论与可靠度计算。以应力-强度分布干涉理论为基础设计的模型可清楚地揭示机械零件产生故障的原因和机械强度可靠性设计的本质。

3.3.1　应力-强度干涉模型

由统计分布函数的性质可知,应力-强度两概率密度函数在一定条件下可能发生相交的区域(见图 3-4 中的阴影部分)就是零件可能出现失效的区域,称为干涉区,即使设计时无干涉现象,但当零部件在动载荷的长时间作用下,强度也将逐渐衰减,如图 3-4 中的 a 位置沿着衰减退化曲线移到 b 位置,使应力、强度发生干涉,强度降低,引起应力超过强度后造成不安全或不可靠的问题。由干涉图可以看出:① 即使在安全系数大于 1 的情况下仍然存在一定的不可靠度;② 当材料强度和工作应力的离散程度大,干涉部分加大,不可靠度也增大;③ 当材质性能好、工作应力稳定时,使两分布离散度小,干涉部分相应地减小,可靠度增大。所以,为保证产品可靠性,只进行安全系数计算是不够的,还需要进行可靠度计算。

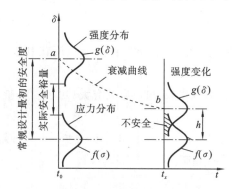

图 3-4　应力-强度分布曲线的相互关系模型　　图 3-5　强度大于应力值时,应力和强度的概率面积

应力-强度干涉模型揭示了可靠性设计的本质。从干涉模型可以看到,就统计数学观点而言,任一设计都存在着失效概率,即可靠度小于 1。而我们能够做到的仅仅是将失效概率限制在一个可以接受的限度之内,该观点在常规设计的安全系数法中是不明确的,因为在其设计中不考虑存在失效的可能性。可靠性设计这一重要特征,客观地反映了产品设计和运行的真实情况,同时,还定量地给出产品在使用中的失效概率或可靠度,因而受到重视与发展。

3.3.2　可靠度计算方法

1) 应力-强度干涉模型求可靠度

由应力分布和强度分布的干涉理论可知,可靠度是"强度大于应力的整个概率",可表示为

$$R(t) = P(S > s) = P(S - s > 0) = P\left(\frac{S}{s} > 1\right) \tag{3-10}$$

若能满足式(3-10),则可保证零件不会失效,否则将出现失效。

在应力-强度干涉模型中,需要研究的是两个分布发生干涉的部分。因此,对时间为 t_1 时的应力-强度分布干涉模型进行分析,零件的工作应力为 s,强度为 S,且呈一定的分布状态,当两个分布发生干涉时,阴影部分表示零件的失效概率,即不可靠度。

在机械零件的危险剖面上,当应力值 s 大于材料的强度值 S 时,将发生失效。由图 3-5 可知,应力值 s 存在于区间 $\left[s_1 - \dfrac{ds}{2}, s_1 + \dfrac{ds}{2}\right]$ 内的概率等于面积 A_1,即

$$P\left(s_1 - \frac{\mathrm{d}s}{2} \leqslant s_1 \leqslant s_1 + \frac{\mathrm{d}s}{2}\right) = f(s_1)\mathrm{d}s = A_1 \tag{3-11}$$

同时,强度值 S 超过应力值 s_1 概率等于阴影面积 A_2,表示为

$$P(S > s) = \int_{s_1}^{\infty} f(S)\mathrm{d}S = A_2 \tag{3-12}$$

A_1、A_2 表示两个独立事件各自发生的概率。如果这两个事件同时发生,则可应用概率乘法定理来计算应力值为 s_1 时的不失效概率,即可靠度,得

$$\mathrm{d}R = A_1 A_2 = f(s_1)\mathrm{d}s \times \int_{s_1}^{\infty} f(S)\mathrm{d}S$$

因为零件的可靠度为强度值 S 大于所有可能的应力值 s 的整个概率,所以

$$R(t) = \int_{-\infty}^{\infty} \mathrm{d}R = \int_{-\infty}^{\infty} f(s)\left[\int_{s}^{\infty} f(S)\mathrm{d}S\right]\mathrm{d}s \tag{3-13}$$

式(3-13)即可靠度的一般表达式,并可表示为更一般的形式:

$$R(t) = \int_{a}^{b} f(s)\left[\int_{s}^{c} f(S)\mathrm{d}S\right]\mathrm{d}s \tag{3-14}$$

式中:a 和 b 分别为应力在其概率密度函数中可以设想的最小值和最大值;c 为强度在其概率密度函数中可以设想的最大值。

对于对数正态分布、威布尔分布和伽马分布,a 为位置参数,b 和 c 为无穷大;对于 β 分布,a 为位置参数,b 和 c 可能是一个有限值。

显然,应力-强度分布干涉理论的概念可以进一步延伸。零件的工作循环次数 n 可以理解为应力,而零件的失效循环次数 N 可以理解为强度。与此相应,有

$$R(t) = P(N > n) = P(N - n > 0) = P\left(\frac{N}{n} > 1\right) \tag{3-15}$$

$$R(t) = \int_{-\infty}^{\infty} f(n)\left[\int_{n}^{\infty} f(N)\mathrm{d}N\right]\mathrm{d}n \tag{3-16}$$

式中:n 为工作循环次数;N 为失效循环次数。

2) 功能密度函数积分法求解可靠度

强度 S 和应力 s 差可用一个多元随机函数表示:

$$\xi = S - s = f(x_1, x_2, \cdots, x_n) \tag{3-17}$$

式(3-17)称为功能函数。

设随机变量 ξ 的概率密度函数 $f(\xi)$,根据二维独立随机变量知识,我们可以通过强度 S 和应力 s 的概率密度函数 $f(S)$ 和 $f(s)$ 计算出 $f(\xi)$。因此,零件的可靠度可由下式求得:

$$R = P(\xi > 0) = \int_{0}^{\infty} f(\xi)\mathrm{d}\xi \tag{3-18}$$

当应力和强度为更一般的分布时,可以用辛普森(Simpson)和高斯(Gauss)等数值积分法求可靠度。当精度要求不高时,也可用图解法求解可靠度。

3) 蒙特卡罗(Monte Carlo)模拟法

蒙特卡罗模拟法可以用来综合两种不同的分布,因此,可以用它来综合应力分布和强度分布,并计算出可靠度。这种方法的实质是,从一个分布(应力分布)中随机选取一应力值样本,并将其与取自另一分布(强度分布)的强度值样本相比较,然后对比较结果进行统计,并计算出统计概率,这一统计概率就是所求的可靠度。

用蒙特卡罗模拟法进行可靠度计算的流程图如图 3-6 所示。

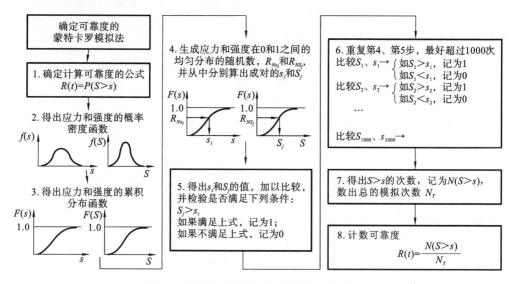

图 3-6　蒙特卡罗模拟法计算可靠度的流程图

由图 3-6 中的第 4 步可知

$$R_{Ns_i} = \int_{-\infty}^{s_i} f(s)\mathrm{d}s, \quad R_{NS_j} = \int_{-\infty}^{S_j} f(S)\mathrm{d}S \tag{3-19}$$

因此，已知 R_{Ns_i} 和 R_{NS_j} 便可得出相应的 s_i 和 S_j。

如果把上述第 5 步的条件，改为 $S_1 > s_1$ 或 $\dfrac{S_1}{s_1} > 1$，则可相应地得到

$$R(t) = \frac{N(S > s)}{N_T} = \frac{N\left(\dfrac{S}{s} > 1\right)}{N_T} \tag{3-20}$$

显然，模拟的次数越多，则所得可靠度的精度越高。

3.3.3　应力和强度分布都为正态分布时的可靠度计算

当应力和强度分布都为正态分布时，可靠度的计算大大简化。可以用连接方程先求出连接系数 Z_R，然后利用标准正态分布面积表求出可靠度。

呈正态分布的应力和强度概率密度函数分别为

$$f(s) = \frac{1}{\sigma_s \sqrt{2\pi}} \mathrm{e}^{-\frac{1}{2}\left(\frac{s-\bar{s}}{\sigma_s}\right)^2} \tag{3-21}$$

$$f(S) = \frac{1}{\sigma_S \sqrt{2\pi}} \mathrm{e}^{-\frac{1}{2}\left(\frac{S-\bar{S}}{\sigma_S}\right)^2} \tag{3-22}$$

又知可靠度是强度大于应力的概率，表示为

$$R(t) = P(S > s) \tag{3-23}$$

将 $f(\xi)$ 定义为随机变量 S 与 s 之差 ξ 的分布函数，由于 $f(S)$ 和 $f(s)$ 都为正态分布，因此根据概率统计理论，$f(\xi)$ 也为正态分布函数，表示为

$$f(\xi) = \frac{1}{\sigma_\xi \sqrt{2\pi}} \mathrm{e}^{-\frac{1}{2}\left(\frac{\xi-\bar{\xi}}{\sigma_\xi}\right)^2} \tag{3-24}$$

另外,有

$$\bar\xi=\overline{S}-\bar{s}, \quad \sigma_\xi=(\sigma_S^2+\sigma_s^2)^{\frac{1}{2}} \tag{3-25}$$

可靠度是 ξ 为正值时的概率,可以表示为

$$R(t)=P(\xi>0)=\int_0^\infty f(\xi)\mathrm{d}\xi=\frac{1}{\sigma_\xi\sqrt{2\pi}}\int_0^\infty \mathrm{e}^{-\frac{1}{2}(\frac{\xi-\bar\xi}{\sigma_\xi})^2}\mathrm{d}\xi \tag{3-26}$$

将 $f(\xi)$ 转化为标准正态分布 $\Phi(Z)$,则有

$$R(t)=\int_0^\infty f(\xi)\mathrm{d}\xi=\int_z^\infty \Phi(Z)\mathrm{d}Z \tag{3-27}$$

式中:

$$\Phi(Z)=\frac{1}{\sqrt{2\pi}}\mathrm{e}^{-\frac{\xi^2}{2}}, \quad Z=\frac{\xi-\bar\xi}{\sigma_\xi} \tag{3-28}$$

于是,当 $\xi=\infty$ 时,

$$Z=\frac{\infty-\bar\xi}{\sigma_\xi}=\infty \tag{3-29}$$

当 $\xi=0$ 时,

$$Z=\frac{0-\bar\xi}{\sigma_\xi}=-\frac{\bar\xi}{\sigma_\xi}=-\frac{\overline{S}-\bar{s}}{(\sigma_S^2+\sigma_s^2)^{\frac{1}{2}}} \tag{3-30}$$

由式(3-30)可知,当已知 Z 值时,可按标准正态分布面积表查出可靠度 $R(t)$ 值。因此,式(3-30)实际上把应力分布参数、强度分布参数和可靠度三者联系起来,所以称为联结方程,这是一个非常重要的方程。

Z 称为联结系数,也称为可靠性系数或安全指数。进行可靠性设计时,往往先规定目标可靠度;这时,可由标准正态分布表查出联结系数 Z,再利用式(3-30)求出所需的设计参数,如尺寸等。通过这些步骤,实现了"把可靠度直接设计到零件中去"。

3.3.4　应力和强度分布都为对数正态分布时的可靠度计算

$R(t)=P\left(\dfrac{S}{s}>1\right)$,意为可靠度是强度与应力的比值大于 1 的概率,如图 3-7 所示。

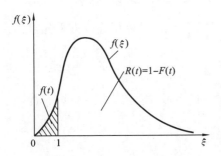

如令 $\xi=\dfrac{S}{s}$,因 $R(t)=P(\xi>1)$,由图 3-7 可知

$$R(t)=\int_1^\infty f\left(\frac{S}{s}\right)\mathrm{d}\left(\frac{S}{s}\right)=\int_1^\infty f(\xi)\mathrm{d}\xi \tag{3-31}$$

对 $\xi=\dfrac{S}{s}$ 的两边取对数,得 $\lg\xi=\lg S-\lg s$。

因 S 和 s 服从对数正态分布,所以 $\lg S$ 和 $\lg s$ 服从正态分布,其差值 $\lg\xi$ 亦服从正态分布,其分布参数为

图 3-7　强度与应力比值 ξ 的概率密度函数

$$\overline{\lg\xi}=\overline{\lg\frac{S}{s}}=\overline{\lg S}-\overline{\lg s} \tag{3-32}$$

$$\sigma_{\lg\xi}=(\sigma_{\lg S}^2+\sigma_{\lg s}^2)^{\frac{1}{2}} \tag{3-33}$$

式中:$\sigma_{\lg S}$ 为 $\lg S$ 的标准差;$\sigma_{\lg s}$ 为 $\lg s$ 的标准差。

令 $\lg\xi=\xi'$,其分布曲线如图 3-8 所示,则

$$R(t)=\int_1^\infty f(\xi)\mathrm{d}\xi=\int_0^\infty f(\xi')\mathrm{d}\xi'=\int_z^\infty \Phi(Z)\mathrm{d}Z$$

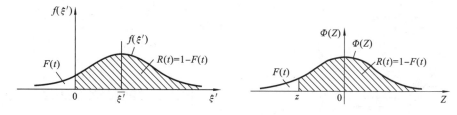

图 3-8　概率密度函数 $f(\xi')$ 与标准正态分布函数 $\Phi(Z)$

令

$$Z=\frac{\lg\xi-\overline{\lg\xi}}{\sigma_{\lg\xi}} \tag{3-34}$$

由式(3-34)可知

当 $\xi=1$ 时,有

$$Z=\frac{\lg 1-\overline{\lg\xi}}{\sigma_{\lg\xi}}=-\frac{\overline{\lg\xi}}{\sigma_{\lg\xi}}=\frac{\overline{\lg S}-\overline{\lg s}}{(\sigma_{\lg S}^{2}+\sigma_{\lg s}^{2})^{\frac{1}{2}}} \tag{3-35}$$

当 $\xi=\infty$ 时,有

$$Z=\frac{\lg\infty-\overline{\lg\xi}}{\sigma_{\lg\xi}}=\infty$$

由此可见,对数正态分布与正态分布之间存在着的特殊关系,所以,当应力和强度分布都为对数正态分布时,可以用与正态分布相同的方法,即利用连接方程和标准正态分布表来计算可靠度。

工作循环次数可以理解为应力,与此相应,失效循环次数可以理解为强度。研究表明,零件的工作循环次数常呈现为对数正态分布。这时,在工作循环次数为 n_1 时的可靠度为

$$R(n_1)=\int_{n}^{\infty}f(n)\mathrm{d}n=\int_{n'}^{\infty}f(n_1')\mathrm{d}n_1'=\int_{z}^{\infty}\Phi(Z)\mathrm{d}Z$$

式中:n_1 为工作循环次数;n_1' 为工作循环次数的对数,即 $n_1'=\lg n_1$。

$$Z_1=-\frac{\overline{N'}-n_1'}{\sigma_{N'}} \tag{3-36}$$

式中:$\overline{N'}$ 为失效循环次数对数的均值;$\sigma_{N'}$ 为失效循环次数对数的标准差。

有时,在零件的工作循环次数达到 n_1 之后,希望能再运转 n 个工作循环,零件在这段增加的任务期间内的可靠度是一个条件概率,表示为

$$R(n_1,n)=\frac{R(n_1+n)}{R(n_1)} \tag{3-37}$$

3.3.5　已知应力幅水平、相应的失效循环次数的分布和规定的寿命要求时零件的可靠度计算

试验表明,如图 3-9 所示,在不同的应力幅水平下,失效循环次数的分布呈对数正态分布,应力幅水平越低,则失效循环次数分布的离散程度越大。

如取对数坐标,并将图 3-9 简化,则可得图 3-10。由图可知,在规定的寿命 n_1 之下,如已知应力幅水平 s_1、s_2 和相应的失效循环次数分布 $f(\overline{N'})_{s_1}$、$f(\overline{N'})_{s_2}$,则其可靠度为图中阴影面积的大小,可按式(3-36)和式(3-37)求出。

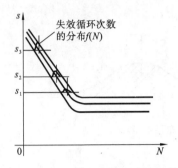
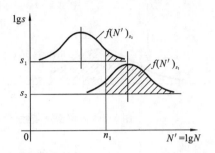

图 3-9　应力水平与失效循环次数分布关系　　图 3-10　与预期的寿命 n_1 有关的不同应力水平下的可靠度

3.3.6　已知强度分布和最大应力幅在规定寿命下的零件可靠度计算

若已知规定寿命下的强度分布(见图 3-11)和零件中最大应力幅 s_1,则零件的可靠度为图中阴影面积,可按式(3-38)计算:

$$R(t) = P(S > s_1) = \int_{s_1}^{\infty} f(S)\mathrm{d}S = \int_{z}^{\infty} \varphi(Z)\mathrm{d}Z \tag{3-38}$$

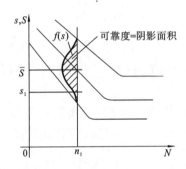

图 3-11　最大应力幅为常数、强度为正态分布时在规定寿命下的可靠度

3.3.7　疲劳应力下零件的可靠度计算

当零件受应力幅 s_a 和平均应力 s_m 作用时,其应力分布和强度分布如图 3-12 所示。所以,零件的可靠度计算仍根据应力-强度分布干涉理论进行计算。

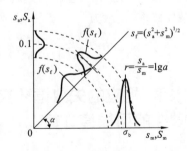

图 3-12　复合疲劳下的应力分布与强度分布

为简化计算,假设应力分布与强度分布都服从正态分布,这时,连接方程为

$$Z = -\frac{\overline{S_f} - \overline{s_f}}{(\sigma_{S_f}^2 + \sigma_{s_f}^2)^{\frac{1}{2}}} \tag{3-39}$$

式中：$\overline{S_f}$ 为强度分布的均值；$\overline{s_f}$ 为应力分布的均值；σ_{S_f} 为强度分布的标准差；σ_{s_f} 为应力分布的标准差。

3.4　零件疲劳强度可靠性设计

3.4.1　疲劳强度可靠性设计基础

疲劳强度可靠性设计基础主要包括下列几方面的资料。

（1）应力参数：直接测得的计算点的应力或根据实测的载荷推算出计算点的应力，经统计分析得出应力密度函数及其分布参数，为可靠性设计提供应力参数。

（2）材料疲劳强度分布资料：目前已有一些典型材料的试验资料，可供选用。

① 构件或零件的疲劳试验资料：如 $R\text{-}S\text{-}N$ 曲线，或等寿命曲线。这两种情况的数据中都包括了材料的性能、应力集中、表面加工状态、尺寸效应、强化等一系列因素。

② 标准试件的疲劳试验资料，如标准试件的 $R\text{-}S\text{-}N$ 曲线及标准试件的等寿命曲线。

③ 根据经验数据或公式进行估算：实际上，根据国家的需要情况只能对部分常用的金属做疲劳试验，而不可能对所有的材料都进行疲劳试验，因而也无这方面的资料，设计时只能根据已有的经验公式及数据进行估算。

（3）结构尺寸参数：机械加工的零件一般都给出了公差，该公差一般都呈正态分布，按三倍标准差原则处理。未给出公差时也可按加工方法确定的加工精度确定公差。

（4）强度修正系数的统计特性：实践证明，零件疲劳强度可靠性计算除了上述参数外，还有一些参数应当引入计算。

3.4.2　稳定变应力疲劳强度可靠性计算

1）按零件实际疲劳曲线设计

零件实际疲劳曲线是根据实际零件做的疲劳试验而得到的曲线。因此，它包含了材料强度、应力集中、表面状况、尺寸等因素，甚至包括工况变化等因素，与实际状态基本一致，而且应力特性也一致。故计算简单，效果良好。如内燃机的连杆、曲轴等零件均可对实物进行试验。

（1）按零件的 $R\text{-}S\text{-}N$ 曲线设计。

测得某零件实际的 $R\text{-}S\text{-}N$ 曲线如图 3-13 所示。纵轴为疲劳强度，横轴为应力循环次数（或寿命）。如疲劳强度的概率密度函数为 $g(\delta)$，应力为 $f(\sigma)$，其干涉图形也画在该图内。

（2）按零件等寿命疲劳极限图设计。

受任意循环（对称与非对称的）变应力的疲劳强度可靠性计算，可利用等寿命疲劳极限图（见图 3-14）计算。

2）按材料标准试件的疲劳曲线设计

通常，材料标准试件的疲劳曲线图比零件的疲劳曲线图易于得到，故可利用标准试件的疲劳极限图与修正系数来估算零件的疲劳极限，进而再进行零件疲劳强度的可靠性设计。

（1）按材料标准试件的 $R\text{-}S\text{-}N$ 曲线设计。

标准试件的 $R\text{-}S\text{-}N$ 曲线如图 3-15 所示。该曲线可由试验得到。而零件的 $R\text{-}S\text{-}N$ 曲线与标准试件的曲线之间的主要差别受应力集中、尺寸效应、表面状态等因素影响，一般可用综合修正系数对标准试件的数据做必要的修正后即可。

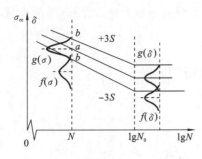

图 3-13　零件的 R-S-N 曲线

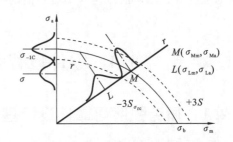

图 3-14　零件等寿命疲劳极限图

（2）按材料标准试件的等寿命疲劳极限图设计。

① 材料标准试件等寿命疲劳极限图。

实验表明用坐标表示的材料标准试件等寿命疲劳极限曲线,近似于抛物线。经修正后可得到零件的疲劳极限(见图 3-16)。转化后的曲线有的可用抛物线表示,有的只能近似地用抛物线表示。但不论哪种形式,首先必须将材料标准试件的等寿命疲劳极限图转化为零件的等寿命疲劳极限图,然后才能用于计算。

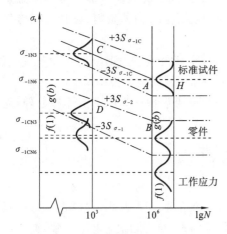

图 3-15　标准试件的 R-S-N 曲线

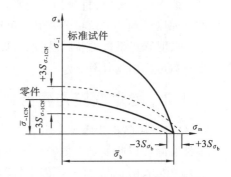

图 3-16　试件等寿命疲劳极限图

② 零件等寿命疲劳极限图的绘制。

有了材料标准试件的等寿命疲劳极限图,可用转化法求得零件的等寿命疲劳极限图。

3）按经验资料设计

前述两种方法都需要作出零件(或材料)的疲劳试验曲线。但有时有的零件未做过疲劳试验而又要做计算,此时可按前人积累的经验资料估算零件的疲劳极限,然后再进行可靠性计算。按三种方法进行:① 按 R-S-N 曲线设计;② 按等寿命疲劳极限图设计;③ 按古德曼疲劳极限图进行计算。

3.4.3　不稳定变应力疲劳强度可靠度计算

若要计算不稳定变应力疲劳强度可靠度时,可用以下两种方法。

1）规律性不稳定变应力的疲劳强度可靠度计算

设某零件受规律性不稳定变应力作用,各级应力在整个寿命期内的循环次数分别为 N'_1,N'_2,$\cdots$,N'_n。总的应力循环次数为

$$N_{\mathrm{s}} = \sum_{i=1}^{n} N'_i \tag{3-40}$$

对于各级应力都低于疲劳极限时,与前述无限寿命计算相同。如各级应力或部分应力高于疲劳极限时,则可按如下方法计算。

设各级应力单独作用至疲劳失效的应力循环次数分别为 $N'_1, N'_2, \cdots, N'_n$,按疲劳累积损伤理论,不疲劳失效的条件为

$$\sum_{i=1}^{n} \frac{N'_i}{N_1} \leqslant a \tag{3-41}$$

式中:a 为达到疲劳失效时的临界值,通常取 $a \approx 1$;n 为应力的级数,建议取全部级数。

由 $S\text{-}N$ 曲线可知:$\sigma^m N_{\mathrm{e}} = \sum \sigma_i^m n_i = C$,所以

$$N_{\mathrm{e}} = \sum \left(\frac{\sigma_i}{\sigma} \right)^m n_i \tag{3-42}$$

这样,由疲劳损伤等效概念,把非稳定变应力 (σ_i, n_i) 转化为稳定变应力 (σ, N_0) 的问题进行计算,N_0 为当量循环次数。若 σ_{-1N} 为疲劳寿命 N_{e} 对应的对称循环有限寿命疲劳极限,σ_{-1} 为无限寿命疲劳极限,则由疲劳曲线方程 $\sigma^m_{-1N} \cdot N_{\mathrm{e}} = \sigma^m_{-1} \cdot N_0$ 得

$$\left. \begin{array}{l} \sigma_{-1N} = K_N \cdot \sigma_{-1} \\[2mm] K_N = \sqrt[m]{\dfrac{N_0}{N_{\mathrm{e}}}} \end{array} \right\} \tag{3-43}$$

式中:K_N 为非稳定变应力的寿命系数。

上述各式适用于任意应力循环特征 r 的强度计算。σ_{rN0} 是循环特性为 r、循环次数为 N_0 的疲劳强度。一般多给出对称循环的数据,有时也有脉动循环的数据。当工作应力为对称循环时,不疲劳失效条件为

$$\sigma_1 \leqslant \sigma_{-1CNe} = \sigma_{-1C} K_N \tag{3-44}$$

如工作应力为非对称循环,可将工作应力转化为等效的对称循环变应力 σ_{e1},这时式(3-44)中的 σ_1 应为 σ_{e1}。

当应力和强度为随机变量时,假定 $\dfrac{\sigma_i}{\sigma_1} = \dfrac{\bar{\sigma}_i}{\bar{\sigma}_1}$ 及 $K_N = \bar{K}_N$ 为常数,其强度条件为

$$\bar{\sigma}_{e1} \leqslant \frac{\bar{\sigma}_{-1CNe}}{n_R} = \frac{\bar{\sigma}_{-1C} \cdot \bar{K}_N}{n_R} \tag{3-45}$$

式中:$\bar{K}_N = \left(\dfrac{\bar{N}_0}{N_{\mathrm{e}}} \right)^{\frac{1}{m}}$,$N_0 = \dfrac{N_{\mathrm{s}}}{a} \sum\limits_{i=1}^{n} \left(\dfrac{\bar{\sigma}_i}{\sigma_1} \right)^m \dfrac{N'_i}{n_R}$。

当求得 σ_{-1CNe} 及 σ_{e1} 时,也可求出此时的可靠度。

2)随机性不稳定变应力疲劳强度可靠性计算

经对其零件工作点处的随机不稳定变应力测试或推算,再经统计推断,得出概率密度函数或频率直方图形式如图 3-17(a)所示。为了进行计算,需将图(a)逆转 90°,使其 σ 坐标与 $S\text{-}N$ 图中的 σ 相对应,如图 3-17(b)所示。经此处理后,就可运用前节规律性不稳定变应力的算法求解。

通常经整理后得出分布密度函数形式,无论是频率直方图还是概率密度函数形式(注意此处的概率密度函数是经处理后得出的概率密度函数,与前面用过的应力概率密度函数 $f(\sigma)$ 不同),均可直接求得相应的 N_{e}。计算时将处理后得到的应力密度直方图逆转 90°,使其与 $S\text{-}N$ 曲线相对应,如图 3-17(c)所示。图(c)右部是强度的 $S\text{-}N$ 曲线,左部是处理后得到的应力频

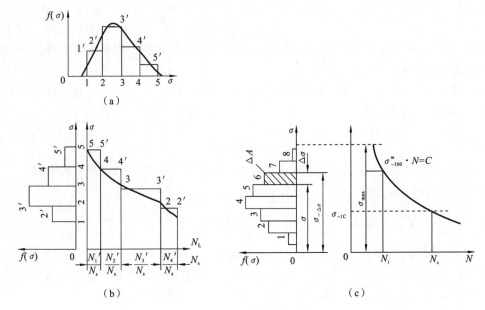

图 3-17　随机不稳定变应力计算图

率直方图。由频率直方图可以看出，第 i 个直方图的面积为 ΔA_i，而总面积则为 A，且 $A = \sum_{i=1}^{n} \Delta A_i$。

由应力频率直方图可看出，当应力 σ_i 增加 $\Delta \sigma_i$ 时，与之相对应的频率为 $\dfrac{N'_i}{N_s} = f(\sigma)$，其概率为

$$P_i = f(\sigma)_{\Delta \sigma} = \frac{\Delta A_i}{A} = \frac{N'_i}{N_s}$$

式中：ΔA_i 为 $\Delta \sigma_i$ 处直方图的面积；$A = \sum_{i=1}^{n} \Delta A_i$ 为直方图的总面积；N_s 为总的循环次数；N'_i 为 $\Delta \sigma$ 处的循环次数。

由前述内容知，$N_e = \dfrac{N_s}{a} \sum_{i=1}^{n} \left(\dfrac{\sigma_i}{\sigma_1}\right)^m \dfrac{N'_i}{N_s}$（式中的 $\dfrac{N'_i}{N_s}$ 可以换成 $\dfrac{\Delta A_i}{A}$），于是得

$$N_e = \frac{N_s}{a} \sum_{i=1}^{n} \left(\frac{\sigma_i}{\sigma_1}\right)^m \frac{\Delta A_i}{A} \qquad (3\text{-}46)$$

式中：$\dfrac{\Delta A_i}{A}$ 可由频率直方图确定；a 一般为 1。求得 N_e 后，就可确定 $R\text{-}S\text{-}N$ 曲线上的位置，从而可得出零件的疲劳极限分布参数，根据工作应力 σ_e 就可进行可靠性计算。

3.5　机械系统可靠性设计

系统是由相互作用、相互依赖的若干部分组成的具有规定功能的综合体。它是由零件、部件、子系统等组成，这些组成系统的相对独立的单元通称为元件。系统的可靠性不仅取决于组成系统的元件的可靠性，而且也取决于组成元件的相互组合方式。

系统可靠性设计的目的，就是要系统满足规定的可靠性指标，同时使系统的技术性能、质

量指标、成本制造及使用寿命等取得协调并达到最优化的结果。

常用的系统可靠性分析方法是:建立系统可靠性模型,把系统的可靠性特征量(例如可靠度、失效率、MTBF 等)表示为单元可靠性特征量的函数,然后通过已知的单元可靠性特征量计算出系统的可靠性特征量。

系统的可靠性分析方法有多种,如布尔真值表法(穷举法)、贝叶斯法、故障树分析法等,在使用时应注意其适用的场合。

系统的可靠性设计主要分为以下两方面的内容。

(1) 可靠性预测:按照已知零部件或各单元的可靠性数据,计算系统的可靠性指标。

(2) 可靠性分配:按照规定的系统可靠性指标,对各组成系统单元进行可靠性分配。

3.5.1　可靠性预测

可靠性预测是根据各个单元的可靠度预测系统可靠度。可靠性预测的目的在于协调设计参数及指标、发现薄弱环节、提出改进措施、进行方案比较,以选择最佳方案。它包括单元的可靠性预测和系统的可靠性预测。

1) 单元的可靠性预测

系统的可靠性与组成该系统的各个单元的可靠性有关,因此单元的可靠性预测是进行系统可靠性预测的基础。

(1) 计算单元基本失效率 λ_G。

预计单元的可靠度,首先要确定单元的基本失效率 λ_G,它们是在一定的使用条件和环境条件下测得或查取有关手册获得。表 3-1 给出了部分常用机械零部件的基本失效率 λ_G 值。

表 3-1　一些机械零部件的基本失效率 λ_G 值

零部件		$\lambda_G/10^6 \text{h}$	零部件		$\lambda_G/10^6 \text{h}$	零部件		$\lambda_G/10^6 \text{h}$
向心球轴承	低速轻载	0.03~1.7	齿轮	轻载	0.1~1	离合器	普通式	2~30
	高速轻载	0.5~3.5		普通载荷	0.1~3		摩擦式	15~25
	高速中载	2~20		重载	1~5		电磁式	1~30
	高速重载	10~80	齿轮箱体	仪表用	5~40	联轴器	挠性	1~10
滚子轴承		2~25		普通用	25~200		刚性	100~600
密封	O 形密封圈	0.02~0.06	凸轮	轻载	0.002~1	普通轴		0.1~0.5
	酚醛树脂	0.05~2.5		重载	10~20	螺钉、螺栓		0.005~0.12
	橡胶密封圈	0.02~1	轮毂销钉或键		0.005~0.5	拉簧、压簧		5~70

(2) 预测单元实际失效率 λ。

单元的实际失效率通常是根据实际工况对基本失效率加以修正得到的,计算式为

$$\lambda = K_F \lambda_G \tag{3-47}$$

式中:K_F 为失效率修正系数,表 3-2 给出了一些环境下的 K_F 值。

表 3-2　失效率修正系数 K_F

环境条件	实验室设备	固定地面设备	活动地面设备	船载设备	飞机设备	导弹设备
K_F 值	1~2	5~20	10~30	15~40	25~100	200~1000

（3）计算单元可靠度。

得到单元失效率后即可计算单元可靠度。由于单元多为零部件，而机械产品中的零部件都是经过磨合阶段才正常工作的，因此其基本失效率保持一定，处于偶然失效期时其可靠度函数服从指数分布，单元可靠度可写成

$$R(t) = e^{-\lambda t} = e^{-K_F \lambda_G t} \tag{3-48}$$

完成了系统的单元(零部件)可靠性预测后，即可进行系统的可靠性预测。

2）系统的可靠性预测

系统可靠性模型主要包括串联系统、并联系统、混联系统、表决系统、储备系统、复杂系统等可靠性模型。

（1）串联系统。

组成系统的所有单元中任一单元的失效就会导致整个系统失效的系统称为串联系统。其可靠性框图如图 3-18 所示。

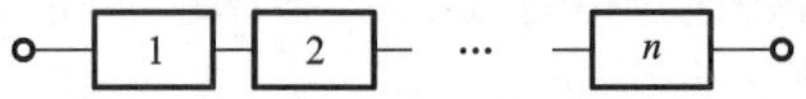

图 3-18　串联系统可靠性框图

设系统的失效时间随机变量为 t，组成该系统的 n 个单元的失效时间随机变量为 t_i（$i = 1, 2, \cdots, n$），则在串联系统中，要使系统能正常工作，就必须要求 n 个单元都能同时正常工作，且要求每一个单元的失效时间 t_i 都大于失效时间 t，按可靠度的定义，系统的可靠度可表达为

$$R_s(t) = P[(t_1 > t) \cap (t_2 > t) \cap \cdots \cap (t_n > t)] \tag{3-49}$$

假定各单元的失效时间 $t_1, t_2, \cdots, t_n$ 之间相互独立，根据概率乘法定理，式(3-49)可写成

$$R_s(t) = R_1(t) R_2(t) \cdots R_n(t) = \prod_{i=1}^{n} R_i(t) \tag{3-50}$$

式(3-49)中的 $P(t_i > t)$ 可表示第 i 个单元的可靠度 $R_i(t)$。

即简写成

$$R_s = R_1 R_2 \cdots R_n = \prod_{i=1}^{n} R_i \tag{3-51}$$

即串联系统的可靠度是组成系统各独立单元可靠度的乘积。

如果单元的寿命分布为指数分布，即

$$R_i = e^{-\lambda_i t} \tag{3-52}$$

则系统的可靠度为

$$R_s = \prod_{i=1}^{n} e^{-\lambda_i t} = e^{-\sum_{i=1}^{n} \lambda_i t} \tag{3-53}$$

系统平均无故障时间为

$$T_s = \frac{1}{\sum_{i=1}^{n} \lambda_i} \tag{3-54}$$

串联系统的可靠度比任何一个单元的可靠度都低，且随着串联单元个数的增加，可靠度明显降低。所以，减少串联单元数目是提高串联系统可靠度的最有效措施，否则将对单元可靠度提出极高要求。

（2）并联系统。

组成系统的单元仅在全部发生故障后,系统才失效,这样的系统称为并联系统。并联系统中只要有一个单元不失效就能使系统正常工作。并联系统的可靠性框图如图 3-19 所示。

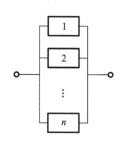

图 3-19　并联系统可靠性框图

设并联系统的失效时间随机变量为 t,系统中第 i 个单元的失效时间随机变量为 $t_i(i=1,2,\cdots,n)$,则对于由 n 个单元所组成的并联系统的失效率为

$$F_s(t)=P[(t_1\leqslant t)\bigcap(t_2\leqslant t)\bigcap\cdots\bigcap(t_n\leqslant t)] \quad (3\text{-}55)$$

假定各单元的失效时间 $t_1,t_2,\cdots,t_n$ 之间相互独立,根据概率乘法定理,式(3-55)可写成

$$F_s(t)=\prod_{i=1}^{n}[1-R_i(t)] \quad (3\text{-}56)$$

式(3-55)中的 $P(t_i\leqslant t)$ 可表示第 i 个单元的失效概率,即

$$P(t_i\leqslant t)=F_i(t)=1-R_i(t) \quad (3\text{-}57)$$

并联系统的可靠度为

$$R_s(t)=1-F_s(t)=1-\prod_{i=1}^{n}[1-R_i(t)] \quad (3\text{-}58)$$

简写成

$$R_s=1-F_s=1-\prod_{i=1}^{n}(1-R_i) \quad (3\text{-}59)$$

当 $R_1=R_2=\cdots=R_n$ 时,则

$$R_s=1-(1-R)^n \quad (3\text{-}60)$$

并联系统的可靠度高于其中任何一个单元的可靠度,且随着并联单元个数的增加而增加。

若各单元的失效寿命服从指数分布,并且失效率相同,则系统的可靠度和平均无故障工作时间分别为

$$R_s(t)=1-\prod_{i=1}^{n}(1-R_i)=1-(1-e^{-\lambda t})^n \quad (3\text{-}61)$$

$$T_s=\frac{1}{\lambda}+\frac{1}{2\lambda}+\cdots+\frac{1}{n\lambda} \quad (3\text{-}62)$$

（3）混联系统。

混联系统是由串联部分子系统和并联部分子系统组合而成。它又可分为串并联系统(将单元并连成的子系统加以串联)和并串联系统(将单元串联成的子系统加以并联)。

典型的串并联系统逻辑框图如图 3-20 所示。若每一单元的可靠度为 $R(t)$,则系统的可靠度为

$$R_s(t)=\{1-[1-R(t)]^n\}^m \quad (3\text{-}63)$$

典型的并串联系统逻辑框图如图 3-21 所示。若每一单元的可靠度为 $R(t)$,则系统的可靠度为

$$R_s(t)=1-\{1-[R(t)]^n\}^m \quad (3\text{-}64)$$

（4）表决系统。

如果组成系统的 n 个单元中,只要有 k 个(k 介于 1 和 n 之间)单元不失效,系统就不会失效,则称该系统为 n 中取 k 表决系统,或称 k/n 系统。串联系统是 n/n 系统,并联系统是 $1/n$

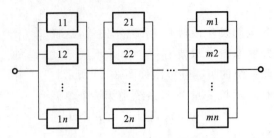

图 3-20　串并联系统逻辑框图

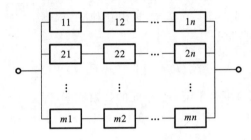

图 3-21　并串联系统逻辑框图

系统。

设表决系统中每个单元的可靠度为 $R(t)$,则系统的可靠度为

$$R_s(t) = R^n(t) + nR^{n-1}(t)[1-R(t)] + \cdots + \frac{n!}{k!(n-k)!}R^k(t)[1-R(t)]^{n-k}$$

$$= \sum_{i=k}^{n} C_n^i [R(t)]^i [1-R(t)]^{n-i} \tag{3-65}$$

若各单元的失效寿命服从指数分布,并且失效率相同,则系统平均无故障工作时间为

$$T_s = \frac{1}{n\lambda} + \frac{1}{(n-1)\lambda} + \cdots + \frac{1}{k\lambda} \tag{3-66}$$

如果各单元寿命均服从指数分布,则系统可靠度和平均无故障时间分别为

$$R_s(t) = \sum_{i=k}^{n} C_n^i e^{-i\lambda t} [1-e^{-\lambda t}]^{n-i} \tag{3-67}$$

$$T_s = \sum_{i=k}^{n} \frac{1}{i\lambda} = \frac{1}{k\lambda} + \frac{1}{(k+1)\lambda} + \cdots + \frac{1}{n\lambda} \tag{3-68}$$

(5) 储备系统。

如果并联系统中只有一个单元工作,其他单元储备,当工作单元失效时,立即能有备用单元逐个地去接替,直到所有的单元均发生故障,系统才失效,则这种系统称为储备系统,其逻辑框图如图 3-22 所示。

储备系统又分为冷储备系统和热储备系统两种情况。冷储备系统的特点是当工作单元工作时备用或待机单元完全不工作,

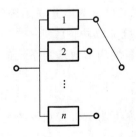

图 3-22　储备系统逻辑框图

一般认为备用单元在储备期间失效率为零,储备期长短对以后的使用寿命无影响。热储备系统的特点是当工作单元工作时,备用或待机单元不是完全的处于停滞状态,备用单元在储备期间也可能失效。

① 冷储备系统。

由 n 个单元组成的储备系统,如果不考虑检测及转换装置可靠度对系统的影响,则在给定的时间内,只要失效单元数不多于 $n-1$ 个,系统就不会失效。如果单元寿命服从指数分布,则冷储备系统的可靠度及平均寿命分别为

$$R_s(t) = e^{-\lambda t}\left[1 + \lambda t + \frac{(\lambda t)^2}{2!} + \frac{(\lambda t)^3}{3!} + \cdots + \frac{(\lambda t)^{n-1}}{(n-1)!}\right] \tag{3-69}$$

$$T_s = \frac{n}{\lambda} \tag{3-70}$$

② 热储备系统。

热储备系统与冷储备系统的不同在于热储备系统中备用单元的失效率不能忽略,但低于工作单元的失效率,设单元寿命服从指数分布。

两单元(一个单元备用)系统:

如果工作单元的失效率为 λ_1,备用单元的失效率为 λ_2,备用单元在储备期间的失效率为 λ_3,则热储备系统可靠度及平均寿命分别为

$$R_s = e^{-\lambda_1 t} + \frac{\lambda_1}{\lambda_1 - \lambda_2 + \lambda_3}\left[e^{-\lambda_2 t} - e^{-(\lambda_1 + \lambda_3)t}\right] \tag{3-71}$$

$$T_s = \frac{1}{\lambda_1} + \frac{\lambda_1}{\lambda_2(\lambda_1 + \lambda_3)} \tag{3-72}$$

考虑检测器和开关可靠性的可靠度:

如果失效检测器和开关的可靠度为 R_a,则

$$R_s = e^{-\lambda_1 t} + R_a \frac{\lambda_1}{\lambda_1 - \lambda_2 + \lambda_3}\left[e^{-\lambda_2 t} - e^{-(\lambda_1 + \lambda_3)t}\right] \tag{3-73}$$

$$T_s = \frac{1}{\lambda_1} + R_a \frac{\lambda_1}{\lambda_2(\lambda_1 + \lambda_3)} \tag{3-74}$$

(6) 复杂系统。

在工程实际中,有些系统并不是由简单串、并联系统组合而成的,对这种复杂系统的可靠度计算,可采用以下几种方法。

① 布尔真值表法(状态枚举法)。

真值表法又称布尔真值表法,其原理是将系统组合而成的“失效”和“能工作”的所有可能搭配的情况一一排列出来。排出来的每一种情况称为一种状态,把每一种状态都一一排列出来的方法称为状态枚举法。每一种状态都对应着系统的“实效”和“能工作”两种情况,最后把所有系统失效的状态和能工作状态分开,然后对系统进行可靠度计算。

② 全概率公式法。

全概率公式法的原理是首先选出系统中的主要单元,然后把这个单元分成正常工作与故障两种状态,再用全概率公式来计算系统的可靠度。

设被选出的单元为 x,其可靠度为 R_x,其不可靠度为 $F_x = 1 - R_x$。系统的可靠度按照式(3-75)计算。

$$R_s = R_x \cdot R(S|R_x) + R(S|F_x) \cdot F_x \tag{3-75}$$

③ 检出支路法(路径枚举法)。

这种方法是根据系统的可靠性逻辑框图,将所有能使系统正常工作的路径(支路)一一列举出来,再利用概率加法定理和乘法定理来计算系统的可靠度。

若系统能正常工作的支路有 n 条,并用 L_i 表示第 i 条支路能正常工作的这一事件,其中 $i=1,2,3,\cdots,n$,则系统的可靠度按式(3-76)计算。

$$R_s = P(\bigcup_{i=1}^{n} L_i)$$

$$= \sum_{i=1}^{n} P(L_i) - \sum_{i\neq j}^{n} P(L_i \cap L_j) + \sum_{i\neq j\neq k}^{n} P(L_i \cap L_j \cap L_k) + \cdots + (-1)^{n-1} P(\bigcap_{i=1}^{n} L_i) \quad (3\text{-}76)$$

3.5.2　系统可靠性分配

1) 可靠性分配定义及分配原则

可靠性分配(reliability allocation)是指将工程设计规定的系统可靠度指标合理地分配给组成该系统的各个单元,确定系统各组成单元的可靠性定量要求,从而使整个系统的可靠性指标得到保证。在进行可靠性分配时,利用可靠性预测得到的公式,分配已知系统的可靠性。

在可靠性分配时,应遵循以下几条原则:

(1) 对于改进潜力大的分系统或部件,分配的指标可以高一些;

(2) 系统中的关键件,一旦发生了故障,对整个系统的影响很大,可靠性指标应分配得高一些;

(3) 复杂度高的分系统、设备等,通常组成单元多,设计制造难度大,应分配较低的可靠性指标,以降低满足可靠性要求的成本;

(4) 在恶劣环境下工作的分系统或部件,产品的失效率会增加,应分配较低的可靠性指标;

(5) 新研制的产品,采用新工艺、新材料的产品,可靠性指标应分配得低一些;

(6) 易于维修的分系统或部件,可靠性指标可以分配得低一些。

2) 可靠性分配方法

常用的可靠性分配方法如下所述。

(1) 等分配法。

等分配法又称平均分配法,就是对所有单元分配以相等的可靠度。

对于串联系统,如果系统的可靠度为 R_s,各单元分配的可靠度为 R。由串联系统可靠度公式,可得

$$R_s = \prod_{i=1}^{n} R_i = R^n \quad (3\text{-}77)$$

故应分配的单元可靠度为

$$R = (R_s)^{\frac{1}{n}} \quad (3\text{-}78)$$

对并联系统,有

$$R_s = 1 - (1-R)^n \quad (3\text{-}79)$$

故应分配的单元可靠度为

$$R = 1 - (1-R_s)^{\frac{1}{n}} \quad (3\text{-}80)$$

采用这种方法的缺点是没有考虑单元的重要性、结构的复杂程度,以及维修的难易程度。

(2) 按相对失效率分配可靠度。

这种方法是根据现有的可靠度水平,使每个单元分配到的容许失效率和预计失效率成正

比。这种方法适用于失效率为常数的串联系统,任一元件失效都会引起系统失效。假定元件的工作时间等于系统的工作时间,这时元件与系统的失效率之间的关系式为

$$\sum_{i=1}^{n} \lambda_{ia} = \lambda_{sa} \tag{3-81}$$

式中:λ_{ia} 为分配给元件 i 的失效率;λ_{sa} 为系统失效率指标(即容许的失效率)。

该方法的分配步骤如下:

① 根据统计数据或现场使用经验得到各单元的预计失效率 λ_i;

② 由单元预计失效率 λ_i 计算出每一单元分配时的权系数——相对失效率 ω_i:

$$\omega_i = \frac{\lambda_i}{\lambda_{sp}} = \frac{\lambda_i}{\sum\limits_{i=1}^{n} \lambda_i} \quad (i = 1, 2, \cdots, n) \tag{3-82}$$

式中:ω_i 为元件 i 的失效率 λ_i 与系统的预计失效率 λ_{sp} 的比,$\lambda_{sp} = \sum\limits_{i=1}^{n} \lambda_i$。由式(3-82)可知,系统中所有单元的相对失效率 ω_i 的和为 1,即 $\sum\limits_{i=1}^{n} \omega_i = 1$。

③ 用式(3-83)计算各单元的容许失效率 λ_{ia}(即分配到单元的失效率):

$$\lambda_{ia} = \omega_i \lambda_{sa} \tag{3-83}$$

(3) 按复杂度与重要度来分配可靠度。

这是一种综合方法,它同时考虑了各子系统的复杂度与重要度,以及子系统和系统之间的失效关系。

下面以串联系统为例,说明按复杂度分配方法的具体步骤。设各单元的复杂程度为 C_i $(i=1,2,\cdots,n)$,串联系统的可靠度为 R_s,各单元应分配到的可靠度分别为 $R_1, R_2, \cdots, R_n$,失效率分别为 $F_1, F_2, \cdots, F_n$。因为各单元的失效率 F_i 正比于其复杂程度 C_i,即 $F_i = kC_i$,则该串联系统可靠度为

$$R_s = \prod_{i=1}^{n} (1 - F_i) = \prod_{i=1}^{n} (1 - kC_i) \tag{3-84}$$

由于 C_i 和 R_s 是已知的,因此,由式(3-84)可求出比例系数 k。再将 k 代入下式就可以求出各单元所分配到的可靠度。

$$R_i = 1 - F_i = 1 - kC_i$$

但是,由于式(3-84)是 k 的 n 次方程,如果 n 较大,则很难手算求解,这时需要用迭代法求解近似解。但目前在工程上,一般用相对复杂度来求近似解,具体步骤如下。

① 计算各单元的相对复杂度。

$$v_i = \frac{C_i}{\sum\limits_{j=1}^{n} C_j} \tag{3-85}$$

② 计算系统预计可靠度。

$$R'_s = \prod_{i=1}^{n} (1 - R_i) = \prod_{i=1}^{n} (1 - v_i F_s) \tag{3-86}$$

式中:R_i 为给定的系统可靠度指标,计算式为 $R_i = 1 - F_i$,其中 F_i 为系统的失效率。

③ 确定可靠度修正系数,若系统给定的可靠度指标 R_i 与计算得出的系统预计可靠度 R'_s

值不相吻合,则需确定可靠度修正系数,其值为$\sqrt[n]{(R_\mathrm{s}/R'_\mathrm{s})}$。

④ 计算各单元分配到的可靠度。

$$R_i = (1 - v_i F_\mathrm{s}) \sqrt[n]{(R_\mathrm{s}/R'_\mathrm{s})} \tag{3-87}$$

⑤ 验算系统可靠度。

$$R_\mathrm{s} = \prod_{i=1}^{n} R_i \tag{3-88}$$

若验算结果大于给定的可靠度指标,则分配结束;若分配结果小于给定的可靠度指标,则应将各单元中可靠度较低的指标调大一些,直至满足规定为止。

对于按重要度分配,只需将式(3-84)~式(3-85)中的复杂度 C_i 换成重要度 E_i 即可。

(4) AGREE 分配法。

这种方法是美国电子设备可靠性顾问委员会(AGREE)提出的。AGREE 分配法是根据各单元的复杂性、重要性以及工作时间的差别,并假定各单元具有不相关的恒定的失效率来进行分配的。它是一种较为完善的可靠性分配方法,适用于各单元工作期间的失效率为常数的串联系统。

设系统由 k 个单元组成,n_i 为第 i 个单元的组件数,则系统的总组件数为

$$N = \sum_{i=1}^{k} n_i \tag{3-89}$$

第 i 个单元的复杂程度用 n_i/N 来表示。

这种分配方法考虑到各个单元在系统中的重要性不同,而引进了一个"重要度"加权因子。重要度 W_i 的定义为:因单元失效而引起系统失效的概率。如系统由 k 个单元组成,其中第 i 个单元出现故障,引起整个系统出现故障的概率为 W_i,就把 W_i 作为加权因子。

AGREE 分配法认为:单元的分配失效率 λ_i 应与重要度成反比,与复杂程度成正比。

$$\lambda_i = \lambda_\mathrm{s} \cdot \frac{1}{t_i/T} \cdot \frac{n_i/N}{W_i} = \frac{n_i(T\lambda_\mathrm{s})}{t_i W_i N} \tag{3-90}$$

若各子系统寿命服从指数分布,有

$$R_i(t_i) = \mathrm{e}^{-\lambda_i t_i}, \quad R_\mathrm{s}(T) = \mathrm{e}^{-\lambda_i T} \tag{3-91}$$

则分配给单元 i 的失效率为

$$\lambda_i = \frac{n_i[-\ln R_\mathrm{s}(T)]}{t_i W_i N} \quad (i=1,2,\cdots,k) \tag{3-92}$$

$$R_i(t_i) = 1 - \frac{1-[R_\mathrm{s}(T)]^{n_i/N}}{W_i} \quad (i=1,2,\cdots,k) \tag{3-93}$$

式中:T 和 t_i 分别为系统和系统要求第 i 个单元的工作时间,T 时间内第 i 个单元的工作时间用 $\frac{t_i}{T}$ 来表示。

3.6　典型机械零件可靠性设计举例

3.6.1　机械零件可靠性设计概述

机械零件可靠性设计主要是基于可靠性设计原理和分析方法,对零件传统的设计内容赋

予概率含义,在进行零部件的可靠性设计时,并不是所有的零部件都要求同样的可靠性尺度,应该根据不同的情况确定不同的目标可靠度,在缺乏经验时,表 3-3 所列的可靠度经验荐用值可供参考。

表 3-3　可靠度经验荐用值

故障性质	故障后果	可靠度荐用值	应用举例
灾难性	导致设备严重损坏,造成人员伤亡或巨大经济损失	$R(t) \geqslant 0.99999$	飞行器、军事装备、医疗设备等
重大损失	造成人员和经济重大损失	$R(t) \geqslant 0.9999$	制动系统、化工设备、起重机械等
一般损失	造成一定程度损失,故障可以修复	$R(t) \geqslant 0.999$	工艺装备、通用机械等
不重要	后果影响不大	$R(t) \geqslant 0.99$	一般零部件
允许故障	修理费用在规定的标准范围	$R(t) < 0.9$	不重要零部件

为判断产品的重要性及可靠性的质量指标,通常将可靠度分成 6 个等级,如表 3-4 所示。

表 3-4　产品的可靠度等级

可靠度等级	0	1	2	3	4	5
可靠度 $R(t)$	<0.9	$\geqslant 0.9$	$\geqslant 0.99$	$\geqslant 0.999$	$\geqslant 0.9999$	$\geqslant 0.99999$

0 级是不重要的产品;1 级到 4 级为可靠性要求较高的产品;5 级则为可靠性要求很高的产品,在规定使用寿命期是不允许发生故障的。

3.6.2　螺栓连接的可靠性设计

螺栓连接的可靠性设计就是考虑螺栓承受载荷、材料强度、螺栓危险截面直径的概率分布,一般在给定目标可靠性和两个参数分布的情况下,求第三个参数分布。或者给定某个参数分布求解连接的可靠性。

1) 静载荷受拉松螺栓连接的可靠性设计

松螺栓连接时,螺母不需要拧紧。在承受工作载荷之前螺栓不受力。这种连接应用范围有限,起重吊钩、拉杆等的螺纹连接均属此类。

松螺栓在工作时只受拉力 F,常规设计时螺纹部分的强度条件为

$$\sigma = \frac{4F}{\pi d_c^2} \leqslant [\sigma] \tag{3-94}$$

式中:σ 为螺栓所承受的拉应力(MPa);d_c 为螺栓危险截面的直径(mm);$[\sigma]$ 为螺栓材料的许用拉应力(MPa);F 为螺栓所承受的轴向拉力(N)。

进行可靠性设计时,F、d_c 是互相独立的随机变量,均为正态分布。当变异系数不大时,应力亦呈近似正态分布,其均值和标准差分别为

$$\bar{\sigma} = \frac{4\bar{F}}{\pi \bar{d}_c^2} \left(1 + \frac{\sigma_{d_c}^2}{\bar{d}_c^2}\right) \approx \frac{4\bar{F}}{\pi \bar{d}_c^2} \tag{3-95}$$

$$S_\sigma = \frac{4\bar{F}}{\pi \bar{d}_c^2} \left(\frac{4S_{d_c}^2}{\bar{d}_c^2} + \frac{S_F^2}{\bar{F}^2}\right) = \bar{\sigma}\sqrt{C_d^2 + C_F^2} \tag{3-96}$$

式中：C_d 为螺栓直径的变异系数，$C_d = \dfrac{S_{d_c}}{d_c}$；$C_F$ 为工作拉力 F 的变异系数，$C_F = \dfrac{S_F}{F}$。

承受静载荷螺栓的损坏多为螺纹部分的塑性变形和断裂。试验表明，在轴向静载作用下螺栓强度分布近于正态。螺栓强度均值及变异系数的估算值见表 3-5。表中的变异系数与国产螺栓的试验数据相近，所以设计时可选用。

表 3-5　螺栓强度均值及变异系数的估算值

强度级别	抗拉强度			屈服强度			推荐材料
	最小值/MPa	均值/MPa	变异系数	最小值/MPa	均值/MPa	变异系数	
4.6	400	475	0.053	240	272.5	0.06	20、A3
4.8				320	387.5	0.074	10、A2
5.6	500	600	0.055	300	341.5	0.052	30,35
5.8				400	483.7	0.074	20，Q235
6.6	600	700	0.048	360	408.8	0.051	35,45,40Mn
6.9				540	580	0.074	
8.8	800	900	0.037	640	774.9	0.075	35,35Cr,45Mn
10.9	1000	1100	0.03	900	1008	0.077	40Mn2,40Cr
12.9	1200	1300	0.026	1080	1382	0.094	30CrMnSiA

注：强度级别数字整数位数值的 100 倍是抗拉强度最小值，小数位数字与抗拉强度值的乘积是屈服强度值。

2）变载荷受拉紧载荷螺栓连接的可靠性设计

紧螺栓连接装配时，螺母须拧紧，在拧紧力矩作用下，螺栓除受预紧力的拉伸产生的拉应力外，还受螺纹摩擦力矩的扭转而产生的扭转切应力，两应力使螺栓处于拉伸与扭转复合应力状态下。对于常用的 M10～M64 普通螺纹的钢制紧螺栓连接，在拧紧时同时承受拉伸和扭转的联合作用，计算时可以按照拉伸强度计算，并将所受拉力增大 30% 来考虑扭转的影响。常规设计是螺栓危险截面的强度条件为

$$\sigma = \frac{1.3F_2}{\frac{\pi}{4}d_1} \leqslant [\sigma] \tag{3-97}$$

或

$$d_1 \geqslant \sqrt{\frac{4 \times 1.3F_2}{\pi[\sigma]}} \tag{3-98}$$

式中：F_2 为螺栓所受的总拉力；d_1 为螺栓危险截面的直径（mm）；$[\sigma]$ 为螺栓材料的许用拉应力（MPa）。

分析螺栓连接的受力和变形关系得知，螺栓的总拉力 F_2 与预紧力 F_0、工作拉力 F、残余预紧力 F_1、螺栓刚度 C_b 及被连接件刚度 C_m 有关，关系式为

$$F_2 = F_1 + F = F_0 + \frac{C_b}{C_b + C_m}F \tag{3-99}$$

式中：$\dfrac{C_b}{C_b + C_m}$ 为螺栓的相对刚度，如表 3-6 所列。

表 3-6 螺栓的相对刚度

垫片材料	金属	皮革	铜皮石棉	橡胶
$\dfrac{C_b}{C_b+C_m}$	0.2～0.3	0.7	0.8	0.9

对于受轴向变载荷的紧螺栓连接(如内燃机汽缸盖螺栓连接等),除按静强度计算外,还应校核其疲劳强度。受变载荷的紧螺栓连接的主要失效形式是螺栓的疲劳断裂。应力幅及应力集中是导致螺栓疲劳断裂的主要原因。螺栓连接的疲劳试验证明:螺栓的疲劳寿命服从对数正态分布。螺栓的疲劳极限应力幅值为

$$\sigma_{alim}=\frac{\sigma_{-1lim}\cdot\varepsilon_\sigma\cdot\beta\cdot\gamma}{k_\sigma} \qquad (3\text{-}100)$$

式中:σ_{-1lim} 为光滑试件的拉伸疲劳极限,常用材料如表 3-7 所列;ε_σ 为尺寸系数,如表 3-8 所列;β 为螺纹牙受力不均匀系数,可取为 1.5～1.6;γ 为制造工艺系数,对于钢制滚压螺纹取 1.2～1.3,对于切削螺纹取 1.0;k_σ 为有效应力集中系数,如表 3-9 所列。

表 3-7 常用螺栓材料的疲劳极限

材料	抗拉强度 σ_b/MPa	屈服强度 σ_s/MPa	疲劳极限均值	
			$\overline{\sigma}_{-1}$	$\overline{\sigma}_{-1lim}$
10	340～420	210	160～200	120～150
Q235	410～470	240	170～220	120～160
35	540	320	220～300	170～220
45	610	360	250～340	190～250
40Cr	750～1000	650～900	320～440	240～340

表 3-8 尺寸系数

d/mm	<12	16	20	24	30	36	42	48	56	64
ε_σ	1.0	0.87	0.80	0.74	0.65	0.64	0.60	0.57	0.54	0.53

表 3-9 有效应力集中系数

σ_b/MPa	400	600	800	1000
k_σ	3	3.9	4.8	5.2

如图 3-23 所示,当工作拉力在 $0\sim F$ 内变化时,螺栓所受的总拉力将在 $F_0\sim F_2$ 内变化。计算螺栓连接的疲劳强度时,主要考虑轴向力引起的拉伸变应力。在轴向变载荷作用下,由于预紧力而产生的扭转实际上完全消失,螺杆不再受扭转作用,因此可以不考虑扭转切应力。螺栓危险面的最大拉应力为

$$\sigma_{max}=\frac{F_2}{\frac{\pi}{4}d_1^2} \qquad (3\text{-}101)$$

最小拉应力(注意此时螺栓中的应力变化规律是 σ_{min} 保持不变)为

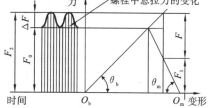

图 3-23 承受轴向变载荷的螺栓连接

$$\sigma_{\min}=\frac{F_0}{\frac{\pi}{4}d_1^2} \tag{3-102}$$

应力幅为

$$\sigma_a=\frac{\sigma_{\max}-\sigma_{\min}}{2}=\frac{C_b}{C_b+C_m}\cdot\frac{2F}{\pi d_1^2} \tag{3-103}$$

紧螺栓连接可靠性设计的步骤如下。

① 确定设计准则。

假设每个螺栓内的应力为沿剖面均匀分布,但由于载荷分布、动态应力集中系数和几何尺寸等因素的变异性,对于很多螺栓来说,每个螺栓内的应力大小是不一样的,而是呈分布状态。在没有充分的依据说明这种分布是别的类型时,通常第一个选择是假设它为正态分布。

对于有紧密性要求的螺栓连接,假设其失效模式是螺栓产生屈服。因此,设计准则为螺栓材料的屈服强度大于螺栓应力的概率必须大于或等于设计所要求的可靠度 $R(t)$,表示为

$$P(\sigma_s>s)=P(\sigma_s-s>0)\geqslant R(t) \tag{3-104}$$

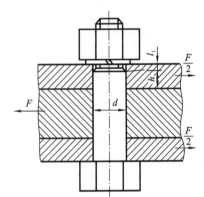

② 选择螺栓材料,确定其强度分布,求其均值和标准差。

根据经验,可取螺栓拉伸强度的变异系数为

$$C_s=5.3\%\sim7\% \tag{3-105}$$

③ 确定螺栓的应力分布,求出应力的均值和标准差。

④ 应用连接方程,确定螺栓直径。

如图 3-24 所示,受剪螺栓连接时利用铰制孔用螺栓抗剪切来承受载荷 F。螺栓杆与孔壁之间无间隙,接触表面受挤压;在连接结合面处,螺栓杆受剪切。设计受剪螺栓连接时,通常对预紧力及摩擦力的影响忽略不计,且认为有关设计变量均为独立的随机变量,并呈正态分布。可靠性设计可以按照螺栓受剪切或螺栓杆受挤压设计。

图 3-24　受剪螺栓连接

3.6.3　轴的刚度可靠性设计

轴按所受的载荷分为传动轴(只承受扭矩)、心轴(只承受弯矩)和转轴(同时承受扭矩和弯矩)。轴的可靠性设计是考虑载荷、强度条件、轴径尺寸的概率分布,在给定目标可靠性和两个参数分布的情况下,可求第三个参数分布,或者给定各参数分布求解轴的可靠性。

1) 弯曲刚度可靠性设计

在轴的刚度可靠性设计中,可将挠度曲线方程表示为

$$y=f(F,l,a,E,I,x) \tag{3-106}$$

式中:F 为外载荷;l 为轴的支承距离;a 为 F 作用点到坐标原点的距离;E 为材料的弹性模量;I 为轴截面的极惯性矩;x 为计算截面到坐标原点的距离,如图 3-25 所示。

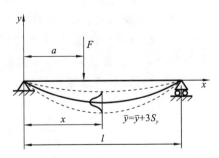

图 3-25　轴的刚度计算模型

设式(3-106)中的各物理量为独立的随机变量,则

挠度 y 的均值和标准差分别为

$$\bar{y} = f(\bar{F}, \bar{l}, \bar{a}, \bar{E}, \bar{I}, \bar{x}) \tag{3-107}$$

$$S_y = \left[\left(\frac{\partial y}{\partial F} \right)^2 S_F^2 + \left(\frac{\partial y}{\partial l} \right)^2 S_l^2 + \left(\frac{\partial y}{\partial a} \right)^2 S_a^2 + \left(\frac{\partial y}{\partial E} \right)^2 S_E^2 + \left(\frac{\partial y}{\partial I} \right)^2 S_I^2 + \left(\frac{\partial y}{\partial x} \right)^2 S_x^2 \right]^{\frac{1}{2}} \tag{3-108}$$

选择适宜的模型计算可靠度。

同理，可以计算偏转角 θ 的可靠度。

2）扭转刚度可靠性设计

在可靠性设计中，扭转角 φ 的均值和标准差分别为

$$\bar{\varphi} = 57300 \frac{\bar{T}}{\bar{G}\,\bar{I}_p} \tag{3-109}$$

$$S_\varphi = \left[\left(\frac{\partial \varphi}{\partial T} \right)^2 S_T^2 + \left(\frac{\partial \varphi}{\partial G} \right)^2 S_G^2 + \left(\frac{\partial \varphi}{\partial I_p} \right)^2 S_{I_p}^2 \right]^{\frac{1}{2}} \tag{3-110}$$

选择适宜的模型计算可靠度。

第 4 章

有限元设计

本章重点介绍弹性力学有限元法的基本理论,以及使用弹性力学有限元法解题的一般方法,并对有限元分析中的若干问题及常用的有限元软件工作流程做简要介绍。在学习了本章内容后,应熟练掌握弹性力学有限元法解题的方法和步骤,并能对简单结构问题进行有限元法分析和计算。

4.1 有限元法的基本思想与工程应用

4.1.1 有限元法的基本思想

许多工程分析问题,最终都可归结为在给定边界条件下求解其基本微分方程的问题,但能用解析方法求出精确解的只是方程性质比较简单,且几何边界相对规则的少数问题。对于大多数工程技术问题,由于物体的几何形状较复杂或者问题存在某些非线性特征,很少能得到解析解。而数值模拟技术对多数问题均能够通过计算机来获得满足工程要求的数值解,因此,数值模拟方法受到人们的青睐,被广泛研究并用于解决复杂的工程技术问题。

有限元法作为一种较新的数值模拟方法,其基本思想是里兹法加分片近似。它将连续的求解域离散为由有限个单元组成的组合体,以此组合体来模拟和逼近原求解域。而单元本身有不同的几何形状,且单元间能够按各种不同的联结方式组合,所以这个组合体可以模型化几何形状非常复杂的求解域。有限元法的求解步骤是对每个单元用节点未知量,通过插值函数来近似地表示单元内部的多种物理量,然后把这些单元组装成一个整体,并使它们满足整个物体的边界条件和连续条件,得到一组有关节点未知量的联立方程。解出方程后,再用插值函数和有关公式就可以求得物体内部各点所要求的多种物理量。随着单元数目的增加,即单元尺寸的缩小,解答的近似程度将不断改进。如果单元满足收敛条件,得到的近似解最后将收敛于精确解。

总而言之,化整为零,积零为整,把复杂的结构看成由有限个单元组成的整体,这就是有限元法的基本思路。

4.1.2 有限元法的工程应用

有限元法作为目前数值模拟方法中最活跃、最成熟的一个分支,被广泛应用于各个工程领域。其研究问题由弹性力学平面问题扩展到空间问题,由静力平衡问题扩展到稳定性问题、动力问题和波动问题,由线性问题扩展到非线性问题,分析的对象从弹性材料扩展到塑性、黏弹性、黏塑性和复合材料等,由结构分析扩展到结构优化乃至设计自动化,从固体力学扩展到流体力学、传热学、电磁学等领域,进而扩展到对多物理场的耦合分析计算,运用的场合非常广泛。有限元法的工程应用如表 4-1 所示。图 4-1 为武汉理工大学智能制造与控制研究所设计的用于海洋钻井平台爬升机构的行星齿轮减速器的一级行星架和起重机四连杆结构的有限元分析模型。

表 4-1 有限元法的工程应用

研究领域	平衡问题	特征值问题	动态问题
结构工程学、结构力学和宇航工程学	梁、板、壳结构的分析 复杂或混杂结构的分析 二维与三维应力分析	结构的稳定性 结构的固有频率和振型 线性黏弹性阻尼	应力波的传播 结构对于非周期载荷的动态响应 耦合热弹性力学与热黏弹性力学
土力学、基础工程学和岩石力学	二维与三维应力分析 填筑和开挖问题 边坡稳定性问题 土壤与结构的相互作用 坝、隧洞、钻孔、涵洞、船闸等的分析 流体在土壤和岩石中的稳态渗流	土壤-结构组合物的固有频率和振型	土壤与岩石中的非定常渗流 在可变形多孔介质中的流动及固结 应力波在土壤和岩石中的传播 土壤与结构的动态相互作用
热传导	固体和流体中的稳态温度分布	—	固体和流体中的瞬态热流
流体动力学、水利工程学和水源学	流体的势流 流体的黏性流动 蓄水层和多孔介质中的定常渗流 水工结构和大坝分析	湖泊和港湾的被动（固有频率和振型） 刚性或柔性容器中流体的晃动	河口的盐度和污染研究（扩展问题） 沉积物的推移 流体的非定常流动 波的传播 多孔介质和蓄水层中的非定常渗流
核工程	反应堆安全壳结构分析 反应堆和反应堆安全壳结构稳态温度分布		反应堆安全壳结构的动态分析 反应堆结构的热黏弹性分析 反应堆和反应堆安全壳结构中的非稳态温度分布
电磁学	二维和三维静态电磁场分析		二维和三维时变、高频电磁场分析

图 4-1 行星齿轮减速器的一级行星架和起重机四连杆结构的有限元分析模型

4.2　弹性力学有限元法的基本理论

4.2.1　弹性力学中的基本假设

在弹性力学里,为了简化计算,便于数学处理,对材料性质也作了一些假设,这一点与材料力学是相同的。引用假设,在于突出矛盾的主要方面,反映事物的本质,使问题得到一定程度的简化。实践证明,引用这些假设所产生的误差是不大的。弹性力学中的一些基本的假设简述如下。

(1) 连续性假设。即物体整个体积内,都被组成这种物体的物质填满,不留任何空隙。

(2) 完全弹性假设。即除去让物体产生变形的外力以后,物体能够完全恢复原形,不留任何残余变形。

(3) 各向同性假设。即物体内每一点各个不同方向的物理性质和力学性质都是相同的。

(4) 均匀性假设。即整个物体是由同一种质地均匀的材料组成,具有相同的物理性质、弹性参数和泊松比。

(5) 微小性假设。即物体受力以后,整个物体的位移和变形都是非常微小的,所有各点的位移都远远小于物体原来的尺寸,而且应变远远小于1。

4.2.2　弹性力学的基本方程

运用弹性力学对研究对象进行分析,推导出物体的内应力分量和体力、面力分量之间的关系式,应变与位移之间的关系式,以及应变分量与应力分量之间的关系式,分别称为平衡微分方程、几何方程和物理方程。

弹性体 V 在表面力及体积力 $\{\boldsymbol{p}\}=\{p_x,p_y,p_z\}$ 和 $\{\boldsymbol{q}\}=\{q_x,q_y,q_z\}$ 的作用下,其任意一点产生的位移为 $\boldsymbol{f}=\{u,v,w\}$。其中:p_x、p_y、p_z,q_x、q_y、q_z 和 u、v、w 分别为表面力,体积力和位移沿直角坐标轴方向的三个分量。体内的应力状态由六个应力分量 σ_x、σ_y、σ_z、τ_{xy}、τ_{yz}、τ_{zx} 来表示,其中,σ_x、σ_y、σ_z 为正应力,τ_{xy}、τ_{yz}、τ_{zx} 为切应力。应力分量的矩阵形式称为应力向量。

$$\boldsymbol{\sigma}=\begin{bmatrix}\sigma_x & \sigma_y & \sigma_z & \tau_{xy} & \tau_{yz} & \tau_{zx}\end{bmatrix}^{\mathrm{T}} \tag{4-1}$$

弹性体内任意一点的应变可以由六个应变分量 ε_x、ε_y、ε_z、γ_{xy}、γ_{yz}、γ_{zx} 表示,其中 ε_x、ε_y、ε_z 为正应变,γ_{xy}、γ_{yz}、γ_{zx} 为切应变。应变的矩阵形式为

$$\boldsymbol{\varepsilon}=\begin{bmatrix}\varepsilon_x & \varepsilon_y & \varepsilon_z & \gamma_{xy} & \gamma_{yz} & \gamma_{zx}\end{bmatrix}^{\mathrm{T}} \tag{4-2}$$

称为应变向量。

1) 平衡方程

物体在外力作用下处于平衡状态,在其弹性体 V 域内任一点的平衡方程为

$$\begin{cases}\dfrac{\partial \sigma_x}{\partial x}+\dfrac{\partial \tau_{yx}}{\partial y}+\dfrac{\partial \tau_{zx}}{\partial z}+q_x=0 \\[2mm] \dfrac{\partial \tau_{xy}}{\partial x}+\dfrac{\partial \sigma_y}{\partial y}+\dfrac{\partial \tau_{zy}}{\partial z}+q_y=0 \quad (在\ V\ 内) \\[2mm] \dfrac{\partial \tau_{xz}}{\partial x}+\dfrac{\partial \tau_{yz}}{\partial y}+\dfrac{\partial \sigma_z}{\partial z}+q_z=0\end{cases} \tag{4-3}$$

其矩阵形式为

$$L^{\mathrm{T}}\sigma + q = 0 \tag{4-4}$$

其中 L 为微分算子矩阵：

$$L = \begin{bmatrix} \dfrac{\partial}{\partial x} & 0 & 0 & \dfrac{\partial}{\partial y} & 0 & \dfrac{\partial}{\partial z} \\[2mm] 0 & \dfrac{\partial}{\partial y} & 0 & \dfrac{\partial}{\partial x} & \dfrac{\partial}{\partial z} & 0 \\[2mm] 0 & 0 & \dfrac{\partial}{\partial z} & 0 & \dfrac{\partial}{\partial y} & \dfrac{\partial}{\partial x} \end{bmatrix} \tag{4-5}$$

2）几何方程

对于线性弹性力学问题，应变矢量和位移矢量的几何关系为

$$\varepsilon_x = \frac{\partial u}{\partial x}, \quad \varepsilon_y = \frac{\partial v}{\partial y}, \quad \varepsilon_z = \frac{\partial w}{\partial z}, \quad \gamma_{xy} = \frac{\partial u}{\partial y} + \frac{\partial v}{\partial x}, \gamma_{yz} = \frac{\partial v}{\partial z} + \frac{\partial w}{\partial y}, \quad \gamma_{zx} = \frac{\partial u}{\partial z} + \frac{\partial w}{\partial x} \tag{4-6}$$

几何方程的矩阵形式为

$$\varepsilon = Lu \tag{4-7}$$

3）物理方程

弹性力学中应力与应变之间的关系又称物理关系。对于各向同性线弹性材料，其矩阵表达式为

$$\sigma = D\varepsilon \tag{4-8}$$

其中

$$D = \frac{E(1-\nu)}{(1+\nu)(1-2\nu)} \cdot \begin{bmatrix} 1 & \dfrac{\nu}{1-\nu} & \dfrac{\nu}{1-\nu} & 0 & 0 & 0 \\[2mm] \dfrac{\nu}{1-\nu} & 1 & \dfrac{\nu}{1-\nu} & 0 & 0 & 0 \\[2mm] \dfrac{\nu}{1-\nu} & \dfrac{\nu}{1-\nu} & 1 & 0 & 0 & 0 \\[2mm] 0 & 0 & 0 & \dfrac{1-2\nu}{2(1-\nu)} & 0 & 0 \\[2mm] 0 & 0 & 0 & 0 & \dfrac{1-2\nu}{2(1-\nu)} & 0 \\[2mm] 0 & 0 & 0 & 0 & 0 & \dfrac{1-2\nu}{2(1-\nu)} \end{bmatrix} \tag{4-9}$$

称为弹性矩阵，它由弹性模量 E 和泊松比 ν 确定。

4）边界条件

在弹性力学中，弹性体的表面边界上存在三种控制条件：一是在三个垂直方向上都存在给定的位移；二是在三个垂直方向都存在给定的外力；三是在三个垂直方向上给定一个或两个位移，其他的给定外力。

设弹性体 V 的全部边界为 S，在一部分边界上作用着表面力 $|p| = |p_x, p_y, p_z|$，这部分边界称为给定力的边界，记为 S_σ；在另一部分边界上弹性体的位移 $\bar{u}、\bar{v}、\bar{w}$ 已知，这部分边界称为给定位移的边界，记为 S_u，这两部分边界构成弹性体的全部边界，即

$$S = S_\sigma + S_u \tag{4-10}$$

所以弹性体力的边界条件为

$$p_x = \sigma_x l + \tau_{yx} m + \tau_{zx} n$$
$$p_y = \tau_{xy} l + \sigma_y m + \tau_{zy} n \quad (\text{在 } S_\sigma \text{ 上}) \tag{4-11}$$
$$p_z = \tau_{xz} l + \tau_{yz} m + \sigma_z n$$

式中:l, m, n 分别为弹性体边界外法线与三个坐标轴夹角的方向余弦。

弹性体位移边界条件为

$$u = \bar{u}, \quad v = \bar{v}, \quad w = \bar{w} \quad (\text{在 } S_u \text{ 上}) \tag{4-12}$$

上述是三维弹性力学问题的基本方程和边界条件,对于弹性力学平面问题、轴对称问题和板壳问题等都有与之对应的类似方程和边界条件。

通常,弹性力学问题中共有 15 个待求的基本未知量(6 个应力分量、6 个应变分量、3 个位移分量),而基本方程也正好是 15 个(平衡微分方程 3 个、几何方程 6 个、物理方程 6 个),加上边界条件用于确定积分常数,原则上讲,各类弹性力学问题可以获得精确解。然而在实际求解中,其数学上的计算难度仍然是很大的,因此必须借助数值方法来获得数值解或者半数值解。

4.2.3　弹性力学的基本原理

1) 虚位移原理

弹性体虚位移是指满足变形协调条件和边界约束条件的任意的无限小位移,可以用 δ_u、δ_v、δ_w 来表示。

弹性体的虚位移原理可以叙述如下:若物体在给定的外力载荷和温度分布下,应力处于平衡状态(包括物体内部和物体外部的应力边界),若从物体的变形协调状态出发给物体任意一虚位移(在物体体内及表面引起虚应变),则外力虚功恒等于内力虚功,其表达式为

$$\partial U = \partial W \tag{4-13}$$

式中:∂U 为内力的虚功,∂W 为外力的虚功。

虚位移原理表达了弹性体平衡的普遍规律,利用虚位移原理可以推导出位移模式有限元公式。

2) 最小势能原理

最小势能原理可表述为:在所有可能满足位移边界条件和变形协调条件的位移中,只有同时满足平衡条件和边界条件的那一组位移,才能使系统的总势能最小。

弹性体在外力的作用下产生内力和变形,储藏在弹性体内的应变能为

$$U = \iiint_V A \, dV \tag{4-14}$$

A 为应变能密度函数,可以证明 A 与应力、应变的关系如下:

$$\frac{\partial A}{\partial \varepsilon_x} = \sigma_x, \quad \frac{\partial A}{\partial \varepsilon_y} = \sigma_y, \quad \frac{\partial A}{\partial \varepsilon_z} = \sigma_z, \quad \frac{\partial A}{\partial \gamma_{xy}} = \tau_{xy}, \quad \frac{\partial A}{\partial \gamma_{yz}} = \tau_{yz}, \quad \frac{\partial A}{\partial \gamma_{zx}} = \tau_{zx} \tag{4-15}$$

即

$$\frac{\partial A}{\partial \boldsymbol{\varepsilon}} = \boldsymbol{\sigma} = \boldsymbol{D} \boldsymbol{\varepsilon} \tag{4-16}$$

对于线弹性体,式(4-16)积分得

$$A = \frac{1}{2} \boldsymbol{\varepsilon}^\top \boldsymbol{D} \boldsymbol{\varepsilon} \tag{4-17}$$

如果考虑到有初应力 $|\boldsymbol{\sigma}_0|$ 和初应变 $|\boldsymbol{\varepsilon}_0|$,则

$$A = \frac{1}{2}\boldsymbol{\varepsilon}^{\mathrm{T}}\boldsymbol{D}\boldsymbol{\varepsilon} - \boldsymbol{\varepsilon}^{\mathrm{T}}\boldsymbol{D}\boldsymbol{\varepsilon}_0 + \boldsymbol{\varepsilon}_0{}^{\mathrm{T}}\boldsymbol{\sigma}_0 \tag{4-18}$$

故应变能为

$$U = \iiint\limits_{V}\left(\frac{1}{2}\boldsymbol{\varepsilon}^{\mathrm{T}}\boldsymbol{D}\boldsymbol{\varepsilon} - \boldsymbol{\varepsilon}^{\mathrm{T}}\boldsymbol{D}\boldsymbol{\varepsilon}_0 + \boldsymbol{\varepsilon}^{\mathrm{T}}\boldsymbol{\sigma}_0\right)\mathrm{d}V \tag{4-19}$$

外力的势能为

$$W = -\iiint\limits_{V}(q_x u + q_y v + q_z w)\mathrm{d}V - \iint\limits_{S}(p_x u + p_y v + p_z w)\mathrm{d}S$$

$$= -\iiint\limits_{V}\boldsymbol{f}^{\mathrm{T}}\boldsymbol{q}\,\mathrm{d}V - \iint\limits_{S}\boldsymbol{f}^{\mathrm{T}}\boldsymbol{p}\,\mathrm{d}S \tag{4-20}$$

弹性体的总势能为应变能和外力势能之和,即

$$\boldsymbol{\varPi}_p = U + W \tag{4-21}$$

或

$$\boldsymbol{\varPi}_p = \frac{1}{2}\iiint\limits_{V}\boldsymbol{\varepsilon}^{\mathrm{T}}\boldsymbol{D}\boldsymbol{\varepsilon}\,\mathrm{d}V - \iiint\limits_{V}\boldsymbol{\varepsilon}^{\mathrm{T}}\boldsymbol{D}\boldsymbol{\varepsilon}_0\,\mathrm{d}V + \iiint\limits_{V}\boldsymbol{\varepsilon}^{\mathrm{T}}\boldsymbol{\sigma}_0\,\mathrm{d}V$$

$$- \iiint\limits_{V}\boldsymbol{f}^{\mathrm{T}}\boldsymbol{q}\,\mathrm{d}V - \iint\limits_{S}\boldsymbol{f}^{\mathrm{T}}\boldsymbol{p}\,\mathrm{d}S \tag{4-22}$$

如果不考虑初应力和初应变,则式(4-22)第二、三项为零。

对总势能取一阶变分,并根据虚位移原理,得

$$\delta\boldsymbol{\varPi}_p = 0 \tag{4-23}$$

这表明物体在平衡时,系统总势能的一阶变分为零,总势能取极小值才可能是稳定平衡状态。根据最小总势能原理,要求弹性体在外力作用下的位移,可以从满足边界条件和协调条件且使物体总势能取极小值的条件去寻找答案。这就是弹性力学问题的能量法,也是有限元法的理论基础之一。

4.3　弹性力学有限元的一般方法

为了便于分析问题,我们首先看一引例。图 4-2(a)所示为一仅受自重作用的等截面直杆,杆长为 L,截面积为 F,单位杆长重量为 q,弹性模量为 E,试求杆内的应力。这个问题在材料力学中已有精确解答,它首先求出杆件的位移函数 $u = u(x)$,如图 4-2(b)中的二次曲线所示,再按几何方程与物理方程求出 ε_x 和 σ_x,公式如下:

$$u(x) = \frac{q}{2EF}(2Lx - x^2)$$

$$\varepsilon_x = \frac{\mathrm{d}u}{\mathrm{d}x} = \frac{q}{EF}(L - x) \tag{4-24}$$

$$\sigma_x = E\varepsilon_x = \frac{q}{F}(L - x)$$

这种先求位移再由位移求应力的方法,是弹性力学中解题的位移法。下面说明用有限元法是如何解题的。

首先将直杆分成许多有限段,图 4-2(b)中分为三段,即把连续弹性体离散化,每一段称为一个单元(这里可看成三个线单元),单元之间通过节点相连接(共有 4 个节点)。然后将外载荷(指自重)集中到节点上,这里将每个单元的自重均分在上下两个节点上而得节点载荷:

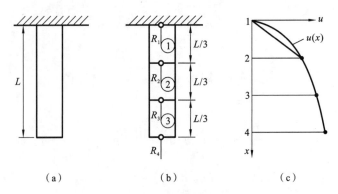

图 4-2　直杆拉伸

$$R_1 = \frac{qL}{6}, \quad R_2 = \frac{qL}{3}, \quad R_3 = \frac{qL}{3}, \quad R_4 = \frac{qL}{6}$$

下一步是确定位移函数。由图 4-2(c)可知,线单元的位移函数是曲线,但如果线单元较小,则可将位移假设成线性函数,并以多项式表示为

$$u = a_1 + a_2 x$$

以单元②为例,它的两个节点 2 与 3 的位移 u_2 和 u_3 可写为

$$u_2 = a_1 + a_2 x_2$$

$$u_3 = a_1 + a_2 x_3$$

联解上述两式,可得

$$a_1 = u_2 - \frac{u_3 - u_2}{x_3 - x_2} x_2$$

$$a_2 = \frac{u_3 - u_2}{x_3 - x_2}$$

故单元②的位移函数为

$$u_② = u_2 + \frac{3(u_3 - u_2)}{L}(x - x_2)$$

同理

$$u_① = u_1 + \frac{3(u_2 - u_1)}{L}(x - x_1) \tag{4-25}$$

$$u_③ = u_3 + \frac{3(u_4 - u_3)}{L}(x - x_3)$$

各单元的应变与应力为

$$\varepsilon_① = \frac{3}{L}(u_2 - u_1), \quad \varepsilon_② = \frac{3}{L}(u_3 - u_2), \quad \varepsilon_③ = \frac{3}{L}(u_4 - u_3) \tag{4-26}$$

$$\sigma_① = \frac{3E}{L}(u_2 - u_1), \quad \sigma_② = \frac{3E}{L}(u_3 - u_2), \quad \sigma_③ = \frac{3E}{L}(u_4 - u_3) \tag{4-27}$$

各单元的内力 $N = F\sigma$,分别写为

$$N_① = \frac{3EF}{L}(u_2 - u_1)$$

$$N_② = \frac{3EF}{L}(u_3 - u_2) \tag{4-28}$$

$$N_③ = \frac{3EF}{L}(u_4 - u_3)$$

现在建立节点平衡方程。由图 4-3 所示,列出方程如下。

节点 1:　　　　$-N_① = R_1 - R_0$

节点 2:　　　　$N_① - N_② = R_2$

节点 3:　　　　$N_② - N_③ = R_3$

节点 4:　　　　　　　$N_③ = R_4$

由于节点 1 的位移为零,故不考虑节点 1 的平衡方程,而将其余三个节点的平衡方程代入相应式子为

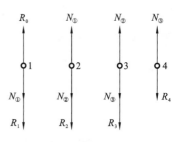

图 4-3　节点平衡示意图

$$2u_2 - u_3 = \frac{qL^2}{9EF}$$

$$-u_2 + 2u_3 - u_4 = \frac{qL^2}{9EF}$$

$$-u_3 + u_4 = \frac{qL^2}{18EF}$$

解上列线性方程组得

$$u_2 = \frac{5qL^2}{18EF}, \quad u_3 = \frac{4qL^2}{9EF}, \quad u_4 = \frac{qL^2}{2EF} \qquad (4\text{-}29)$$

这是采用有限元法的思路所求得的在节点 2、3、4 处的位移,它与材料力学的解析公式在相应点的结果相同。由此充分显示了有限元法的有效性。

通过上述引例,我们知道弹性力学中的有限元法是一种数值分析的方法,对于不同物理性质和数学模型的问题,有限元法的基本步骤是相同的:结构离散化、单元位移模式及形函数、单元特性分析、坐标变换、建立整个结构的平衡方程、边界条件处理、求解未知节点位移和计算单元应力。

4.3.1　结构离散化

结构离散化,习惯上称为有限元网格划分。网格划分得越细,节点越多,计算结果越精确。结构离散化是有限元分析的第一步,它是有限元法的基础。将连续体划分为有限个具有规则形状的微小块体,把每个微小块体称为单元,两相邻单元之间通过若干点相互连接,每个连接点称为节点。单元及其节点的设置、性质、数目等应视问题的性质、描述变形的需要和计算精度而定,如二维连续体的有限元可为三角形、四边形,三维连续体的有限元可以是四面体、六面体等。为合理有效地表示连续体,要选择好单元的类型、数目、大小和排列方式。

4.3.2　单元位移模式和形函数

在完成结构的离散化后,对典型单元进行特性分析。为了能用节点位移表示单元体内任意一点的位移、应变和应力,将无限自由度问题化为有限自由度问题,在分析连续体时,必须对单元中的位移分布做出一定的假定,也就是假定单元位移是坐标的某种简单函数,这种函数称为位移模式或位移函数。位移模式的适当选择是有限元法分析中的关键。位移模式被整理成单元节点位移的插值函数形式,即分片插值函数。由于多项式不仅能逼近任何复杂函数,也便于数学运算,所以在有限元法应用中,位移模式一般采用多项式来构造。根据所选定的位移模式,可以导出用节点位移表示单元内任一点位移的关系式,其矩阵形式为

$$\boldsymbol{f} = \boldsymbol{N}\boldsymbol{d}^e \qquad (4\text{-}30)$$

式中：$f = [\begin{matrix} u & v & w \end{matrix}]^{\mathrm{T}}$ 为单元内任一点的位移列阵；d^e 为单元的节点位移列阵；N 为形函数矩阵，它的元素为形函数，是位置坐标的函数。

4.3.3　单元特性分析

单元位移模式选定以后，可以进行单元力学特性的分析。由式(4-29)得

$$\boldsymbol{\varepsilon} = \boldsymbol{Lu} = \boldsymbol{LN}d^e = \boldsymbol{B}d^e \tag{4-31}$$

$\boldsymbol{B} = \boldsymbol{LN}$ 称为单元几何矩阵，表示应变与节点位移的关系。

$$\boldsymbol{\sigma} = \boldsymbol{D}(\boldsymbol{\varepsilon} - \boldsymbol{\varepsilon}_0) + \boldsymbol{\sigma}_0 = \boldsymbol{D}(\boldsymbol{B}d^e - \boldsymbol{\varepsilon}_0) + \boldsymbol{\sigma}_0$$
$$= \boldsymbol{S}d^e - \boldsymbol{D}\boldsymbol{\varepsilon}_0 + \boldsymbol{\sigma}_0 \tag{4-32}$$

其中，S 为应力矩阵，表示应力与节点位移的关系。如不考虑初应力和初应变，则

$$\boldsymbol{\sigma} = \boldsymbol{S}d^e \tag{4-33}$$

将单元位移 $|u|$ ，应变 $|\varepsilon|$ 代入单元体的总势能，有

$$\boldsymbol{\Pi}_p^e = \frac{1}{2} \iiint\limits_{V^e} \boldsymbol{\varepsilon}^{\mathrm{T}} \boldsymbol{D}\boldsymbol{\varepsilon}\, \mathrm{d}V - \iiint\limits_{V^e} \boldsymbol{\varepsilon}^{\mathrm{T}} \boldsymbol{D}\boldsymbol{\varepsilon}_0\, \mathrm{d}V + \iiint\limits_{V^e} \boldsymbol{\varepsilon}^{\mathrm{T}} \boldsymbol{\sigma}_0\, \mathrm{d}V$$
$$- \iiint\limits_{V^e} \boldsymbol{f}^{\mathrm{T}} \boldsymbol{q}\, \mathrm{d}V - \iint\limits_{S^e} \boldsymbol{f}^{\mathrm{T}} \{\boldsymbol{p}\}\, \mathrm{d}S \tag{4-34}$$

得

$$\boldsymbol{\Pi}_p' = \frac{1}{2} d^{e\,\mathrm{T}} \boldsymbol{k} d - d^{e\,\mathrm{T}} \boldsymbol{r}^e \tag{4-35}$$

其中

$$\boldsymbol{k} = \iiint\limits_{V} \boldsymbol{B}^{\mathrm{T}} \boldsymbol{D}\boldsymbol{B}\, \mathrm{d}V \tag{4-36}$$

$$\boldsymbol{r}^e = \iiint\limits_{V} \boldsymbol{B}^{\mathrm{T}} \boldsymbol{D}\boldsymbol{\varepsilon}_0\, \mathrm{d}V - \iiint\limits_{V} \boldsymbol{B}^{\mathrm{T}} \boldsymbol{\sigma}_0\, \mathrm{d}V + \iiint\limits_{V} \boldsymbol{N}^{\mathrm{T}} \boldsymbol{q}\, \mathrm{d}V + \iint\limits_{S} \boldsymbol{N}^{\mathrm{T}} \boldsymbol{p}\, \mathrm{d}S \tag{4-37}$$

式中：k 为单元刚度矩阵；r^e 为单元加到其节点的载荷；V 为单元的体积；S 为单元的表面积。在表面积的积分中，N 是在 S 上计算的。r^e 中的四项分别为初应变、初应力、体积力和表面力引起的等效节点载荷。

单元刚度矩阵 k 有如下特性：

(1) k 是对称矩阵，$k_{ij} = k_{ji}$，且 $k_{ij} > 0$；

(2) k 是奇异矩阵，即 k^{-1} 不存在；

(3) k 仅与刚度特性有关，与外载荷和支承条件无关。

4.3.4　坐标变换

系统的平衡方程由总刚度矩阵和载荷向量表示，将各单元的刚度矩阵和载荷向量集合起来就形成了总刚度矩阵和总载荷向量。而单元刚度矩阵和单元载荷向量是在各自的局部坐标中计算的，在组集之前单元刚度矩阵和载荷向量需要经坐标变换，从各自的局部坐标转换到总体坐标后才能进行组集。

假设在总体坐标和局部坐标中单元的平衡方程分别为

$$\bar{\boldsymbol{k}}\,\bar{\boldsymbol{d}}^e = \bar{\boldsymbol{F}}^e, \quad \boldsymbol{k}d^e = \boldsymbol{F}^e \tag{4-38}$$

式中：$\bar{d}^e$ 和 d^e 分别为总体和局部坐标中的单元节点位移；$\bar{F}^e$ 和 F^e 分别为总体和局部坐标中

的单元节点力向量,它是作用在单元上的。

假设 $d^e = T\overline{d}^e$ 和 $F^e = T\overline{F}^e$,T 通常为正交矩阵 $T^{-1} = T^{\mathrm{T}}$,有 $\overline{F}^e = T^{\mathrm{T}} F^e$,则

$$\overline{F}^e = T^{\mathrm{T}} F^e = T^{\mathrm{T}} k d^e = T^{\mathrm{T}} k \overline{d}^e$$

即

$$\overline{k} = T^{\mathrm{T}} k T \tag{4-39}$$

利用虚位移原理可以证明,即使 T 不是正交矩阵,式(4-39)也成立。

4.3.5 建立整个结构的平衡方程

弹性体总势能为 n 个单元总势能之和,即

$$\Pi_p = \sum_1^n \Pi_p^e \tag{4-40}$$

单元位移向量 d^e 中的每一个自由度都出现在结构位移向量 d 中,因此,如果将 k 和 r^e 扩展为结构大小,则 d 代替了 d^e。这样弹性体总势能就成为

$$\Pi_p = \frac{1}{2} d^{\mathrm{T}} K d - d^{\mathrm{T}} r \tag{4-41}$$

其中

$$K = \sum_1^n k r = p + \sum_1^n r^e \tag{4-42}$$

式中:K 为总刚度矩阵;r 为总载荷向量;p 为作用在节点上的集中力;求和表示单元矩阵的拼装。现在 Π_p 是结构节点位移 d 的函数,故根据最小总势能原理,d 应满足方程

$$K d = r \tag{4-43}$$

静力平衡得到满足。

总刚度矩阵 K 是节点外力与节点位移之间的关系矩阵,它与单元的弹性性质和尺寸有关,与外载荷及支承无关。其中的任意元素 K_{ij} 表示在第 j 个自由度产生一个单位位移而其余自由度的位移分量保持为零时,在第 i 个自由度上需要的力。总刚度矩阵有如下性质:

① 总刚度矩阵是对称的方阵,$K_{ij} = K_{ji}$,且 $K_{ij} > 0$;

② 总刚度矩阵是一个奇异矩阵,在排除刚体位移后,它是正定矩阵;

③ 总刚度矩阵是一个稀疏矩阵,如果遵守一定的编号规则,可使非零元素集中在主对角线两侧呈带状。

4.3.6 边界条件的处理

对于给定非零位移边界条件,可以用下面的方法处理方程:

(1) 若已知 $d_i = c$,可将 K 中主对角线上的元素 K_{ij} 换成 1,以及它所在的第 i 行和第 j 列上的其余元素换成 0。在载荷列阵中把对应于 d_i 的量换成 c,其余各项分别修改为 $r_1 - K_{1i} \cdot c, r_2 - K_{2i} \cdot c, \cdots, r_{(i-1)} - K_{(i-1)i} \cdot c, r_{(i+1)} - K_{(i+1)i} \cdot c, \cdots, r_n - K_{ni} \cdot c$,原方程变为

$$\begin{bmatrix} K_{11} & K_{12} & \cdots & K_{1(i-1)} & 0 & K_{1(i+1)} & \cdots & K_{1n} \\ \cdots & \cdots & \cdots & \cdots & \cdots & \cdots & \cdots & \cdots \\ 0 & 0 & \cdots & 0 & 1 & 0 & \cdots & 0 \\ \cdots & \cdots & \cdots & \cdots & \cdots & \cdots & \cdots & \cdots \\ K_{n1} & K_{n2} & \cdots & K_{n(i-1)} & 0 & K_{n(i+1)} & \cdots & K_{nn} \end{bmatrix} \begin{Bmatrix} d_1 \\ \vdots \\ d_i \\ \vdots \\ d_n \end{Bmatrix} = \begin{Bmatrix} r_1 - K_{1i} \cdot c \\ \vdots \\ c \\ \vdots \\ r_n - K_{ni} \cdot c \end{Bmatrix} \tag{4-44}$$

(2) 把在 K 中与 d_i 对应的主对角线元素乘以较大的数,例如 $K_{ii} \cdot 10^{10}$,把在节点列阵中与 d_i 对应的量 r_i 改成 $c \cdot 10^{10} \cdot K_{ii}$,其余不变。

$$\begin{bmatrix} K_{11} & K_{12} & \cdots & K_{1(i-1)} & K_{1i} & K_{1(i+1)} & \cdots & K_{1n} \\ \vdots & \vdots & \vdots & \vdots & \vdots & \vdots & & \vdots \\ K_{i1} & K_{i2} & \cdots & K_{i(i-1)} & K_{ii} \cdot 10^{10} & K_{i(i+1)} & \cdots & K_{in} \\ \vdots & \vdots & \vdots & \vdots & \vdots & \vdots & & \vdots \\ K_{n1} & K_{n2} & \cdots & K_{n(i-1)} & K_{ni} & K_{n(i+1)} & \cdots & K_{nn} \end{bmatrix} \begin{bmatrix} d_1 \\ \vdots \\ d_i \\ \vdots \\ d_n \end{bmatrix} = \begin{bmatrix} r_1 \\ \vdots \\ c \cdot 10^{10} \cdot K_{ii} \\ \vdots \\ r_n \end{bmatrix}$$

(4-45)

为了此方程能给出所需的结果,考察方程组的第 i 个方程

$$K_{i1}d_1 + K_{i2}d_2 + \cdots + K_{ii} \cdot 10^{10} d_i + \cdots + K_{in}d_n = c \cdot 10^{10} \cdot K_{ii}$$

从实用的观点来看,此方程与 $d_i = c$ 相同。这是因为

$$K_{ii} \cdot 10^{10} \gg K_{ij} (j = 1, 2, \cdots, i-1, i+1, \cdots, n)$$

以上两种方法都保持了原来 K 矩阵的稀疏、带状和对称等特性。

(3) 对于其他类型的边界条件,如弹性边界条件、斜支承等可采用弹簧单元来处理。弹簧单元也可以处理给定位移边界条件。

4.3.7　求解未知节点位移和计算单元应力

总刚度方程是一个有唯一解答的线性方程组。当用有限元法求解一个较复杂的弹性结构问题时,为了得到较好的近似解,有限元模型的单元数和节点数都很大,形成的线性方程组的阶数很高。如何保证线性方程组的求解精度并节省时间是有限元法实际应用能够成功的关键之一。求解大型线性方程组的计算方法一般有两大类:直接法和迭代法。从理论上讲,直接法在进行有限次运算以后,如果所有计算都没有舍入误差,那么就可以得到线性方程组的准确解。而迭代法要经过无限次迭代才能收敛到准确解。但是在计算机运算中只能是有限的计算位数,不可避免地会在运算过程中产生舍入误差。要保证一定的求解精度,限制误差的积累,直接法通常只适用于几千阶以下的方程组的求解。迭代法虽然比直接法运算次数多,但它每次迭代都从头开始运算,没有误差积累,只要增加运算次数,总可以得到所需要的求解精度。如果线性方程组高达上万阶,并且是高度稀疏、对角元占优势的总刚度矩阵,采用迭代法较好。常用的直接法有高斯消元法、三角分解法以及以上述两法为基础,适用于更大型方程组求解的分块解法和波前法等。常用的迭代法有雅可比迭代法、高斯-赛德尔迭代法和共轭梯度法等。

解出节点位移向量 d 以后,各单元的位移向量 d^e 为已知,各单元的应力可由 $\sigma = DBd^e$ 计算出来。通过后处理程序,观察计算结果。

上述步骤,可以推广应用于热传导或流体力学问题,只要用相应的节点处的场变量代替节点位移,用特性矩阵代替刚度矩阵,等等。下面,为了更清楚地了解求解过程,我们将通过例题来说明有限元法的应用。

算例:阶梯杆受力如图 4-4(a)所示,杆的横截面为 $A^{(1)} = 2 \ cm^2$,$A^{(2)} = 1 \ cm^2$,杆长 $L^{(1)} = L^{(2)} = 10 \ cm$,材料的弹性模量 $E^{(1)} = E^{(2)} = 2 \times 10^6 \ kg/cm^2$,载荷 $P_3 = 1 \ kg$,上述符号中右上角的角标(1)或(2)表示单元号。求杆内应力。

解　① 离散化。

将整个杆离散化为 2 个单元如图 4-4(b)、(c)所示,共有 1、2、3 三个节点,杆受轴向载荷 P_3 作用,单元内任一点只有轴向位移,今以 δ_1、δ_2、δ_3 分别表示 1、2、3 三个节点的轴向位移。

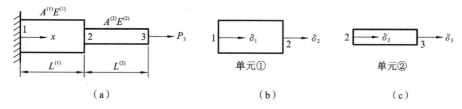

图 4-4 阶梯杆受力

② 位移模式。

在每个单元内部,假设轴向位移 δ 按线性规律变化,即

$$\delta(x) = a + bx \tag{4-46}$$

其中 a、b 为常数,可由下列边界条件确定:

$$x = 0, \quad \delta(x) = \delta_1^{(e)}$$
$$x = L^{(e)}, \quad \delta(x) = \delta_2^{(e)}$$

将边界条件代入式(4-46)得

$$\delta(x) = \delta_1^{(e)} + (\delta_2^{(e)} - \delta_1^{(e)}) \frac{x}{L^{(e)}} \tag{4-47}$$

③ 单元刚度矩阵。

单元刚度矩阵可由势能原理推导而得,势能 I 的表达式为

$$I = \Pi^{(1)} + \Pi^{(2)} - W_P \tag{4-48}$$

式中:$\Pi^{(1)}$ 为单元(1)的应变能;W_P 为外力所做之功,对于图 4-5 所示的单元(e)的应变能。由材料力学得知

$$\Pi^{(e)} = A^{(e)} \int_e^{L^{(e)}} \frac{1}{2} \sigma^{(e)} \cdot \varepsilon^{(e)} \, \mathrm{d}x = \frac{A^{(e)} E^{(e)}}{2} \int_e^{L^{(e)}} \varepsilon^{(e)2} \, \mathrm{d}x \tag{4-49}$$

图 4-5 单元(e)的位移和载荷

式中:$A^{(e)}$ 为单元(e)的横截面积,$L^{(e)}$ 为单元(e)的长度,$\sigma^{(e)}$ 为单元(e)的应力,$\varepsilon^{(e)}$ 为单元(e)的应变,$E^{(e)}$ 为单元(e)的应变,可得

$$\varepsilon^{(e)} = \frac{\partial \delta}{\partial x} = \frac{\sigma_3^{(e)} - \sigma_1^{(e)}}{L^{(e)}} \tag{4-50}$$

所以

$$\Pi^{(e)} = \frac{A^{(e)} E^{(e)}}{2} \int_e^{L^{(e)}} \left(\frac{\delta_2^{(e)} - \delta_1^{(e)}}{L^{(e)}} \right)^2 \mathrm{d}x = \frac{A^{(e)} E^{(e)}}{2L^{(e)}} (\delta_2^{(e)2} + \delta_1^{(e)2} - 2\delta_1^{(e)} \delta_2^{(e)}) \tag{4-51}$$

将式(4-51)写成矩阵形式,即

$$\boldsymbol{\Pi}^{(e)} = \frac{1}{2} \boldsymbol{\delta}^{(e)\mathrm{T}} \boldsymbol{K}^{(e)} \boldsymbol{\delta}^{(e)} \tag{4-52}$$

其中:$\boldsymbol{\delta}^{(e)} = \begin{bmatrix} \boldsymbol{\delta}_1^{(e)} \\ \boldsymbol{\delta}_2^{(e)} \end{bmatrix}$,为单元(e)的位移列阵。

对于单元 1，
$$\boldsymbol{\delta}^{(1)}=\begin{bmatrix}\delta_1\\\delta_2\end{bmatrix}$$

对于单元 2，
$$\boldsymbol{\delta}^{(2)}=\begin{bmatrix}\delta_2\\\delta_3\end{bmatrix}$$

$$\boldsymbol{K}^{(e)}=\frac{A^{(e)}E^{(e)}}{L^{(e)}}\begin{bmatrix}1&-1\\-1&1\end{bmatrix} \tag{4-53}$$

式中：$\boldsymbol{K}^{(e)}$ 称为单元 (e) 的刚度矩阵。

外力所做之功为
$$W_P=\delta_1 P_1+\delta_2 P_2+\delta_3 P_3 \tag{4-54}$$

式中：P_1 表示作用在节点 i 沿位移 $\delta_i(i=1,2,3)$ 方向的作用力，由图 4-4(a)可知，P_1 为固定端反力，$P_2=0$，$P_3=1$ kg。载荷列阵为
$$\widetilde{\boldsymbol{P}}=\begin{bmatrix}P_1\\P_2\\P_3\end{bmatrix}$$

由最小势能原理得知，当结构处于稳定平衡时，其势能为一最小值，即
$$\frac{\partial I}{\partial \delta_i}=0,\quad i=1,2,3 \tag{4-55}$$

$$\frac{\partial I}{\partial \delta_i}=\frac{\partial}{\partial \delta_i}\Big(\sum_{e=1}^{3}\Pi^{(e)}-W_P\Big)=0,\quad i=1,2,3$$

所以
$$\sum_{e=1}^{3}(\boldsymbol{K}^{(e)}\boldsymbol{\delta}^{(e)}-\boldsymbol{P}^{(e)})=\boldsymbol{0} \tag{4-56}$$

④ 单元刚度矩阵和单元载荷列阵之集合。

集合单元刚度矩阵 $\boldsymbol{K}^{(e)}$ 和单元载荷列阵 $\boldsymbol{P}^{(e)}$，得到整体平衡方程。

将式(4-56)写成下列形式
$$\widetilde{\boldsymbol{K}}\widetilde{\boldsymbol{\delta}}-\widetilde{\boldsymbol{P}}=\boldsymbol{0} \tag{4-57}$$

其中：$\widetilde{\boldsymbol{K}}=\sum\limits_{e=1}^{3}\boldsymbol{K}^{(e)}$，称为整体刚度矩阵。$\widetilde{\boldsymbol{\delta}}=\begin{bmatrix}\delta_1\\\delta_2\\\delta_3\end{bmatrix}$ 称为整体位移列阵。

将已知数值代入式(4-53)，得
$$\boldsymbol{K}^{(1)}=\frac{A^{(1)}E^{(1)}}{L^1}\begin{bmatrix}1&-1\\-1&1\end{bmatrix}=\begin{bmatrix}4\times10^5&-4\times10^5\\-4\times10^5&4\times10^5\end{bmatrix} \tag{4-58}$$

$$\boldsymbol{K}^{(2)}=\frac{A^{(2)}E^{(2)}}{L^2}\begin{bmatrix}1&-1\\-1&1\end{bmatrix}=\begin{bmatrix}2\times10^5&-2\times10^5\\-2\times10^5&2\times10^5\end{bmatrix} \tag{4-59}$$

因为单元(1)左端的节点为 1，右端的节点为 2，故将 $\boldsymbol{K}^{(1)}$ 写成如下形式
$$\boldsymbol{K}^{(1)}=\begin{bmatrix}4\times10^5&-4\times10^5\\-4\times10^5&4\times10^5\end{bmatrix}=\begin{bmatrix}K_{11}^{(1)}&K_{12}^{(1)}\\K_{21}^{(1)}&K_{22}^{(1)}\end{bmatrix} \tag{4-60}$$

对于单元(2)，其左端的节点为 2，右端的节点为 3，故将 $\boldsymbol{K}^{(2)}$ 写成如下形式
$$\boldsymbol{K}^{(2)}=\begin{bmatrix}2\times10^5&-2\times10^5\\-2\times10^5&2\times10^5\end{bmatrix}=\begin{bmatrix}K_{23}^{(2)}&K_{23}^{(2)}\\K_{32}^{(2)}&K_{32}^{(2)}\end{bmatrix} \tag{4-61}$$

整体刚度矩阵 $\widetilde{\boldsymbol{K}}$ 为单元刚度矩阵 $\boldsymbol{K}^{(1)}$、$\boldsymbol{K}^{(2)}$ 相应的元素相加,即

$$\widetilde{\boldsymbol{K}} = \begin{bmatrix} K_{11}^{(1)} & K_{12}^{(1)} \\ K_{21}^{(1)} & K_{22}^{(1)} + K_{23}^{(2)} \end{bmatrix} \begin{matrix} K_{23}^{(2)} \\ K_{32}^{(2)} \end{matrix} \quad K_{32}^{(2)} \end{bmatrix} = 2 \times 10^5 \begin{bmatrix} 2 & -2 & 0 \\ -2 & 3 & -1 \\ 0 & -1 & 1 \end{bmatrix} \tag{4-62}$$

整体载荷列阵 $\widetilde{\boldsymbol{P}}$ 为

$$\widetilde{\boldsymbol{P}} = \begin{bmatrix} P_1 \\ P_2 \\ P_3 \end{bmatrix} = \begin{bmatrix} P_1 \\ 0 \\ 1 \end{bmatrix} \tag{4-63}$$

其中 P_1 表示节点 1 处的反作用力,这样整体平衡方程(4-57)就变为

$$2 \times 10^5 \begin{bmatrix} 2 & -2 & 0 \\ -2 & 3 & -1 \\ 0 & -1 & 1 \end{bmatrix} \begin{bmatrix} \delta_1 \\ \delta_2 \\ \delta_3 \end{bmatrix} = \begin{bmatrix} P_1 \\ 0 \\ 1 \end{bmatrix} \tag{4-64}$$

⑤ 求解节点位移值。

直接用式(4-64)求解位移 δ_1、δ_2、δ_3 是不可能的,因为整体刚度矩阵 $\widetilde{\boldsymbol{K}}$ 是奇异矩阵,这是因为没有考虑几何边界条件,使单元产生刚体位移所引起的,我们引入边界条件后,即可排除刚体位移。对于固定端的边界条件,$\delta_1 = 0$,在式(4-64)中,消除对应于 δ_1 的行与列,得到考虑边界条件后的平衡方程

$$\boldsymbol{K\delta} = \boldsymbol{P} \tag{4-65}$$

即

$$2 \times 10^5 \begin{bmatrix} 3 & -1 \\ -1 & 1 \end{bmatrix} \begin{bmatrix} \delta_1 \\ \delta_2 \end{bmatrix} = \begin{bmatrix} 0 \\ 1 \end{bmatrix} \tag{4-66}$$

解方程(4-66),得 $\delta_2 = 0.25 \times 10^{-5}$ cm,$\delta_3 = 0.75 \times 10^{-5}$ cm。

⑥ 单元的应变与应力。

求得节点位移后,即可由式(4-50)计算单元的应变。

(1) 单元 1 的应变为

$$\varepsilon^{(1)} = \frac{\partial \delta}{\partial x} = \frac{\sigma_2^{(2)} - \sigma_1^{(1)}}{L^{(1)}} = \frac{\sigma_2 - \sigma_1}{L^{(1)}} = 0.25 \times 10^{-6}$$

(2) 单元 2 的应变为

$$\varepsilon^{(2)} = \frac{\partial \delta}{\partial x} = \frac{\sigma_3^{(2)} - \sigma_2^{(2)}}{L^{(2)}} = \frac{\sigma_3 - \sigma_2}{L^{(2)}} = 0.50 \times 10^{-6}$$

由胡克定律可得单元应力为

$$\sigma^{(1)} = E^{(1)} \varepsilon^{(1)} = 2 \times 10^6 \times (0.25 \times 10^{-6}) \text{ kg/cm}^2 = 0.5 \text{ kg/cm}^2 (约 0.05 \text{ MPa})$$

$$\sigma^{(2)} = E^{(2)} \varepsilon^{(2)} = 2 \times 10^6 \times (0.5 \times 10^{-6}) \text{ kg/cm}^2 = 1.0 \text{ kg/cm}^2 (约 0.1 \text{ MPa})$$

4.4　有限元设计分析中的若干问题

有限元分析是设计人员在计算机上调用有限元程序完成的。为此,必须了解所用程序的功能、限制以及支持软件运行的计算机硬件环境。分析者的任务是建立有限元模型、进行有限元分析并解决分析中出现的问题,以及计算后的数据处理。在有限元分析实际应用中,大量的工作是数据准备和整理计算结果。

4.4.1　有限元离散模型的有效性确认

1) 分析结果的误差

有限元分析结果的精确性依赖于计算全过程每个环节的误差性质和大小。这些误差主要包括:理论模型本身的误差;理论模型有限元离散近似误差;有限元分析基本的线性代数方程组求解过程的误差;有限元软件系统的编程误差。

2) 模型的性能指标

有限元模型是借助计算机进行分析的离散近似模型。因此,即便理论模型是准确的,模型误差总是难免的。要控制和减小误差,有限元模型应满足下述性能指标。

① 可靠性　简化模型的变形和受力及力的传递等应与实际结构一致。

② 精确性　有限元解的近似误差与分片插值函数的逼近理论误差成正比。

③ 鲁棒性　其确切含义是指有限元方法对于有限元模型的几何形状变化,对于材料参数的变化(例如泊松比从接近不可压缩变成不可压缩)以及对于从中厚度板模型变成薄板模型的板厚变化的依赖性。

④ 计算成本的经济性　计算经济性问题不仅与算法的复杂性、算法结构、程序的优化程度以及总的算术运算次数相关,而且在精度确定下,与有限元建模的质量有很大关系。除了节点自由度相对布置对计算效率的影响之外,单元剖分全局性的疏密配置更为重要。

⑤ 通用软件的规范性　一种有限元建模技术,应该容易借助通用的有限元软件实现,它规定的分析解算过程和程序结构能够被通用的软件系统所接纳,也就是说,只有当它服从通用软件系统体系结构规范,而能装入系统时,它才变得有实际应用价值。

4.4.2　缩小解题规模的常用措施

1) 对称性和反对称性

对称性和反对称性常被用来缩减有限元分析的工作量。所谓对称性,是指几何形状,物理性质,载荷分布,边界条件,初始条件都满足对称性。反对称性是指问题的几何形状,物理性质,边界条件,初始条件都满足对称性,而载荷分布满足反对称性。如果某分析问题对一个坐标轴对称或反对称,则只要计算原题的一半,如果同时对两个坐标轴对称或反对称,则只需计算原题的四分之一,如同时对三个坐标轴对称或反对称,则只需计算原问题的八分之一。为使结构与原来的问题性质相同,则应在对称面上附加相应的对称性或反对称性约束条件。

2) 周期性条件

许多旋转零部件,其结构形式和所受载荷呈现周期性变化的特点。如果对这种结构按整体进行分析,计算工作量较大;如果利用这些结构上的特点,只切出其中一个周期来分析,计算工作量就减为原来的 $1/n$(n 为周期数)。为了反映切去部分对余下部分结构的影响,在切开处必须使它满足周期性约束条件,也就是说,在切开处对应位置的相应量相等。

3) 降维处理和几何简化

对于一个复杂的结构或构件,可根据它们在几何上、力学上、传热学上的特点,进行降维处理。即一个三维物体,如果可以忽略某些几何上的细节或次要因素,就能近似地按照二维问题来处理。一个二维问题若能近似地看成一维的,就尽量按一维问题计算。维数降低一阶,计算量将降低几倍、几十倍,甚至更多。

在复杂结构的计算中,应尽量减少其按三维问题来处理的部分。事实上,现代机械设计中进行工程计算的真正目的,往往是求出结构最大承受载荷的能力和最薄弱的区域。这种处理方法虽然会带来一些误差,但一般都能满足工程上的设计要求,而计算成本却能大大降低。如果对个别细节部位,分析后仍不满意,则可将这一小块挖出来,再通过三维问题来处理。

许多机械零部件上时常存在一些小圆洞、小圆角、小凸台、浅沟槽等几何细节,只要这些几何细节不是位于应力峰值区域分析的要害部位,根据 Saint-Venant 原理,在分析时可将其忽略。

4) 子结构技术

对于大型结构,特别是带有多个相同部件的大型结构,目前广泛采用多重静力子结构和多重动力子结构的求解技术。子结构技术是将一个大型复杂结构看成是由许多一级子结构(超单元)和一些单元拼装而成的,而这些一级子结构又是由许多二级子结构和一些单元拼成的,二级子结构又是由三级子结构和单元拼成的……,这样一直分下去,分为若干级,最高级子结构则完全由单元组成。

5) 线性近似化

工程上对于一些呈微弱非线性的问题,常作为线性问题处理,所得结果既能满足要求,成本也不高。例如许多混凝土结构实际上都是非线性结构,其非线性现象较弱,初步分析时可看作线性结构来处理。只有当分析其破坏形态时,才按非线性考虑。

6) 多工况载荷的合并处理

当对结构进行多种载荷工况的分析时,如果每一种都作为一个新问题重新分析一次,则每次都需要方程系数矩阵的三角分解,计算量很大。一个较好的处理办法是将每一种载荷矢量 R_i 合并成载荷矩阵 R,一起进行求解。这样,方程系数矩阵只需进行一次三角分解,于是计算量就大大下降。

4.5　有限元分析软件应用

4.5.1　有限元分析软件简介

有限元软件是随计算机软硬件技术和有限元方法的发展而发展的,从软件技术来说,一个比较完整、高效和使用方便的有限元软件,至少应包括以下几个方面:

(1) 数据管理技术。从有限元软件的应用角度看,数据管理不仅作为一种数据传递或交换的工具,还应作为一种辅助分析和设计的手段,如有关数据的显示操作和管理,在 CAD/CAM 中尤为重要。

(2) 用户界面与系统集成技术。用户界面是专门处理人-机交互活动的软件成分,有限元软件的前处理系统就是一个用户界面系统。

(3) 软件自动化技术。

(4) 智能化技术。

(5) 可视化技术。

(6) 面向对象的有限元软件技术。

目前常见的有限元分析应用软件产品可分三类:

(1) ANSYS、NASTRAN、ABAQUS、MARC、ADINA 等通用型有限元分析软件。

ANSYS 软件是国际流行的融结构、热、流体、电磁、声学于一体的大型通用有限元分析软件,是 ANSYS 有限元公司的主要产品。该公司创建于 1970 年,其创始人 John Swanson 博士为匹兹堡大学力学系教授、有限元界的权威。ANSYS 软件功能齐全,工程应用的覆盖面广,在世界各地得到广泛使用。

NASTRAN 有限元分析软件是美国 MSC 公司的产品,主要功能模块有:基本分析模块(含静力、模态、屈曲、热应力、流固耦合及数据库管理等),动力学分析模块,热传导模块,非线性分析模块,设计灵敏度分析及优化模块,超单元分析模块,气动弹性分析模块,DMAP 用户开发工具模块及高级对称分析模块等。

ABAQUS 是美国 HKS 公司(Hibbitt Karlsson & Sorensen INC)的产品。它的主要功能有:静态和动态分析,如应力、变形、振动、冲击、热传导分析、质量扩散、声波、力电耦合分析等。

MARC 软件提供了多种场问题的求解功能,包括各种结构的位移场和应力场分析,非结构的温度场分析,流场分析,电场、磁场、声场分析等多种场的耦合分析功能,以及热-机耦合、土壤-渗流耦合、滑动轴承-结构耦合、扩散-应力耦合、流-热耦合、流-热-固耦合、电磁场耦合、电-热耦合、电-热-结构耦合、声-结构耦合等分析功能。

(2) ADAMS、DADS、MSC/FATIGUE 等专用型有限元分析软件。

ADAMS 是美国 MDI 公司开发的机械系统动力学仿真分析软件。它可以建立和测试虚拟样机,实现在计算机上仿真分析复杂机械系统的运动性能,具有用户界面模块、求解器、控制模块、柔性分析模块、高速动画模块和系统模态分析模块等。

DADS 是美国 LMS-CADSI 公司开发的多体动力学仿真软件,前身为 US Army TACOM 开发的动态模拟系统。DADS 软件的核心采用了 Huag 教授的算法,用欧拉参数作为描述物体空间姿态的广义坐标,避免了采用传统欧拉角方法所带来的奇异性,加之先进的隐式/显式积分算法,具有很高的计算稳定性和精确度。可用于具有高度非线性的系统,如含有大量的碰撞、摩擦、液压等单元的系统,或含有大量柔性部件的系统。

(3) I-DEAS、Pro/E、UNIGRAPHICS(UG)等 CAD/CAE/CAM 系统中嵌套了有限元分析模块的软件。

Pro/E 是美国 PTC(Parametric Technology Corporation)公司推出的软件系统。与有限元分析有关的主要功能模块有:建立网格、自定义载荷、模型求解、装配运动分析、结构分析、热分析、汽车动力仿真分析、动力学分析等。

UG 是美国 EDS 公司开发的 CAD/CAE/CAM 软件系统,它的有限元分析模块主要由前后处理器(UG/GFEM PLUS)和有限元分析核心模块(UG/GFEM FEA)等组成。有限元前后处理器模块可以利用其 CAD 几何造型技术创建有限元的几何模型。单元库中有常用的 18 种普通单元。求解模块支持线性静力分析、模态分析及热分析。支持主流有限元分析软件的数据接口。

CAD/CAE/CAM 软件系统中的有限元分析模块虽然没有通用或专用有限元分析软件那么强大和全面的功能,但也能够解决一般的工程设计问题。

4.5.2 有限元分析软件的基本组成

前述有限元基本原理和一般方法表明,从单元分析到求出单元应力和应变的所有环节涉及大量的数值计算,这些计算都是由有限元分析软件自动完成的,分析人员的主要工作在于提供计算所需的所有数据输入,并对输出的计算结果进行查看与理解。因此,从应用角度来看,有限元分析过程可以划分为前处理、求解和后处理三个阶段,如图 4-6 所示。相应的,一个完整的有限元分析软件应该包括前处理(processor)、求解(solver)和后处理(post-processor)三个功能模块,以及图形及数据可视化系统(visualization of graphics & scientific date)和数据库(database)两个支撑环境。

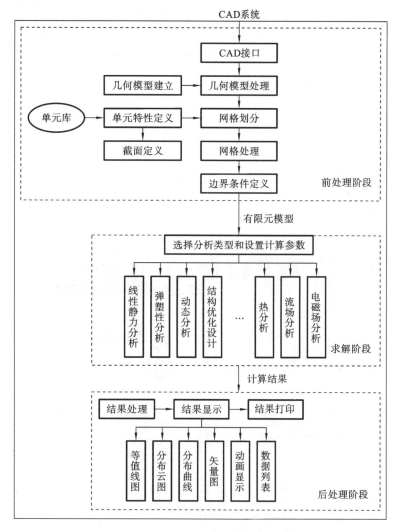

图 4-6　有限元分析过程的三个阶段

1) 前处理

在有限元分析软件进行求解计算之前完成的工作称为前处理。前处理的任务是建立有限元模型(finite element model),这一项工作又称为有限元建模。前处理将分析问题抽象为能为数值计算提供所有输入数据的计算模型,该模型定量反映了分析对象的几何、材料、载荷、约束等各方面的特性。建模的中心任务是离散,但围绕离散还需要完成很多与之相关的工作,如结构形式处理、几何模型建立、单元类型和数量选择、单元特性定义、单元质量检查等。制定合理的分析方案对整个分析过程和分析结果具有重要的影响作用。

2) 求解

求解的任务是基于有限元模型完成有关的数值计算,并输出需要的计算结果。主要工作包括单元和总体矩阵的形成、边界条件的处理和特性方程的求解等。由于求解的运算量非常大,这部分工作全部由计算机自动批处理完成。除了对计算方法、计算内容、计算参数和工况条件等进行必要的设置和选择外,一般不需要人工干预。

3) 后处理

求解完成后所做的工作称为后处理,其任务是对计算结果进行必要的处理,并按一定的方式显示出来,以便对分析对象的性能进行分析和评估,做出相应的改进或优化,这是进行有限元分析的目的所在。

4.5.3　有限元分析软件的工作流程

此处,以4.3.7小节的阶梯杆为例,采用 ANSYS Workbench 软件,简要叙述有限元分析软件的一般工作流程。

1) 建立分析项目

启动 Workbench 程序,展开左侧工具箱(Toolbox)中的 Analysis Systems 栏,直接拖动Static Structural 选项到项目流程图(project schematic)中,或直接双击 Static Structural 选项,建立一个 Static Structural 求解类型的项目模块,如图 4-7 所示。

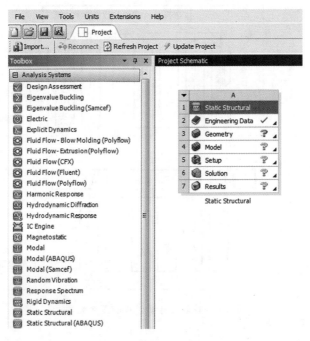

图 4-7　建立分析项目

2) 建立几何模型

右键单击图 4-7 中的 A3 单元格(Geometry),选择 New Geometry,出现 DesignModeler界面,如图 4-8 所示。

点选树形目录中的"XYPlane",单击工具栏中的"创建工作平面"按钮,创建一个工作平面Sketch1,如图 4-9 所示。

切换图 4-9 的"Sketching"标签页,进入草图绘制界面。按照图 4-4 所示阶梯杆截面 $A^{(1)}$尺寸绘制草图,此处假定截面为圆形截面,可计算得半径为 7.98 mm。如图 4-10 所示。

单击工具栏中的"Extrude"命令,自动切换到 Modeling 标签页。在属性窗格中,将属性

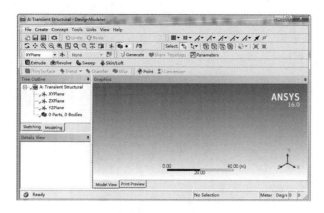

图 4-8　DesignModeler 界面

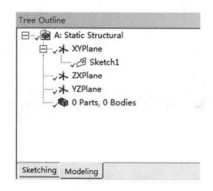

图 4-9　创建工作平面 Sketch1

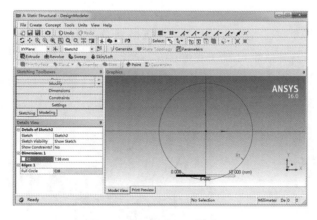

图 4-10　绘制截面 $A^{(1)}$ 草图

"Operation"设为 Add Material,属性"FD1,Depth(>0)"设为 100mm。单击工具栏中的"Generate"按钮,得到 $A^{(1)}$ 段的实体几何模型,如图 4-11 所示。

重复上述操作绘制截面 $A^{(2)}$ 段的实体几何模型,可得到阶梯杆的完整几何模型,如图 4-12 所示。

3) 定义材料特性

点击图 4-7 中的 A2 单元格(Engineering Data),进入材料特性定义界面,输入材料弹性模量 $E^{(1)}=E^{(2)}=2\times10^6$ kg/cm^2(即 2×10^5 MPa)。

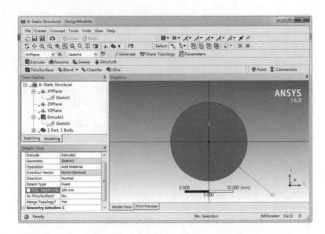

图 4-11　阶梯杆 $A^{(1)}$ 段几何模型

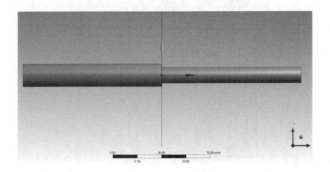

图 4-12　阶梯杆完整几何模型

4）设定单元类型

点击图 4-7 中的 A4 单元格（Model），进入网格划分界面，如图 4-13 所示。点击"Mesh Control"中的"Method"，默认设定为"Automatic"，系统会优先采用四面体单元类型。

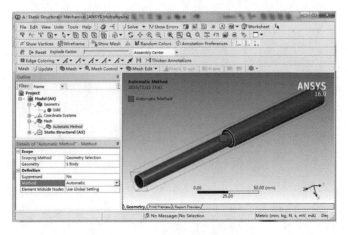

图 4-13　阶梯杆几何模型

5）划分网格

右击图 4-13 左侧树形目录下的 Mesh，选择 Generate Mesh，采取默认设置，可得阶梯杆的有限元网格，如图 4-14 所示。

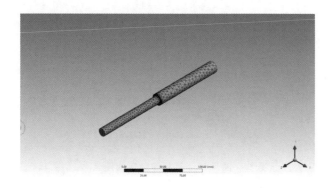

图 4-14　阶梯杆网格模型

6）定义边界条件

施加载荷。选中图 4-13 中树形目录下的 Static Structural(A5)，单击工具栏 Loads 下的 Force，选择阶梯杆 $A^{(2)}$ 段端面中心点，在"Z Component"栏中输入 10N。该操作沿杆长方向施加了一个大小为 1 kg 的集中力（即 10 N）。

施加约束。在同样的界面下，单击工具栏 Supports 下的 Fixed Support，选择阶梯杆 $A^{(1)}$ 段端面。该操作为该面设定固定约束。

至此，得到本项目分析对象的有限元模型。

7）求解模型

选中图 4-13 中树形目录下的 Solution(A6)，然后单击工具栏 Deformation 下的 Total 和 Stress 下的 Equivalent。右击 Solution(A6)，选择 Evaluate All Results 或者单击工具栏中的 Solve 进行求解。

8）结果显示分析

选中图 4-13 中树形目录下 Solution(A6)下的 Equivalent Stress，可以得到阶梯杆的等效应力云图。应用探针(Probe)功能可以读取阶梯杆 $A^{(1)}$ 段和 $A^{(2)}$ 段不同单元的等效应力值，如图 4-15 所示。可以看出，软件计算结果与前述计算结果相同。

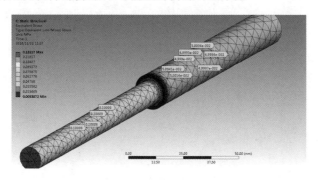

图 4-15　等效应力云图

进一步，假定阶梯杆的截面形状为正方形，再次采用 Workbench 软件进行分析，分析步骤与圆杆相同，等效应力云图如图 4-16 所示。应用探针功能读取若干单元的应力值，可以发现与圆杆的结果一致。

根据以上分析过程，可以整理有限元分析软件的一般工作流程，如图 4-17 所示。

需要强调，目前的有限元分析软件基本上都具有较强的几何建模功能和计算结果可视化

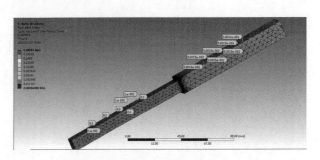

图 4-16　直杆等效应力图

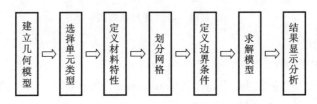

图 4-17　有限元分析软件的工作流程

功能,因此使用更加方便,计算精度更高。从图 4-15 和图 4-16 可以看出,有限元技术能够得到整个问题域的近似求解,采用有限元分析软件容易得到几何形状突变区域(即应力集中区域)的求解值,该特点是一般材料力学方法和手工计算方法难以具备的。

第 5 章

智能设计

智能设计系统是以知识处理为核心的 CAD 系统，是计算机辅助设计向更高阶段发展的必然。本章阐述智能设计的产生与智能设计系统的功能构成，并以实例的形式讲解了知识的表示、获取和基于知识的推理，最后介绍智能设计系统的构造方法和过程。本章的重点和难点是基于知识的推理。

5.1 智能设计概述

5.1.1 智能设计的产生与领域

设计的本质是功能到结构的映射，包括基于数学模型的计算型工作和基于知识模型的推理型工作。目前的 CAD 技术能很好地完成前者，但对于后者却难以胜任。

产品设计是人的创造力与环境条件交互作用的复杂过程，难以对其建立精确的数学模型并求解，需要设计者运用多学科知识和实践经验，分析推理、运筹决策、综合评价，才能取得合理的结果。因此，为了对设计的全过程提供有效的计算机支持，传统 CAD 系统需要扩展为智能 CAD 系统，也就是以知识处理为核心的 CAD 系统，其领域包括：

1）自动方案生成

自动方案生成系统由于减少了大量的人机交互步骤，充分发挥了计算机的速度，使得设计效率高。另外，自动方案生成系统有时还能生成设计者意想不到的设计，表现出一定的创造性，从而激发人类设计的灵感。

2）智能交互

传统的图形交互技术，计算机处于绝对的被动状态，所谓"拨一拨，动一动"，操作呆板而烦琐。采用 AI 技术后，系统可以根据用户输入的信息自动获得更多的所需信息，从而使交互变得更简便。如图 5-1 中，夹角 30°需改为 45°，用户可以仅输入角度的改变值，而边的相应长度的变化，则可以根据图形的性质获得，而不必再由用户输入。

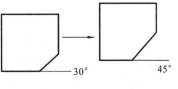

图 5-1　智能交互图形

另外，结合数据库技术和自然语言理解，计算机只要接受用户简短的语言描述，就可以获取所要输入图形的性质。随着语音处理技术的发展，智能交互的功能将更加突出。

3）智能显示

色彩方面：在设计方案的最终输出时，计算机自动地搭配上色彩，则可极大地方便设计者进行评测。

真实感方面,结合 AI 技术,可以从速度和质量两方面改善图形的生成。使用色彩规律的知识表达和推理方法,能对实体体素迅速地进行明暗描绘,而且又便于各种效果的控制,从而可使显示灵活、迅速和可交互,非常适合于 CAD 系统的图形绘制和实际设计需要。

4) 自动数据获取

(1) 工程图纸的自动输入。

扫描工程图纸并以图像形式存储,智能 CAD 系统对该图像进行矢量化和图形及符号的识别,从而获取图样的拓扑结构性质,生成图形。

(2) 三维模型的重建。

通过综合三视图中的二维几何与拓扑信息,在计算机中自动产生相应的三维形体的几何与拓扑信息,是智能CAD和计算机图形学领域中有意义的研究课题。

5.1.2　智能设计系统的功能构成

智能设计系统是以知识处理为核心的 CAD 系统,将知识系统的知识处理与一般 CAD 系统的计算分析、数据库管理、图形处理等有机结合起来,从而能够协助设计者完成方案设计、参数选择、性能分析、结构设计、图形处理等不同阶段、不同复杂程度的设计任务。

1) 智能设计系统的基本功能

(1) 知识处理功能。

知识推理是智能设计系统的核心,实现知识的组织、管理及其应用,其主要内容包括:① 获取领域内的一般知识和领域专家的知识,并将知识按特定的形式存储,以供设计过程使用;② 对知识实行分层管理和维护;③ 根据需要提取知识,实现知识的推理和应用;④ 根据知识的应用情况对知识库进行优化;⑤ 根据推理效果和应用过程学习新的知识,丰富知识库。

(2) 分析计算功能。

一个完善的智能设计系统应提供丰富的分析计算方法,包括:① 各种常用数学分析方法;② 优化设计方法;③ 有限元分析方法;④ 可靠性分析方法;⑤ 各种专用的分析方法。以上分析方法以程序库的形式集成在智能设计系统中,供需要时调用。

(3) 数据服务功能。

设计过程实质上是一个信息处理和加工过程。大量的数据以不同的类型和结构形式在系统中存在并根据设计需要进行流动,为设计过程提供服务。随着设计对象复杂度的增加,系统要处理的信息量将大幅度地增加。为了保证系统内庞大的信息能够安全、可靠、高效地存储并流动,必须引入高效可靠的数据管理与服务功能,为设计过程提供可靠的服务。

(4) 图形处理功能。

强大的图形处理能力是任何一个 CAD 系统必须具备的基本功能。借助于二维、三维图形或三维实体图形,设计人员在设计阶段便可以清楚地了解设计对象的形状和结构特点,还可以通过设计对象的仿真来检查其装配关系、干涉情况和工作情况,从而确认设计结果的有效性和可靠性。

2) 智能设计系统的体系结构

根据智能设计系统的功能和特点,可将智能设计系统归纳出如图 5-2 所示的体系结构。

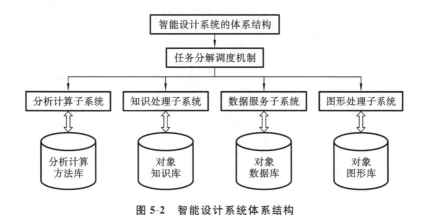

图 5-2 智能设计系统体系结构

5.2 知识处理

5.2.1 知识表达

知识表达研究各种知识的形式化描述方法及存储知识的数据结构,并把问题领域的各种知识通过这些数据结构结合到计算机系统的程序设计过程中。

典型的知识表达模式有产生式规则表示、谓词逻辑表示、框架表示、语义网络表示、过程表示和不精确知识表示等。一般,深化表达宜采用框架表示和语义网络表示;表层表达宜采用产生式规则表示。由于篇幅所限,本章仅介绍知识的产生式规则表达,其他知识的表达方式可参考有关文献。

"产生式"是一种逻辑上具有因果关系的表示模式。它在语义上表示"如果 A,则 B"的因果关系。产生式规则表达方法是目前专家系统中最为普遍的一种知识表达方法。以产生式规则为基础的专家系统又称为产生式系统。

产生式规则的一般表达形式为

$$P \to C \tag{5-1}$$

其中,P 表示一组前提或状态,C 表示若干个结论或事件。式(5-1)的含义是"如果前提 P 满足则可推出 C(或应该执行动作 C)"。前提 P 和结论 C 可以进一步表达为:$P = P_1 \wedge \cdots \wedge P_m$,$C = C_1 \wedge \cdots \wedge C_n$,符号"$\wedge$"表示"与"的关系。于是,式(5-1)可以细化为

$$P = P_1 \wedge \cdots \wedge P_m \to C = C_1 \wedge \cdots \wedge C_n \tag{5-2}$$

例如,关于齿轮减速器选型的一条规则描述为:"如果,齿轮减速器的总传动比>5,并且,齿轮减速器的总传动比≤20,那么:齿轮减速器的传动级数=2,齿轮减速器的第一类传动形式为双级圆柱齿轮传动,齿轮减速器的第一级传动形式为闭式圆柱齿轮传动,齿轮减速器的第二级传动形式为闭式圆柱齿轮传动"。令:

$P_1 =$ 齿轮减速器的总传动比>5;

$P_2 =$ 齿轮减速器的总传动比≤20;

$C_1 =$ 齿轮减速器的传动级数=2;

$C_2 =$ 齿轮减速器的第一类传动形式为双级圆柱齿轮传动;

$C_3 =$ 齿轮减速器的第一级传动形式为闭式圆柱齿轮传动;

C_4 = 齿轮减速器的第二级传动形式为闭式圆柱齿轮传动。

则此规则形式化描述为

$$P_1 \wedge P_2 \rightarrow C_1 \wedge C_2 \wedge C_3 \wedge C_4 \tag{5-3}$$

产生式规则的存储结构可以采用多种形式,最常用的是链表结构,其基本形式如图 5-3 所示。

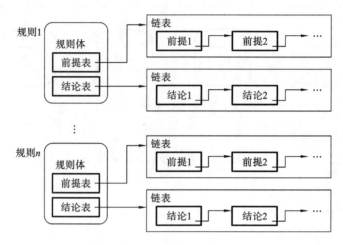

图 5-3　规则的存储结构

由图 5-3 可知,一条产生式规则用一个基本的结构体存放。该结构体包含两个指针,分别指向规则的前提和规则的结论,而规则的前提和结论分别又由链表构成。

知识的装入和保存过程与规则的结构相关,一般在系统开发时需要确定好知识库文件的存取格式,常用的格式有文本格式或二进制格式。

知识库采用文本格式时,每条规则的表达可以与规则的逻辑表达形式一致,例如:

Rule 1

If(为(加工方式,外圆加工))

And(为(加工表面,淬火表面))

Then(选用(加工机床,外圆磨床类机床))

Rule 2

If(选用(加工机床,外圆磨床类机床))

And(为(加工零件的精度要求,一般精度要求))

Then(选用(加工机床.万能外圆磨床))

Rule 3

If(选用(加工机床.外圆磨床类机床))

And(为(加工零件的精度要求,高精度要求))

Then(选用(加工机床,高精度外圆磨床))

……

上述规则集合既是逻辑表达方式,又是规则的文本存放形式。对应上述规则集合的推理网络如图 5-4 所示。图中,带圆弧的分支线表示了"与"的联系,不带圆弧的分支线表示了"或"

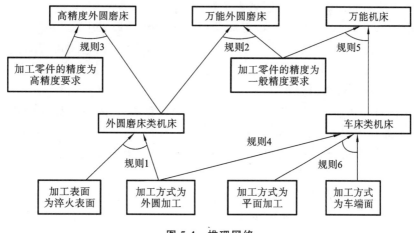

图 5-4　推理网络

的关系。

文本文件是一种顺序存取文件,不能从中间插入读取某条规则.必须一次将所有规则装入内存,对计算机内存资源消耗较大。

知识库文件采用二进制格式时,规则以记录为单位进行存取。每条记录的大小要根据规则的长度来确定。此时,可以按随机文件的方式存取指定的规则,因而不需要将所有规则同时装入内存,减少了计算机内存资源的消耗,但增加了计算机 CPU 与外设的交换次数。

5.2.2　知识获取

1) 知识获取的任务

知识获取就是把用于问题求解的专门知识从某些知识源中提炼出来,将之转换成计算机内可执行代码的过程。知识源就是知识获取的对象,知识的来源是多种多样的,可从书本文献中得到;也可从领域专家处得到,知识获取系统最难获取的就是领域专家的经验知识。知识来源的复杂性决定了知识获取的复杂性。

专家系统的优劣取决于编入系统中知识的数量和质量.也就是专家系统一定要获取极详细和精炼的专门知识。这样才能提高专家系统的可靠性、有效性和可利用性。

提炼知识并不是一件容易的事,因为人类的知识不仅有固定的、规范化的书本文献上的知识,还有专业人员在长期实践中积累的经验知识,也称之为启发性知识。它一般缺乏系统化和形式化,甚至难以表达。但往往正是这些启发性知识在实际应用中发挥着巨大的作用。

知识获取过程之一是提炼知识,它包括对已有知识的理解、抽取、组织,从已有的知识和实例中产生新知识。在抽取新知识时应做到:

(1) 准确性:获取到的知识应能准确地代表领域专家的经验和思维方法。

(2) 可靠性:这种知识能被大多数领域专家所公认和理解,并能经得起实践的验证。

(3) 完整性:检查或保持已获取知识集合的一致性(或无矛盾性)和完整性。

(4) 精炼性:尽量保证已获取的知识集合无冗余。

2) 知识获取的方法

知识获取由从外部取得信息和在系统内部体系化这两种功能组成。根据学习系统所具有的推理能力的不同,有各种各样的知识获取形态,取得的信息形式也随之而异。知识获取方法按其能力可分为以下几类:

（1）无推理能力的知识获取方法（即人工获取方法）。

（2）利用知识编辑工具的知识获取方法（即半自动知识获取方法）。

（3）具有推理能力的知识获取方法（即自动知识获取方法）。它又可分为演绎式和归纳式等。

（4）超水平的自主式知识获取方法。

所谓知识的自动获取，是指带有高级学习功能的计算机程序，它可以从应用实例问题总结，发现一些专家尚未形式化甚至尚未发现的新知识、新规律。知识的自动获取是与各种学习策略紧密相关的，许多机器学习方法如示例学习、类比学习、观察学习、发现式学习、基于解释的学习等均可实现知识的自动获取。

示例学习是归纳学习的主要形式，其目的是从一组实例（包括正例和反例）中找出能覆盖其中的正例而排除其中反例的一般规律，这种规律不仅适合于已知的输入数据（实例），而且也能用于预测新的数据。

按照学习内容的表达形式，示例学习又可以分为参数学习和非参数学习，参数学习通常以统计回归为基本手段，通过大量样本例子的曲线拟合得出在一定误差范围内的系数（参数）值。非参数学习主要是指从几类例子的集合中找出描述其中一类而排除其他类的一般规则（称为规则学习）和对概念的结构性知识获取。

一般来说，当遇到一个新问题时，人们总是回想以前解决过的类似问题，试用以前用过的方法，类比学习就是这种方法，它将某个问题求解的方法、规则应用到与该问题相近似的问题求解中，这就要求系统具有将不熟悉的情况与某个熟悉的情况联系在一起的同化能力和将该熟悉的知识加以扩大或修改，以便应用到新情况中去的调节能力。

3）知识获取的步骤

知识获取过程大体分三个步骤：

（1）识别领域知识的基本结构，寻找相对应的知识表示方法，这是知识获取最为困难的第一步。

（2）抽取细节知识转换成计算机可识别的代码。

（3）调试精练知识库。

无论是否使用知识获取工具，知识工程师都无法逃避知识获取第一阶段的任务，即与领域专家直接接触来识别领域知识的基本结构，并寻找适当的知识表达方法，这一过程主要包括三个阶段。

（1）对问题的认识阶段。

本阶段的工作是抓住问题的各个方面的主要特征，确定获取知识的目标和手段，确定领域求解问题、问题的定义及特征，包括子问题的划分，以及相关的概念和术语，相互关系等。这一阶段也就是把求解问题的关键知识提炼出来，并用相应的自然语言表达和描述。

概念化阶段的任务是形成关于专家系统的主要概念及其关系：包括求解问题的信息流、控制流、各子任务间的相互关系描述；求解策略、推理方式及主要知识的描述等。重要概念和关系一旦明确之后，就能获得充分且必要的信息，使研制工作建立在坚实的基础之上。

（2）知识的整理吸收阶段。

本阶段主要是将前一阶段提炼的知识进一步整理、归纳，并加以分析组合，为今后进一步的知识细化做好充分准备。

一旦确定了领域知识结构，并选择了知识表示方法。抽取细节知识，即知识获取的第二阶段任务就变成了比较机械的过程。该阶段的任务是把上个阶段概括出来的关键概念、子问题和信息流特征映射成基于各种知识表达方法形式化的表示,最终形成和建立知识库模型的局部规范。

这一阶段主要确定三个要素:知识库的空间结构、过程的基本模型,以及数据结构,其实质就是选择知识表达的方式,设计知识库的结构,形成知识库的框架。

(3)知识获取的第三阶段。

知识获取的第三阶段,即调试精练知识库也可在很大程度上实现自动化。其线索来源于确定的知识表示结构和知识库实例运行结果。该阶段也是知识库的完善阶段。在建立专家系统的过程中,总要不断地修改,不断地检验,不断地反馈信息,使得知识越来越丰富,以实现完善的知识库系统。

知识获取过程是建立专家系统过程中最为困难的一项工作,然而又是最为重要的一项工作。专家系统制造者必须集中主要精力解决好知识获取的工作。

5.2.3　知识应用

1)推理方法与策略

推理是人们求解问题的主要思维方法,而智能系统的推理行为则由推理机完成。推理机是智能系统必不可少的一个组件,其基本任务就是在一定控制策略指导下,搜索知识库中可用的知识,与事实库中的事实匹配,产生或论证新的事实,获得问题的解。因此,搜索和匹配是推理机的两大基本任务。

一个性能良好的推理机,应满足如下基本要求:

(1)高效率的搜索和匹配机制　能在知识的引导下高效率地搜索知识库和事实库并进行匹配,能很快地处理各种知识和事实,并能快速地推理得到问题的解答。

(2)可控制性　系统的推理过程应该是可控制的。采用过程控制可以提高求解效率,但应尽可能避免过程化记忆,因为这种方式不能是灵活地处理知识,智能系统需要的是对知识利用的动态控制,包括内部可控和外部可控。

(3)可观测性　即过程及状态的透明性。推理的思想应易为人们所理解,控制结构应具有灵活的接口与用户交流信息,这一点在系统调试时尤为重要。

(4)启发性　能在不确定、不完全的知识环境下工作,能够在信息不充分的条件下进行试探性求解。

推理机设计包括两方面的内容:推理方法与推理控制策略。推理方法研究的是前提与结论之间的种种逻辑关系及其信息传递规律等,控制策略则是指导推理过程中进行搜索的策略。

知识按其级别可分为对象级知识和元知识。从知识工程的角度来看,控制策略是指导对象级知识使用的元知识。另一方面,同题求解过程可以形式化地表示为某种状态空间的搜索,即将所涉及的对象的所有可能状态定义为一种状态空间。把描述问题求解过程的最初状态定义为初始状态,把问题的解定义为目标状态,再定义一组规则作为改变各种状态的操作或算子。这样,就把问题求解的过程转换为从初始状态到目标状态的搜索。因此,控制策略就是指导搜索的策略。而利用元知识来指导搜索也就是所谓的启发式搜索。由于人工智能要解决的问题大都是有一定难度的复杂问题,其状态空间一般很大,搜索所需时间往往都是指数型的,且易产生组合爆炸。控制策略的采用可以保证系统更有效更灵活地使用对象级知识,起到限制和缩小搜索空间的目的。可见,控制策略是人工智能的核心问题之一。从问题求解角度看,控制策略也就是求解策略,包括推理策略和搜索策略。

推理方法可以分为多种类型。按推理方式可分为演绎推理和归纳推理;按推理过程中的确定性可分为精确推理和不精确推理;按推理的单调性可分为单调推理和非单调推理。

(1) 演绎推理是从已知的判断出发,通过演绎推出结论的一种推理方式,其结论就蕴含在已知的判断中。所以,演绎推理是一种由一般到个别的推理。由于结论是蕴含在已知判断中,因而只要已知判断正确,则通过演绎推理推出的结论也必然正确。作为人类思维活动中的一种重要思维形式,演绎推理在目前研制成功的各类智能系统中已得到广泛应用。

(2) 精确推理与不精确推理是按推理时所用知识的确定性来划分的。从人类思维活动的特征来看,人们通常是在知识不完全、不精确的情况下进行多方位的思考并推理。因此,要使计算机能模拟人类的思维活动,就必须使它具有不精确推理的能力。此外,精确推理可视为不精确推理的特例。因此,不精确推理具有十分重要的意义。

(3) 推理的单调性,是指随着推理的向前推进及新知识的加入,推出的结论是否越来越接近最终目标。非单调推理在其推理过程中,随着新知识的加入,有时不但不会增强已推出的结论,反而会撤销某些不正确假设所推出的结论,所以它是非单调的。而单调推理可视为非单调推理的特例。

知识推理过程是一个搜索过程。从人工智能的角度看,任何问题的求解过程都是对问题某种解答的搜索过程。因而,问题的表示及其搜索策略显得至关重要。图 5-5 是搜索技术的主要分类。

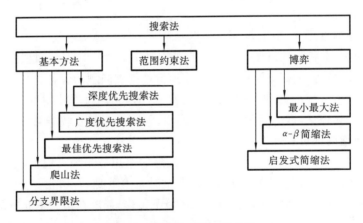

图 5-5　搜索技术的主要分类

搜索方向包括正向搜索、反向搜索和混合搜索。

(1) 正向搜索是沿着有向弧所指的方向在图上进行搜索的方法。例如,把每走一步视为一步推理,那么正向搜索就对应从前提(或原因)推出结论(或结果)的正向推理过程。这种搜索由于只有在当前结果满足一定条件时,或所有原因(或需要的数据)具备时才能前进一步,因此亦称"数据驱动"搜索。

(2) 反向搜索是沿着有向弧所指的反方向在图上进行搜索的方法。如果把它理解成推理,那么就对应从已知结论(或结果)推出前提(或原因)的反向推理过程。这种搜索由于是先定目标(结果)后寻找原因(或所需数据),因此亦称目标驱动搜索或要求驱动搜索。

(3) 混合搜索是上述两种方法的结合,是从源节点和目标节点两头分别以正向和反向进行搜索,以便在中间某处会合的搜索方法。这种双向搜索若能在某节点会合就称搜索成功。

推理中的搜索策略分为盲目搜索及启发式搜索两大类。深度优先搜索和广度优先搜索都属盲目搜索策略,其特点是:

(1)搜索按规定的路线进行,不使用与问题有关的启发性信息。

(2)适用于其状态空间图是树状结构的这类问题。

与盲目搜索不同的是在启发式搜索中要使用与问题有关的启发性信息,并以这些启发性信息指导搜索过程,从而可以高效地求解结构复杂的问题。

2)正向推理

正向推理是从已知事实(数据)到结论的推理,也叫事实驱动或数据驱动推理。其基本思想是由用户事先提供一批事实并放入事实库中。推理机将这些事实与规则的前提条件进行匹配,把匹配成功的规则的结论作为新事实加入事实库,并继续上述过程,将更新的事实库中的所有事实再与规则相匹配,直到没有可匹配的规则为止。其基本算法步骤描述如下:

(1)用户提供一批事实并放入事实库中;

(2)将事实库中的事实与知识库中的规则的前提条件进行比较(匹配);

(3)如果匹配成功,则将匹配成功的规则的结论部分作为新的事实添加到事实库中;

(4)如果事实库中的事实与知识库中的规则可以继续进行匹配,则转(2);否则,正向推理过程结束。

正向推理的一种详细算法流程如图 5-6 和图 5-7 所示。其中,图 5-6 为正向推理启动程序,图 5-7 为正向推理主推理机,其搜索过程采用深度优先和减枝相结合的控制策略。

下面以图 5-8 所示知识推理树为例,扼要说明正向推理过程及其实现方法。已知知识库中的部分知识及相关的数据结构如图 5-9 所示。

其中,事实变量队列用于存放用户给定的一条初始事实和推理获得的新事实,采用先进先出的方式处理。事实变量表用于存放用户输入的事实和推理过程中推理得到的事实,构成事实库。堆栈则用来记录正在处理的规则的序号以及该规则的前提变量的序号。

假设用户首先提供的初始事实为:"齿轮材料为40Cr、冲击情况为中等冲击"。推理过程如下:

(1)系统得到初始事实,将事实变量"齿轮材料、冲击情况"加入事实变量队列。

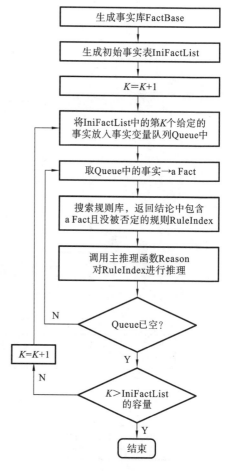

图 5-6　正向推理机启动程序流程

(2)系统从事实变量队列中取出队首的值:"齿轮材料",并检索出事实变量"齿轮材料"包含在规则 1 中。于是,推理机将规则序号 1 和前提序号 1 压入堆栈并开始处理规则 1,如图5-9所示状态。

(3)系统检索到规则 1 中第 1 条前提变量"齿面形式"为规则 4 的结论,于是系统将规则 4 的序号及其第 1 条前提的序号 1 压入堆栈并开始处理规则 4(见图 5-10)。

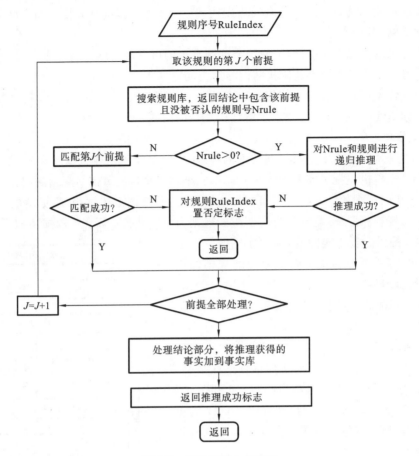

图 5-7　正向推理主推理机

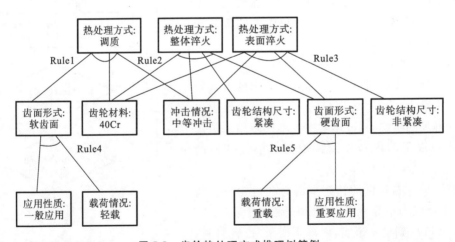

图 5-8　齿轮热处理方式推理树简例

（4）规则 4 有两条前提"应用性质"和"载荷情况"。由于这两条前提对应的事实变量均没有给定初始值，系统将提示用户，并接受用户输入相应的事实。

（5）设用户的响应是"应用性质为重要应用、载荷情况为重载"。

（6）系统匹配第 4 条规则的 if 部分，由于规则 4 的第 1 条前提为"应用情况为一般应用"，与用户输入的事实不一致，规则 4 被否定并置否定标志。规则序号 4 及前提序号 1 从堆栈中

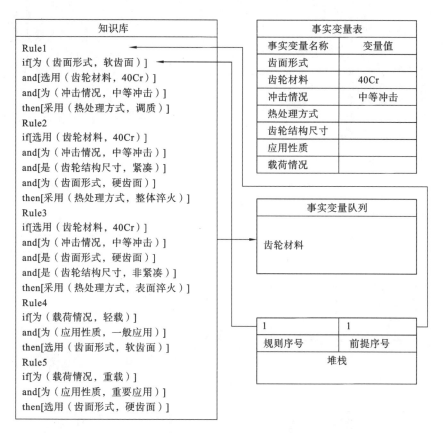

图 5-9　推理机所需数据结构及初始状态

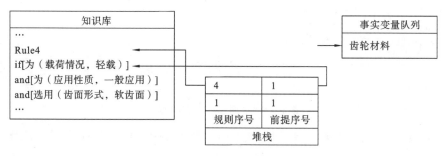

图 5-10　推理过程中间状态 1

弹出。由于规则 4 被否定,则规则 1 也被否定,规则序号 1 及前提序号 1 也从堆栈中弹出。

　　(7)推理机继续搜索知识库,检索出事实变量"齿轮材料"包含在规则 2 中,于是,推理机将规则序号 2 和前提序号 1 压入堆栈并开始处理规则 2,如图 5-11 所示状态。

　　(8)规则 2 有 4 条前提,推理机逐一处理,分别获得新的事实,设为"冲击情况为中等冲击、齿轮结构尺寸是紧凑的"。由于最后一条前提又是规则 5 的结论,于是推理机又将规则序号 5 和前提序号 1 压入堆栈,并开始处理规则 5,如图 5-12 所示的状态。

　　(9)规则 5 有 2 条前提,分别是"载荷情况"和"应用性质"。推理机首先处理前提 1,推得"载荷情况为重载"与给定事实相符,于是开始处理前提 2,将前提序号 1 从堆栈中弹出,将前提序号 2 压入堆栈,如图 5-13 所示状态。

　　(10)由于前提 2 与其所给定的初始事实一致,规则 5 匹配成功,其结论部分被触发,得到

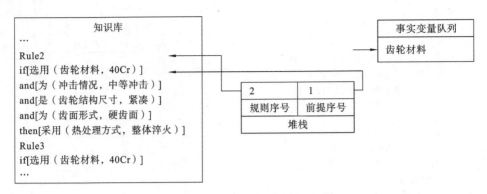

图 5-11　推理过程中间状态 2

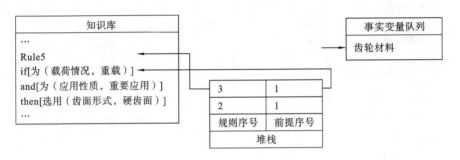

图 5-12　推理过程中间状态 3

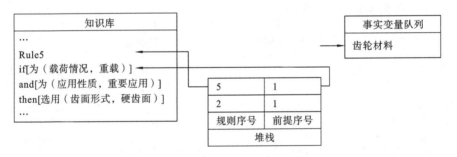

图 5-13　推理过程中间状态 4

"齿面形式为硬齿面"的结论,该结论同时被添加到事实库中,由于"齿面形式"可能作为新的条件,因此将其排入事实表中。

(11) 由于规则 5 已处理完毕,推理机便将规则序号 5 从堆栈中弹出。此时,规则序号 2 又恢复到栈顶,如图 5-14 所示状态。

(12) 推理机继续处理规则 2。由于规则 2 的所有前提与给定或推得的事实相符,于是规则 2 被触发,获得推理结论"热处理方式整体淬火",于是,推理机将新获得的事实"热处理方式为整体淬火"加入事实库中;由于针对初始事实"齿轮材料"的推理已全部结束,于是推理机让"齿轮材料"出队,"齿面形式"排列到队首。

(13) 推理机针对"齿面形式"继续推理,直到事实表中的事实变量全部处理为止。

正向推理的优点是比较直观,允许用户主动提供有用的事实信息,适合于诸如设计、预测、监控等类型问题的求解。主要缺点是推理时无明确的目标,求解问题时可能要执行许多与解无关的操作,导致推理的效率较低。正向推理时,每当从事实队列中扩展事实后,都要重新遍

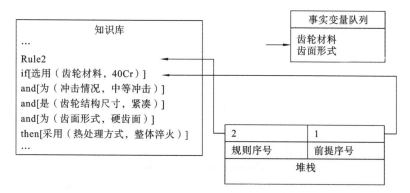

图 5-14　推理过程中间状态 5

历知识库。这样规则数目越多,就越花费时间。对这一缺点可采用以下措施加以缓解:

(1) 一条规则只触发一次,即某条规则触发后,就将其从知识库中动态地删除掉。

(2) 首先选择最近进入事实队列中的元素进行匹配。即把先进先出的原则改为先进后出。

(3) 优先选用前提部分多的规则进行匹配。

3) 反向推理

反向推理与正向推理的操作相反,是从目标到初始事实(数据)的推理,也称为目标驱动或假设驱动推理。其基本思想是,首先提出目标或假设,然后试图通过检查事实库中的已知事实或向用户索取证据来支持假设。如果事实库中的事实不支持假设,则该事实成为假设所追踪的子目标。如果假设不能得到证实,系统可提出新的假设,直到所有的假设都得不到事实的支持,这时推理归于失败。其基本算法描述如下:

(1) 根据用户提供的信息生成事实库和推理目标(结论)集;

(2) 选定一个推理目标;

(3) 将包含推理目标的规则号压入堆栈;

(4) 逐一将此规则中的各个前提变量与事实库中的事实进行匹配;

(5) 如果某个前提变量的值没有确定并且为证据节点,则询问用户并得到相应的回答,转至(7);

(6) 如果某个前提变量在推理目标集中,即某条规则的结论,则将此前提变量作为子推理目标(中间结论)并将此中间结论所属的规则号压入堆栈,然后转至(4);

(7) 如果处于堆栈顶部的规则的前提与所给事实不能匹配。表明当前推理目标不能满足,则将其从堆栈顶部移出,并对其置否定标志,转至(10);

（8）如果处于堆栈顶部的规则的所有前提均匹配成功,触发该规则的结论部分,则将新的事实添加到事实库中;

（9）如果栈底还有包含推理目标的规则,则将其前提序号加 1,并返回(4),继续分配剩下的前提;如果堆栈已空,则系统已获得推理结论,反向推理过程结束;

（10）如果推理目标集已空,则表明推理失败,结束推理过程,否则转至(11);

（11）从推理目标集中取下一个推理目标,则转至(3)。

反向推理启动程序流程和主推理过程如图 5-15、图 5-16 所示。

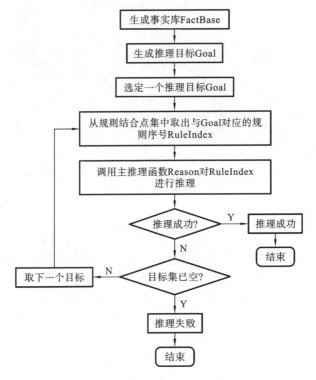

图 5-15　反向推理启动程序流程

仍以图 5-8 所示推理网络为例,扼要说明反向推理过程。

为了实现反向推理,需要对图 5-8 中的数据结构做一些修改,修改后的数据结构如图5-17所示。

其中,推理目标集用于存放知识库中所有规则的推理目标。即规则结论中所包含的属性名称,称为结论变量,以及包含推理目标的规则序号;其余数据与图 5-8 中的数据结构相同。假设用户需要确定齿轮的热处理方式,推理过程如下。

（1）根据用户提供的信息,设定推理目标为"热处理方式"。

（2）系统搜索推理目标集,从规则集中得到规则 1 包含推理目标。于是将规则 1 的规则号及该规则的第 1 个前提变量的序号推入堆栈,并开始处理规则 1 的前提部分,如图 5-17 所示状态。

（3）规则 1 的第 1 个前提为"齿面形式",推理机首先在事实库中搜索"齿面形式"是否已经初始化。

（4）由于事实库中"齿面形式"的值为空,推理机便将其作为推理子目标检索推理目标集,得到该推理子目标包含在规则 4 中,于是又将规则 4 的规则序号及其第 1 个前提序号压入堆

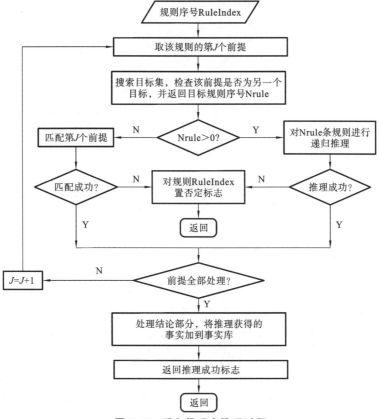

图 5-16 反向推理主推理过程

知识库
Rule1
if[为（齿面形式，软齿面）]
and[选用（齿轮材料，40Cr）]
and[为（冲击情况，中等冲击）]
then[采用（热处理方式，调质）]
Rule2
if[选用（齿轮材料，40Cr）]
and[为（冲击情况，中等冲击）]
and[是（齿轮结构尺寸，紧凑）]
and[为（齿面形式，硬齿面）]
then[采用（热处理方式，整体淬火）]
Rule3
if[选用（齿轮材料，40Cr）]
and[为（冲击情况，中等冲击）]
and[是（齿面形式，硬齿面）]
then[采用（热处理方式，表面淬火）]
Rule4
if[为（载荷情况，轻载）]
and[为（应用性质，一般应用）]
then[选用（齿面形式，软齿面）]
Rule5
if[为（载荷情况，重载）]
and[为（应用性质，重要应用）]
then[选用（齿面形式，硬齿面）]

事实变量表	
事实变量名称	变量值
齿面形式	
齿轮材料	
冲击情况	
热处理方式	
齿轮结构尺寸	
应用性质	
载荷情况	

推理目标集合	
目标名称	规则号
热处理方式	1
热处理方式	2
热处理方式	3
齿面形式	4
齿面形式	5

1	1
规则序号	前提序号
堆栈	

图 5-17 反向推理所需数据结构及初始状态

栈,并开始处理规则4,如图5-18所示状态。

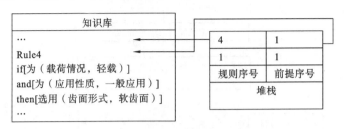

图 5-18　反向推理中间状态

(5) 规则4的2个前提"载荷情况"和"应用性质"均不在推理目标集中,因此是证据节点,即推理树上的叶节点,于是系统针对这两个证据向用户提问,以获得推理所需的事实支持。

(6) 设用户给定的事实为"载荷情况为重载",推理机将该事实与规则4的前提1匹配。匹配结果为失败,于是推理机将整条推理路径剪去,将规则4、规则1的序号从堆栈中弹出,并对其置否定标志,同时从目标集的规则节点集中清除序号1和4。

(7) 系统重新对推理目标"热处理方式"检索推理目标集,得到推理目标包含在规则2中,于是又将规则2的序号及第1条前提序号压入堆栈。

(8) 规则2有4个前提,前3个均为证据节点,系统将依次询问这3个证据的值。设用户回答分别为:"齿轮材料为40Cr""冲击情况为中等冲击""结构尺寸是紧凑的",均与规则2的前3个前提相符;推理机继续处理规则2的第4个前提。由于前提变量"齿面形式"在事实库中已有确定的值,且与前提4相符;于是规则2的4个前提均得到证实,规则2被触发,获得推理结论为"热处理方式为整体淬火",如图5-19所示状态。

(9) 由于推理目标集中的所有目标均得到证实,反向推理至此结束。

反向推理的主要优点是不必使用与总目标无关的规则,且有利于向用户提供解释;其主要缺点是要求提出的假设应尽量符合实际,否则就要多次提出假设,也会影响问题求解的效率。

5.2.4　知识处理应用实例

专家系统具有知识推理能力,但其计算能力较弱,因此常作为智能CAD系统中的知识处理模块辅助完成需要专家知识的设计工作。本小节给出一个面向对象的专家系统在设计过程中的简例,以说明专家系统的工作过程。

面向对象的专家系统是由武汉理工大学智能制造与控制研究所开发的知识处理工具,能针对各类基于规则的知识处理问题完成其推理过程。

面向对象的专家系统主要包括知识获取功能、知识推理功能、解释功能、知识库和数据库等核心模块构成。系统的结构框图如图5-20所示。

知识获取功能由问题定义模块和知识库定义模块组成。问题定义模块完成对问题领域的描述和定义。问题领域由一组变量构成,这些变量在知识推理过程中充当事实和推理目标,因此又称为知识变量。定义了知识变量集合,问题领域描述便清楚了。

知识推理功能根据用户提供的初始事实启动专家系统的核心模块——推理机完成基于知识的推理,并将推理结果通过人机接口提供给用户,为用户提供有价值的参考。

解释功能由专家系统的解释模块实现。当用户需要进一步了解推理理由时,可通过解释模块获得帮助。

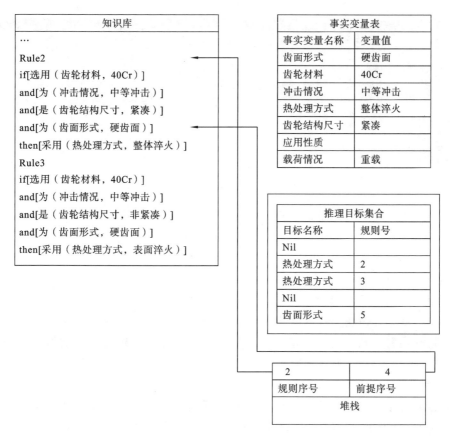

图 5-19 反向推理最终状态

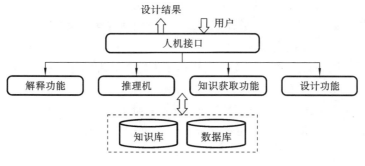

图 5-20 面向对象的专家系统总体结构

知识库用于存放问题求解的知识。显然,知识库中的知识越丰富,专家系统求解问题的能力便越强。

专家系统运行界面如图 5-21 所示。

由图 5-21 可以看出,根据专家系统的总体结构,面向对象的专家系统主界面由“问题构造”“知识管理”“问题求解”三个主菜单和若干个子菜单构成。

1) 问题构造

问题构造主菜单下又分为“知识变量定义”和“知识库定义”两个子菜单。

(1) 知识变量定义。

知识变量按以下格式逐条定义。

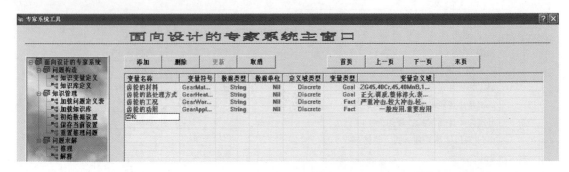

图 5-21　专家系统运行界面

变量名称:给定的知识变量的名称,如"齿轮的材料",由字符串组成,最大长度为 128 个字符。

变量符号:给定的知识变量的代号,例如,"齿轮材料"的代号可为 material,其最大长度为128 个字符。

数据类型:可为"整型""实型""布尔型""时间型"和"字符串型"。

数据单位:如果知识变量有单位,则给定具体单位,如果没有单位,则为"空"。

定义域类型:每个知识变量都有一定的取值范围,称为定义域,定义域类型有"离散型""区间型""公式型"三种。离散型直接给出离散数据,区间型给定取值的下界和上界,而公式型则给定取值的计算公式。

变量类型:变量类型分为"事实(Fact)"和"目标(Goal)"两种。变量作为"事实"表明该变量不能由其他变量推得,只能作为基本事实给定,而变量为"目标"时表明该变量可由其他变量通过相关规则推得。

变量定义域:由离散值、区间或公式给出的知识变量取值范围。

按上述格式定义的知识变量构成知识求解问题的论域,其定义方式可以直接用文本格式编辑,也可调用变量定义人机交互工具完成。

知识变量定义举例如下,该知识变量集描述了齿轮热处理的论域:

/ * Definition for "GearHeatTreatment" problem * /

齿轮的材料 GearMaterial String Nil Discrete Goal {ZG45,40Cr,45,40MnB,18CrMnTi}

齿轮的热处理方式 GearHeatTreatment String Nil Discrete Goal {正火,调质,整体淬火,表面淬火,渗碳淬火}

齿轮的工况 GearWorkingCondition String Nil Discrete Fact {严重冲击,较大冲击,轻微冲击,无冲击}

齿轮的功用 GearApplication String Nil Discrete Fact {一般应用,重要应用}

齿轮的结构尺寸 GearSize String Nil Discrete Fact {小,较小,较大,大}

齿轮的载荷性质 GearLoadFeature String Nil Discrete Fact {重载,轻载,中载}

齿轮的传动方式 GearTransmission String Nil Discrete Goal {开式,闭式}

齿轮的齿面形式 GearSurface String Nil Discrete Goal {软齿面,硬齿面}

齿轮的工作速度 GearVelocity Float m Boundary Fact {1.0,10000}

(2) 知识库定义。

面向对象的专家系统知识库主要由规则集合组成。每一条规则按以下格式定义:

Rulei
If(Ri1(Ui1,Vi1))
And(Ri2 (Ui2,Vi2))
…
And(Rin(Uin,Vin))
Then(Rt1(Ut1,Vt1))
And(Rt2(Ut2,Vt2))
…
And(Ttm(Utm,Vtm))
cf(cv)

其中:cf(cv)为该规则的规则强度,反映该规则成立的可能性大小。例如,关于齿轮材料选择与热处理方面的知识库第 2 条规则的定义如下:

Rule2
if(采用(齿轮的传动方式,闭式))
and(为(齿轮的载荷性质,重载))
and(为(齿轮的工况,无冲击))
and(为(齿轮的结构尺寸,小))
then(选用(齿轮的材料,40Cr))
cf(1.0)

2) 知识管理模块

应用面向对象的专家系统进行推理分析时,应先加载知识变量表和知识库,并设置初始数据(事实),其操作步骤如下。

(1) 加载知识变量表。在系统左边的树列表中选择"加载问题定义表",在弹出的文件选择对话框中选择相应的变量定义表,确定后即可完成,显示如图 5-22 所示。

图 5-22　加载知识库

（2）加载知识库。其操作方法与加载知识变量表相同；加载知识库如图 5-22 所示。

（3）初始数据设置。选择"初始数据设置"操作,系统将弹出初始数据设置对话框如图5-23所示,按照对话框提示,即可完成初始数据设置,为知识推理提供初始事实。

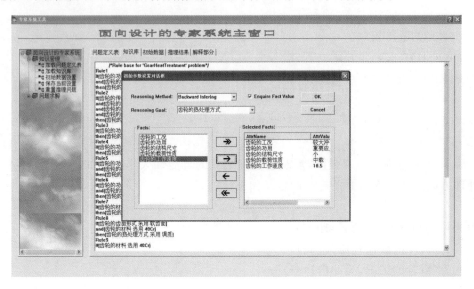

图 5-23　初始数据设置对话框

3）问题求解

问题求解过程是一个知识推理过程,经过对初始事实的推理得到问题的求解。

（1）推理。点击推理选项即可完成知识推理过程。

（2）解释。如果需要进一步了解问题求解理由,可点击解释选项,系统会将推理所依据的规则显示给用户,如图 5-24 所示。

图 5-24　推理结果

5.3　智能设计系统构造方法

5.3.1　智能设计系统的复杂性

智能设计系统是一个人机协同作业的集成设计系统,设计者和计算机协同工作,各自完成自己最擅长的任务,因此在具体建造系统时,不必强求设计过程的完全自动化。智能设计系统与一般 CAD 系统的主要区别在于它以知识为其核心内容,其解决问题的主要方法是将知识推理与数值计算紧密结合在一起。数值计算为推理过程提供可靠依据,而知识推理解决需要判断、决策才能解决的问题,再辅以其他一些处理功能,如图形处理功能、数据管理功能等,从而提高智能设计系统解决问题的能力。智能设计系统的功能越强,系统将越复杂。

智能设计系统之所以复杂,主要是因为设计过程的复杂性:

(1)设计是一个单输入多输出的过程。

(2)设计是一个多层次、多阶段、分步骤的迭代开发过程。

(3)设计是一种不良定义的问题。

(4)设计是一种知识密集性的创造性活动。

(5)设计是一种对设计对象空间的非单调探索过程。

设计过程的上述特点给建造一个功能完善的智能设计系统增添了极大的困难。就目前的技术发展水平而言,还不可能建造出能完全代替设计者进行自动设计的智能设计系统。因此,在实际应用过程中,要合理地确定智能设计系统的复杂程度,以保证所建造的智能设计系统切实可行。

5.3.2 智能设计系统建造过程

建造一个实用的智能设计系统是一项艰巨的任务,通常需要具有不同专业背景的跨学科研究人员的通力合作。在建造智能设计系统时,需要应用软件工程学的理论和方法,使得建造工作系统化、规范化,从而缩短开发周期,提高系统质量。

图 5-25 所示为开发建造一个智能设计系统的基本步骤。

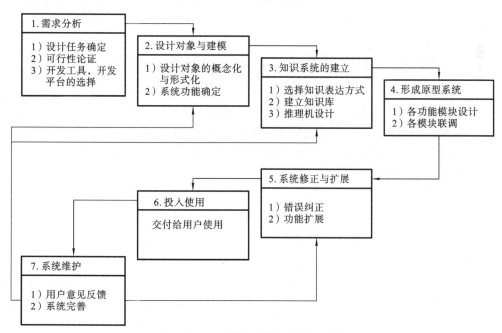

图 5-25 智能设计系统建造基本步骤

1)系统需求分析

在需求分析阶段必须明确所建造的系统的性质、基本功能、设计条件和运行条件等一系列问题。

（1）设计任务的确定。

确定智能设计系统要完成的设计任务是建造智能设计系统应首先明确的问题，其主要内容包括确定所建造的系统应解决的问题范围，应具备的功能和性能指标、环境与要求、进度和经费情况等。

（2）可行性论证。

一般是在行业范围内进行广泛的调研，对已有的或正在建造的类似系统进行深入考查分析和比较，学习先进技术，使系统建立在较高水平上，而不是低水平的重复。

（3）开发工具和开发平台的选择。

选择合适的智能设计系统开发工具与开发平台，可以提高系统的开发效率，缩短系统开发周期，使系统的开发与建造建立在较高的水平之上。因此，在确定了设计问题范围之后，应注意选择好合适的智能设计系统开发工具与开发平台。

2）设计对象建模

建造一个功能完善的智能设计系统，首先要解决好设计对象的建模。设计对象信息经过整理、概念化、规范化，按一定的形式描述成计算机能识别的代码形式，计算机才能对设计对象进行处理，完成具体的设计过程。

（1）设计对象概念化与形式化。

设计过程实际上由两个主要映射过程组成，即设计对象的概念模型空间到功能模型空间的映射，功能模型空间到结构模型空间的映射。因此，如果希望所建造的智能设计系统能支持完成整个设计过程，就要解决好设计对象建模问题。以适应设计过程的需要。因此，设计对象概念化、形式化的过程实际上是设计对象的描述与建模过程。设计对象描述方法包括状态空间法、问题规约法等方法。

（2）系统功能的确定。

智能设计系统的功能反映系统的设计目标。根据智能设计系统的设计目标，可将其分为以下几种主要类型。

① 智能化方案设计系统　所建造的系统主要支持设计者完成产品方案的拟定和设计。

② 智能化参数设计系统　所建造的系统主要支持设计者完成产品的参数选择和确定。

③ 智能设计系统　这是一个较完整的系统，可支持设计者完成从概念设计到详细设计的整个设计过程，建造难度大。

3）知识系统的建立

知识系统是以设计型专家系统为基础的知识处理子系统，是智能设计系统的核心。知识系统的建立过程即设计型专家系统的建造过程。

（1）选择知识表达方式。

在选用知识表达方式时，要结合智能设计系统的特点和系统的功能要求来选用，常用的知识表达方式仍以产生式规则和框架表示为主。如果要选择智能设计系统开发工具，则应根据工具系统提供的知识表达方式来组织知识，不需要再考虑选择知识表达方式。

（2）建造知识库。

知识库的建造过程包括知识的获取、知识的组织和存取方式，以及推理策略确定三个主要过程。

4）形成原型系统

形成原型系统阶段的主要任务是完成系统要求的各种基本功能，包括比较完整的知识处理功能和其他相关功能，只有具备这些基本功能，才能建造出一个初步可用的系统。

形成原型系统的工作分两步进行：

（1）各功能模块设计。按照预定的系统功能对各功能模块进行详细设计，完成代码编写、模块调试过程。

（2）各模块联调。将设计好的各功能模块组合在一起，用一组数据进行调试，以确定系统运行的正确性。

5）系统修正与扩展

系统修正与扩展阶段的主要任务是对原型系统在联调和初步使用中的错误进行修正，对没有达到预期目标的功能进行扩展。经过认真测试后，系统已具备设计任务要求的全部功能。若系统达到性能指标，就可以交付给用户使用，同时形成"设计说明书"及"用户使用手册"等文档。

6）投入使用

将开发的智能设计系统交付给用户使用，在实际使用中发现问题。只有经过实际使用过程的检验，才能使系统的设计逐渐趋于准确和稳定，进而达到专家设计水平。

7）系统维护

针对系统实际使用中发现的问题或者用户提出的新要求对系统进行改进和提高，不断完善系统。

第6章

虚拟设计

虚拟设计是指设计者在虚拟环境中进行设计,主要表现在设计者可以用不同的交互手段在虚拟环境中对参数化的模型进行设计与修改。作为虚拟设计基础的虚拟现实(含增强现实、混合现实)融合应用了多媒体、传感器、新型显示、互联网和人工智能等多领域技术,能够拓展人类的感知能力,改变产品形态和服务模式,给经济、科技、文化、军事、生活等领域带来深刻影响。

通过学习本章的内容,应了解虚拟现实技术的含义、特征、组成,及其主要的应用领域;熟悉虚拟现实技术的基本体系结构、分类,其与计算机仿真技术的联系与区别,以及虚拟现实技术所包含的各种硬件设备的原理及发展现状;重点掌握虚拟设计的几何建模、基于图像的建模、图像与几何相结合的建模技术等基本的建模方法,以及建模的软件环境基础。

6.1 虚拟现实技术概述

第一台电子计算机诞生于 1946 年,回顾 70 多年来计算机技术发生、发展和不断完善的过程,可以清晰地看到日新月异的多处理(multiprocessing)、多媒体(multimedia)、面向对象(objectoriented)、开放(open)、网络(network)留下的清晰足迹。以上这几个中文词组对应的英文单词的首字母组成了一个美丽的复合单词 MMOON,即多个月亮。MMOON 在不断提升,不断赋予计算机系统新的活力。各行各业的计算机应用在一定意义上,可以视为广义的科学计算和无处不在的计算,按照自动化(automation)、智能化(intelligence)、可视化(visualization)不断前行,真可谓长江后浪推前浪。目前媒体界最热的"VR(虚拟现实)",则是这个浪潮中十分美丽的浪花。

虚拟现实(virtual reality)技术是 20 世纪 60 年代中期以来,随着科学和技术的进步、军事和经济的发展而兴起的一门由多学科支撑的崭新的综合性信息技术,它有助于人类更好地去解决资源问题、环境问题与需求多样性问题。VR 技术主要包括计算机图形学、图像处理与模式识别、智能接口技术、多媒体技术、多传感器技术、计算机网络技术、并行处理和高性能计算机系统等。可以说 VR 技术是在"需求牵引"与"技术推动"下,多个信息技术分支取得突飞猛进的发展,并综合、集成了一些有实用前景的应用系统。它将虚拟与现实相结合,自然科学与美学深度融合,让人们感到目不暇接、美不胜收,从而获得极高的精神享受。仔细琢磨虚拟与现实在哲学层面的意义则更让人神往。

市场竞争的格局、产品需求与设计的新特点对虚拟设计提出了新的需求。自 20 世纪 70年代以来,世界市场由过去传统的相对稳定逐步演变成动态多变的特征,由过去的局部竞争演变成全球范围内的竞争;同行业之间、跨行业之间的相互渗透、相互竞争日趋激烈。中国已经加入 WTO 近二十年,我国企业早已开始面对日益激烈的国际竞争,机械工业面临更加严峻的挑战,而产品的质量和更新速度将是企业立于不败之地的关键。

为了适应迅速变化的市场需求,提高市场竞争能力,现代制造企业必须解决 TQCS 难题,即以最快的上市速度(T—time to market),最好的质量(Q—quality),最低的成本(C—cost)和最优的服务(S—service)来满足不同顾客的需求。这样一些发展变化的环境特点对新的产品设计、加工制造、测试、安装运行等方法提出了新的要求,虚拟设计技术是很好的结合点。

虚拟设计是计算机图形学、人工智能、计算机网络、信息处理、机械设计与制造等技术综合发展的产物,在机械行业有广泛的应用前景,如虚拟布局、虚拟装配、产品原型快速生成、虚拟制造等。目前,虚拟设计对传统设计方法的革命性的影响已经逐渐显现出来。由于虚拟设计系统基本上不消耗资源和能量,也不生产实际产品,而是产品的设计、开发与加工过程在计算机上的本质实现,即完成产品的数字化过程。与传统的设计和制造相比较,它具有高度集成、快速成形、分布合作等特征。虚拟设计技术不仅在科技界,而且在企业界引起了广泛关注,成为研究的热点。图 6-1 与图 6-2 是虚拟现实技术在产品设计分析安装测试和交互式虚拟设计方面的应用。

图 6-1　虚拟现实技术在产品设计分析安装测试方面的应用

图 6-2　虚拟现实在产品交互式虚拟设计方面的应用

6.1.1　虚拟现实的定义、特征及组成

1) 虚拟现实的定义

虚拟现实技术是计算机图形学、人工智能、计算机网络、信息处理等技术综合发展的产物,它利用计算机技术生成一种模拟环境,通过各种传感设备使用户"投入"到模拟环境中,使用户

与环境直接进行自然地交互。从本质上讲,虚拟现实就是一种先进的计算机用户接口,它通过给用户同时提供诸如视觉、听觉、触觉等各种直观而又自然的实时感知交互手段,最大限度地方便用户操作,从而减轻用户的负担,提高整个系统的工作效率。

2) 虚拟现实的两个本质特征

虚拟现实可以定义为对现实世界进行五维时空的仿真,即除了对三维空间和一维时间的仿真外,还包含对自然交互方式的仿真。一个完整的虚拟现实系统包含一个逼真的三维虚拟环境和符合人们自然交互习惯的人-机交互界面,分布式虚拟现实系统还要包含用于共享信息的人-人交互界面。虚拟现实技术是一项关于计算机、传感与测量、仿真、微电子等技术的综合集成技术,它具有以下两个重要特征。

(1) 多感知性(multi-sensory)。

多感知就是说除了一般计算机技术所具有的视觉感知之外,还有听觉感知、力觉感知、触觉感知、运动感知,甚至应该包括味觉感知、嗅觉感知等。理想的虚拟现实技术应该包含人所具有的一切感知功能。理想的虚拟现实环境应该包含对人自然交互方式的模拟,虚拟现实系统能提供给用户以视觉、听觉、触觉、嗅觉,甚至味觉等多感知通道。

(2) 沉浸感(immersion)。

沉浸感是指用户感到作为主角存在于模拟环境的真实程度。理想的模拟环境应该达到使用户难以分辨真假的程度(例如可视场景应随着视点的变化而变化),如实现比现实更理想化的照明和音响效果等。对于一般模拟系统而言,用户只是系统的观察者,而在虚拟现实的环境中,用户能感到自己成了一个"发现者和行动者"。发现者和行动者利用他的视觉、触觉和操作来寻找数据的重要特性,并不是通过严密的思考来分析数据。通常思考可能既慢且吃力,而感觉则几乎可以无意识地、立即地表达结果。

用户可沉浸在一种人工的虚拟环境里,通过虚拟现实软件及其有关外部设备与计算机进行充分的交互,进行构思,完成所希望的任务,其概念如图 6-3 所示。

3) 虚拟现实的组成

根据虚拟现实的概念及其上述两个特征可知虚拟现实技术是在众多的相关技术基础上发展起来的,它包括计算机图形学、图像处理与模式识别、智能接口技术、人工智能技术、多传感器技术、语音处理与音响技术、网络技术、并行处理技术和高性能计算机系统等。虚拟现实系统为用户提供交互作用、视觉、听觉、触觉、嗅觉、味觉的多感知,如图 6-4 所示。

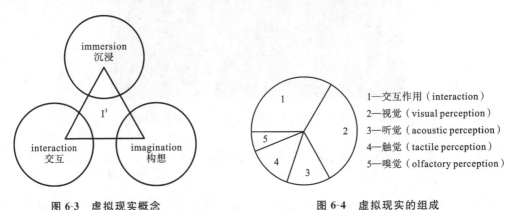

图 6-3　虚拟现实概念　　　　　　　　图 6-4　虚拟现实的组成

虚拟现实用于构造当前不存在的环境、人类不可能到达的环境和代替耗资巨大的现实环境。虚拟现实的模型从 CAD 的几何造型到物理造型,即从考虑几何数据、拓扑关系的模型到考虑包括是否刚体、弹性体、质量、转动惯量和表面光滑程度的物理性质的模型。

虚拟现实是要达到增强现实的目的,即用虚拟物体来丰富、增强真实的环境,而不是用它来代替真实的环境。

虚拟现实的成果是给用户一个将现实世界和计算机中的虚拟模型结合起来的工作环境。

某 VIEW 系统的体系结构如图 6-5 所示。

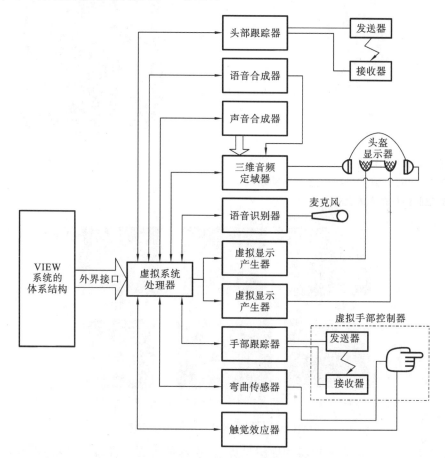

图 6-5　某 VIEW 系统的体系结构图

6.1.2　虚拟现实、增强现实与混合现实

虚拟现实(VR, virtual reality)与增强现实(AR, augmented reality)及混合现实(MR, mixed reality)都是对物理世界(PW, physical world)的部分真实与模拟结合的呈现,既有共性也有特点与原理的区别。图 6-6 显示了虚拟现实、增强现实与混合现实在真实世界与虚拟环境映射空间维度范围的变化关系。

虚拟现实利用电脑模拟产生一个三维空间的虚拟世界,提供使用者关于视觉、听觉、触觉等感官的模拟,让使用者如同身临其境一般,可以及时、没有限制地观察三维空间内的事物。图 6-7 所示为虚拟现实交互系统。

增强现实把原本在现实世界的一定时间空间范围内很难体验到的实体信息(视觉信息、声音、味道、触觉等),通过电脑等科学技术,模拟仿真后再叠加,将虚拟的信息应用到真实世界,被人类感官所感知,从而达到超越现实的感官体验。增强现实的呈现形式从距离眼睛近到远分为头戴式(head-attached)、手持式(hand-held)、空间展示(spatial)。图 6-8 所示为增强现实交互系统的常见用途。

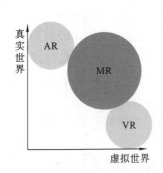

图 6-6　虚拟现实(VR)、增强现实(AR)与混合现实(MR)在真实世界与虚拟环境映射空间维度范围的变化

图 6-7　虚拟现实交互系统

投射新闻信息流　　模拟游戏　　收看视频和查看天气

辅助 3D 建模　　协助模拟登陆火星场景　　观察行星运行

图 6-8　增强现实交互系统的常见用途

混合现实(MR)能够合并现实和虚拟世界,产生新的可视化环境。在新的可视化环境里物理和数字对象共存,并实时互动。混合现实的实现需要在一个能与现实世界各事物相互交互的环境中。混合现实的关键点就是与现实世界进行交互和信息的及时获取。图 6-9 所示为混合现实交互系统。

图 6-9　混合现实交互系统

6.1.3　虚拟现实技术的主要应用领域

VR 技术从 20 世纪 60 年代中期兴起,90 年代在理论技术研究与应用拓展方面取得了长足的进步,近年来则成爆发趋势。VR 技术在军事、航天、文化、娱乐、安全、工程、商业、教育、医疗和艺术等多个应用领域解决了一些重大或普遍性需求,进展迅猛。在 VR 技术发展的基础上,将三维虚拟对象叠加到真实现实环境中进行匹配、显示,构成了一种增强现实技术。

VR 在三种场合得到应用:

(1) 当前不存在的环境(拟建设的建筑、园林,拟研制的武器,可能会发生的战争环境,肢体、肌肉、生理、心理有缺损时的恢复或者释放、转移);

(2) 人类不能到达的极端环境(核武器点火,人体血管、神经、脏器的各个角落);

(3) 耗资巨大的环境(月球登陆、火星登陆工程,飞机、火箭、卫星的试制、试飞、试射前)。

VR 技术是 21 世纪影响人类活动的重要发展学科和技术之一,具有良好的应用和发展前景。据高盛分析报告预计,到 2025 年,市场规模将达到 800 亿美元。高通、谷歌、索尼、惠普等著名科技公司都涉足于这一技术的研发。

虚拟现实技术的应用前景非常广阔。它可应用于建模与仿真、科学计算可视化、设计与规划、教育与训练、遥作与遥现、医学、艺术与娱乐等多个方面。

1) 工程应用

(1) 虚拟现实技术在汽车制造业的广泛应用。

虚拟现实技术在汽车制造业得到了广泛的应用。例如:美国通用汽车公司利用虚拟现实系统 CAVE(computer-assisted virtual environment)来体验置于汽车之中的感受,其目标是减少或消除实体模型,缩短开发周期。CAVE 系统用来进行车型设计,可以从不同的位置观看车内的景象,以确定仪器仪表的视线和外部视线的满意性和安全性。

(2) 虚拟现实技术在飞机制造与飞行仿真领域的应用。

在波音 777 的设计过程中,波音公司的工程师不但首次采用计算机进行设计,而且还用计算机进行飞机的电子模拟预装,提高了安装精度和质量。新的实验设施在试飞之前通过模拟飞行条件对飞机各系统进行整合试验,进一步保证了试飞和交付使用的顺利进行。波音 777 双喷机型是波音公司采用虚拟产品开发技术成功研制出的世界上第一架"无纸客机"。

(3) 虚拟实验。

虚拟风洞可以让工程师分析多旋涡的复杂三维性质和效果、空气循环区域、旋涡被破坏时的乱流等,而这些分析利用通常的数据仿真是很难可视化的。

虚拟物理实验室的设计使得学生可以通过亲身实践——做、看、听来学习的方式成为可能。使用该系统,学生们可以很容易地演示和控制力的大小、物体的形变与非形变碰撞、摩擦系数等物理现象,跟踪不同物体运动轨迹,还可以仔细观察随时间变化的现象。学生可以通过使用数据手套与系统进行各种交互。

(4) 用于遥控机器人的遥现技术。

遥现技术指当实际上在某一地时,可以产生在另一地的感觉。虚拟现实涉及体验由计算机产生的三维虚拟环境,而遥现则涉及体验一个遥远的真实环境。遥现技术在实际应用中需要虚拟环境的指导。

(5)在"超级工程"桥梁建设中的应用。

在国家"超级工程"港珠澳大桥建设过程中,跨海通道建设面临更加复杂的自然环境和施工挑战,海上气象条件复杂,易受台风、季风影响,波、浪、流变化较大,难以预测,给水上施工带来困难。此外,海上参照物较少,作业船只经常"摇晃不定",测量定位工作也是困难重重。虚拟现实技术可以辅助工程师更好地解决这些问题,从三维模型设计、构件设施安装工艺模拟等方面体现虚拟现实的价值,如图 6-10、图 6-11 所示。

图 6-10 港珠澳大桥江海直达船航道桥部分施工模拟

图 6-11 港珠澳大桥沉管隧道浮运沉放三维模拟

2)医学领域的应用

科学家们最近发明了一种"虚拟现实"装置,利用这种装置,他们可以将自己"缩小",使原本微小的细胞看上去有足球场那么大。这样,科学家们就可以更微观地对细胞进行研究。

3)教育培训领域的应用

虚拟环境在呈献知识信息方面有着独特的优势,它可以在广泛的科目领域提供无限的 VR 体验,从而加速和巩固学生学习知识的过程。飞行模拟器、驾驶模拟器是培训飞行员和汽车驾驶员的一种非常有用的工具。模拟器的容错特点使受训者能亲身体验到在现实生活中体验不到的经历。

4)军事应用

虚拟现实在军事上有着广泛的应用和特殊的价值。如新式武器的研制和装备,作战指挥模拟,武器的使用培训等都可以应用虚拟现实技术。虚拟现实技术已被探索用于评价当今的士兵将怎样在无实际环境支持下掌握新武器的使用及其战术性能等。

6.1.4 虚拟现实技术发展趋势及重点应用领域

虚拟现实的主要研究问题是:真实环境感知和理解、虚拟场景建模与绘制、逼真呈现和自然交互、应用系统开发与集成,围绕这几个研究方向,未来虚拟现实技术将会在以下关键核心技术攻关、虚拟现实产品研发、重点行业应用推广展开相关研究工作。

(1)关键核心技术。

突出虚拟现实相关基础理论、共性技术和应用技术研究。围绕虚拟现实建模、显示、传感、交互等重点环节,加强动态环境建模、实时三维图形生成、多元数据处理、实时动作捕捉、实时定位跟踪、快速渲染处理等关键技术攻关,加快虚拟现实视觉图形处理器(GPU)、物理运算处理器(PPU)、高性能传感处理器、新型近眼显示器件等的研发和产业化。

近眼显示技术:实现 30PPD(每度像素数)单眼角分辨率、100 Hz 以上刷新率、毫秒级响应时间的新型显示器件及配套驱动芯片的规模量产。发展适人性光学系统,解决因画面质量过低等引发的眩晕感。加速硅基有机发光二极管(OLEDoS)、微发光二极管(MicroLED)、光场显示等微显示技术的产业化储备,推动近眼显示向高分辨率、低时延、低功耗、广视角、可变景深、轻薄小型化等方向发展。

感知交互技术:加快六轴及以上 GHz 惯性传感器、3D 摄像头等的研发与产业化。发展鲁棒性强、毫米级精度的自内向外(inside-out)追踪定位设备及动作捕捉设备。加快浸入式声场、语音交互、眼球追踪、触觉反馈、表情识别、脑电交互等技术的创新研发,优化传感融合算法,推动感知交互向高精度、自然化、移动化、多通道、低功耗等方向发展。

渲染处理技术:发展基于视觉特性、头动交互的渲染优化算法,加快高性能 GPU 配套时延优化算法的研发与产业化。突破新一代图形接口、渲染专用硬加速芯片、云端渲染、光场渲染、视网膜渲染等关键技术,推动渲染处理技术向高画质、低时延、低功耗方向发展。

内容制作技术:发展全视角 12K 分辨率、60 帧/秒帧率、高动态范围(HDR)、多摄像机同步与单独曝光、无线实时预览等影像捕捉技术,重点突破高质量全景三维实时拼接算法,实现开发引擎、软件、外设与头显平台间的通用性和一致性。

(2)虚拟现实产品研发。

面向信息消费升级需求和行业领域应用需求,加快虚拟现实整机设备、感知交互设备、内容采集制作设备、开发工具软件、行业解决方案、分发平台的研发及产业化,丰富虚拟现实产品的有效供给。

整机设备:发展低成本、高性能、符合人眼生理特性的主机式、手机式、一体机式、车载式、洞穴式、隐形眼镜式等形态的虚拟现实整机设备。研发面向制造、教育、文化、健康、商贸等重点行业领域及特定应用场景的虚拟现实行业终端设备。

感知交互设备:研发自内向外(inside-out)追踪定位装置、高性能 3D 摄像头以及高精度交互手柄、数据手套、眼球追踪装置、数据衣、力反馈设备、脑机接口等感知交互设备。

内容采集制作设备:加快动作捕捉、全景相机、浸入式声场采集设备、三维扫描仪等内容采集制作设备的研发和产业化,满足电影、电视、网络媒体、自媒体等不同应用层级内容制作需求。

开发工具软件:发展虚拟现实整机操作系统、三维开发引擎、内容制作软件,以及感知交互、渲染处理等开发工具软件,提升虚拟现实软硬件产品系统的集成与融合创新能力。

行业解决方案:发展面向重点行业领域典型应用的虚拟研发设计、虚拟装配制造、虚拟检测维修、虚拟培训、虚拟货品展示等集成解决方案。

分发平台:发展端云协同的虚拟现实网络分发和应用服务聚合平台(CloudVR),推动建立高效、安全的虚拟现实内容与应用支付平台及分发渠道。

(3)虚拟现实重点应用领域推广。

引导和支持"VR+应用领域"发展,推动虚拟现实技术产品在制造、教育、文化、健康、商贸等行业领域的应用,创新融合发展路径,培育新模式、新业态,拓展虚拟现实应用空间。

VR与设计/制造:推进虚拟现实技术在制造业研发设计、检测维护、操作培训、流程管理、营销展示等环节的应用,提升制造企业辅助设计能力和制造服务化水平。推进虚拟现实技术与制造业数据采集与分析系统的融合,实现生产现场数据的可视化管理,提高制造执行、过程控制的精确化程度,推动协同制造、远程协作等新型制造模式的发展。构建工业大数据、工业互联网和虚拟现实相结合的智能服务平台,提升制造业融合创新能力。面向汽车、钢铁、高端装备制造等重点行业,推进虚拟现实技术在数字化车间和智能车间的应用。

VR与教育:推进虚拟现实技术在高等教育、职业教育等领域和物理、化学、生物、地理等实验性、演示性课程中的应用,构建虚拟教室、虚拟实验室等教育教学环境,发展虚拟备课、虚拟授课、虚拟考试等教育教学新方法,促进以学习者为中心的个性化学习,推动教、学模式转型。打造虚拟实训基地,持续丰富培训内容,提高专业技能训练水平,满足各领域专业技术人才的培训需求。促进虚拟现实教育资源开发,实现规模化示范应用,推动科普、培训、教学、科研的融合发展。

VR与文化:在文化、旅游和文物保护等领域,丰富融合虚拟现实体验的内容供应,推动现有数字内容向虚拟现实内容的移植,满足人民群众文化消费升级的需求。发展虚拟现实影视作品和直播内容,鼓励视频平台打造虚拟现实专区,提供虚拟现实视频点播、演唱会、体育赛事、新闻事件直播等服务。打造虚拟电影院、虚拟音乐厅,提供多感官体验模式,提升用户体验。建设虚拟现实主题乐园、虚拟现实行业体验馆等,创新文化传播方式。推动虚拟现实在文物古迹复原、文物和艺术品展示、雕塑和立体绘画等文化艺术领域的应用,创新艺术创作和表现形式。

VR与健康:加快虚拟现实技术在医疗教学训练与模拟演练、手术规划与导航等环节的应用,推动提高医疗服务智能化水平。推动虚拟现实技术在心理辅导、康复护理等环节的应用,探索虚拟现实技术对现有诊疗手段的补充完善,发展虚拟现实居家养老、在线诊疗、虚拟探视服务,提高远程医疗水平。

VR与商贸:顺应电子商务、家装设计、商业展示等领域场景式的购物趋势,发展和应用专业化虚拟现实展示系统,提供个性化、定制化的地产、家居、家电、室内装修和服饰等虚拟设计、体验与交易平台,发展虚拟现实购物系统,创新商业推广和购物体验模式。

6.2　虚拟现实技术体系结构

6.2.1　虚拟现实技术与计算机仿真的关系

从虚拟现实的定义上看,虚拟现实与仿真有很大的相似,它们都是对现实世界的模拟,两者均需要建立一个能够模拟生成包括视觉、听觉、触觉、力觉等在内的人体感官能够感受到的物理环境,都需要提供各种相关的物理效应设备。然而,虚拟现实与仿真也有很大的不同,其本质的区别体现在以下几方面:

（1）定性与定量。

仿真的目标一般是得到某些性能参数，主要是对运动原理、力学原理等进行模拟，以获得仿真对象的定量反馈，因此，仿真环境对于其场景的真实程度要求不高，一般采用平面模型或简单的三维模型，不进行氛围渲染。虚拟现实系统则要求较高的真实感，以达到接近现实世界的感觉，如反映物体的粗糙度、软硬程度等。虚拟环境建模复杂，并有质感、光照等要求，但对于量的要求并不严格。

（2）多感知性。

所谓多感知性就是说除了一般计算机所具有的视觉感知外，还有听觉感知、力觉感知、触觉感知、运动感知，甚至包括味觉感知、嗅觉感知等。理想的虚拟现实系统就应该具有人所具有的所有感知功能。而仿真一般只局限于视觉感知。

（3）沉浸感。

仿真系统是以对话的方式进行交互的，用户输入参数，显示器上显示相应的运动情况，比较完善的仿真系统可以实时汇报各种参数，用户与计算机之间是一种对话关系。虚拟现实利用以计算机为核心的现代高科技建立一种基于可计算信息的沉浸式交互环境，形成集视、听、触等感觉于一体的和谐的人机环境。

虚拟现实系统与仿真系统的区别可以简单概括如下：

- 虚拟现实系统可视为更高层次的仿真系统；
- 虚拟现实系统在当软件改变时，易于模型的重构和系统的复用；
- 虚拟现实系统能在实时条件下工作，并且是交互的和自适应的；
- 虚拟现实技术能够与人类的多种感知进行交互。

6.2.2 虚拟现实技术体系结构

1）虚拟环境系统结构

虚拟环境（virtual environment，VE）是体现了虚拟现实所具备功能的一种计算机环境。系统感知行为模型包含以下两个方面。

- 感知系统：分为方向、听觉、触觉、味觉、嗅觉、视觉六个子系统。
- 行为系统：分为姿势、方向、走动、饮食、动作、表达、语义七个子系统。

虚拟环境必须具备与用户交互、实时反映所交互的影像、用户有自主性三个条件。

虚拟环境体系结构如图 6-12 所示。典型的虚拟现实系统有 VIDEOPLACE 系统、VIEW 系统、SuperVision 系统等。VIEW 系统是第一个走出实验室进入工业应用的虚拟环境系统，VIEW 系统允许操作者以自然的交互手段考察全视角的人工世界，目前大多数虚拟现实系统体系结构都是由此发展而来的。

2）虚拟现实系统组成模块

从组成模块来看，虚拟现实系统由以下模块组成。

输入模块：是虚拟现实系统的输入接口，其功能是检测用户的输入信号，并通过传感器模块作用于虚拟环境。输入模块一般是数据手套、头盔显示器上的传感器，用于感应手的动作、手和头部的位置；对于桌面虚拟现实系统而言，输入模块一般是指键盘、鼠标、麦克风等。

传感器模块：是虚拟现实系统中操作者和虚拟环境之间的桥梁。一方面，传感器模块接受输入模块产生的信息，并将其作用于虚拟环境；另一方面将操作后产生的结果反馈给输出模块。

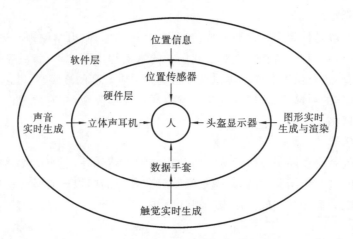

图 6-12　虚拟现实硬件系统结构

响应模块:是虚拟现实系统的控制中心。响应模块一般是软件模块,其作用是处理来自传感器模块的信息,如根据用户视点位置和角度实时生成三维模型,根据用户头部的位置实时生成声效。

反馈模块:是虚拟现实系统的输出接口。其功能是将响应模块生成的信息通过传感器模块传给输出设备如头盔显示器、耳机等,实时渲染视觉效果和声音效果。

从系统组成结构来看,虚拟现实的体系结构如图 6-13 所示。

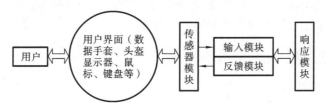

图 6-13　虚拟现实系统组成结构

3) 虚拟环境的实现方法

产生虚拟环境的基本方法有两种:基于图像的方法(image-based method)和基于模型的方法(model-based method)。以下分别介绍这两种方法。

(1) 基于图像的方法。

全景图生成技术是基于图像的方法的关键技术。了解全景图首先要了解视点(viewpoint)和视点空间(viewpoint space)。视点是指用户某一时刻在虚拟实景空间中的观察点,观察时所用的焦距固定。视点空间是指某一视点处用户所观察到的场景。

全景图实际上是空间中一个视点对周围环境的 360°的全封闭视图。根据全景图允许浏览的空间自由度,全景图可分为柱面全景图和球面全景图,柱面全景图允许用户对场景进行水平空间 360°环绕浏览,球面全景图允许用户对场景进行经纬 360°全方位的环绕浏览。

全景图生成方法涉及基于图像无缝连接技术和纹理映射技术,其原始资料是利用照相机的平移或旋转得到的部分重叠的序列图像样本。纹理映射技术用于形成封闭的纹理映射空间,如柱面纹理映射空间和球面纹理映射空间。用户可以在柱面全景空间中进行水平 360°范围内的任意视线切换,在球面全景空间中进行经纬 360°范围内的任意视线切换。基于图像的三维重建和虚拟浏览是基于图像的虚拟现实的关键技术。

（2）基于模型（景物几何）的方法。

基于模型的方法又称为基于景物几何的方法，是以几何实体建立虚拟环境。几何实体可采用计算机图形学技术绘制，也可用已有的建模工具如 AutoCAD、3D Studio 等建立模型，然后用统一数据格式输出，进行实时渲染。建立虚拟现实模型后，通过加入事件响应，实现移动、旋转、视点变换等操作，从而实现交互式虚拟环境。基于模型的方法主要涉及的关键技术有：① 三维实体几何建模技术；② 实时渲染技术；③ 碰撞检测、干涉校验及关联运动；④ 物理属性。

6.2.3 虚拟现实系统的分类

根据对虚拟环境的不同要求和对于使用目的或者应用对象的不同要求，根据虚拟现实技术对"沉浸性"程度的高低和交互程度的不同，划分了以下四种典型类型：① 沉浸式虚拟现实系统；② 非沉浸式虚拟现实系统；③ 增强（叠加）式虚拟现实系统；④ 分布式虚拟现实系统。

1）沉浸式虚拟现实系统

沉浸式 VR 系统又称为穿戴型 VR 系统，是用封闭的视景和音响系统将用户的视听觉与外界隔离，使用户完全置于计算机生成的环境之中，计算机通过用户穿戴的数据手套和跟踪器可以测试用户的运动和姿态，并将测得的数据反馈到生成的视景中，产生人在其中的沉浸感。

沉浸式虚拟现实系统具有以下五个特点：① 具有高度实时性能；② 具有高度沉浸感；③ 具有良好的系统集成度与整合性能；④ 具有良好的开放性；⑤ 能支持多种输入与输出设备并行工作。

2）非沉浸式虚拟现实系统

非沉浸式 VR 系统又称为桌面 VR 系统，其视景是通过计算机屏幕，或投影屏幕，或室内实际景物加上部分计算机生成的环境来提供给用户的；音响是由安放在桌面上的或室内音响系统提供的。汽车模拟器、飞机模拟器、电子会议等都属于非沉浸式 VR 系统。

非沉浸式 VR 系统主要具有以下三个特点：① 用户处于不完全沉浸的环境，缺少身临其境的感觉，易受到周围现实环境的干扰；② 对硬件设备要求极低，有的简单型系统甚至只需要计算机，或是增加数据手套，空间跟踪设置等；③ 非沉浸式虚拟现实系统实现成本相对较低，应用相对比较普遍，而且它也具备了沉浸性虚拟现实系统的一些技术要求。

3）增强（叠加）式虚拟现实系统

增强（叠加）式虚拟现实系统允许用户对现实世界进行观察的同时，虚拟图像叠加在被观察点（即现实世界）之上。例如，战斗机驾驶员使用的头盔可以让驾驶员同时看到外面世界及上述的合成图形。额外的图形可在驾驶员对机外地形视图上叠加地形数据，或许是高亮度的目标、边界或战略陆标（landmark）。这种将真实环境与虚拟环境进行叠加的方法具有自己独到的应用。

增强式虚拟现实系统主要具有以下三个特点：① 真实世界和虚拟世界融为一体；② 具有实时人机交互功能；③ 真实世界和虚拟世界在三维空间中整合。

4）分布式虚拟现实系统

分布式虚拟现实系统具有以下特点：① 各用户具有共享的虚拟工作空间；②伪实体的行为真实感；③ 支持实时交互，共享时钟；④ 多个用户可以各自不同的方式相互通信；⑤ 资源信息共享以及允许用户自然操纵虚拟世界中的对象。

6.2.4　虚拟设计/制造系统的体系结构

1) 虚拟设计的特点

虚拟设计是指设计者在虚拟环境中进行设计。设计者可以在虚拟环境中用交互手段对在计算机内建立的模型进行修改。一个虚拟设计系统具备三个功能:3D 用户界面;选择参数;数据表达与双向数据传输。

就"设计"而言,所有的设计工作都是围绕虚拟原型而展开的,只要虚拟原型能达到设计要求,则实际产品必定能达到设计要求;而传统设计时,所有的设计工作都是针对物理原型(或概念模型)而展开的。

就"虚拟"而言,设计者可随时交互、实时、可视化地对原型在沉浸或非沉浸环境中进行反复改进,并能马上看到修改结果;传统设计时,设计者是面向图纸的,是在图纸上用线条、线框勾勒出概念设计的。

2) 虚拟设计/制造的优点

虚拟设计具有以下优点:① 虚拟设计继承了虚拟现实技术的所有特点(3I);② 继承了传统 CAD 设计的优点,便于利用原有成果;③ 具备仿真技术的可视化特点,便于改进和修正原有设计;④ 支持协同工作和异地设计,利于资源共享和优势互补,从而缩短产品开发周期;⑤ 便于利用和补充各种先进技术,保持技术上的领先优势。

图 6-14 所示为传统的现实制造,它需要从设计—试制—评价—制造反复循环,需要反复制造与测试物理样机,从试制阶段起就需要投入大量原料、人员、厂房、设备,时间长、成本高、效率低、风险大。

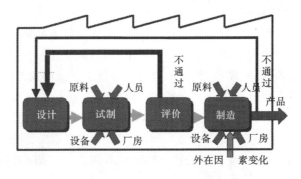

图 6-14　传统的现实制造

图 6-15 所示为虚拟制造,它的设计—加工—装配—评价阶段都可以在虚拟环境下进行,即所谓"数字样机"的反复设计—加工—装配—评价,得到的和传输的是数据信息;在实际制造阶段才需要投入原料、人员、厂房、设备,时间短、成本低、效率高、风险小,可以迅速对市场的需求作出反应。

3) 虚拟设计与传统 CAD/CAM 系统的区别

① 在讲区别的同时,应首先重在继承,尤其是继承原有 CAD 技术的资源和成果;其次,虚拟设计是以硬件相对的高投入为代价的。

② CAD 技术往往重在交互,设计阶段可视化程度不高,到原型生产出来后才暴露出问题。

③ CAD 技术无法利用除视觉以外的其他感知功能。

④ CAD 技术无法进行深层次设计,如可装配性分析和干涉检验等。

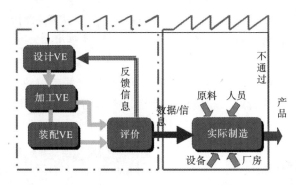

图 6-15 虚拟制造

6.3 虚拟现实硬件基础

虚拟现实是多种技术的综合,它运用了多种软硬件设备,来实现虚拟现实系统的交互性。为了允许人机交互,必须使用特殊的人机接口与外部设备,既要允许用户将信息输入到计算机,也要使计算机能反馈信息给用户。虚拟现实的主要硬件设备包括:高性能计算机;广角(宽视野)的立体显示设备;观察者(头、眼)的跟踪设备;人体姿势的跟踪设备;立体声;触觉、力觉反馈;语音输入/输出等硬件设备。信息的采集与反馈,映射的是人的感官综合系统,也体现了虚拟现实硬件系统的综合与集成,图 6-16 显示了人的感觉对应的各种设备和虚拟现实仪器。

人的感觉对应的各种接口设备		
人 的 感 觉	**说 明**	**接 口 设 备**
视觉	感觉各种可见光	显示器或投影仪
听觉	感觉声音波	耳机、喇叭等
嗅觉	感知空气中的化学成分	气味放大传感装置
味觉	感知液体中的化学成分	气味放大传感装置
触觉	皮肤感知温度、压力等	触觉传感器
力觉	肌肉等感知的力度	力觉传感器
身体感觉	感知肌体或身躯的位置与角度	数据仪
前庭感觉	平衡感知	动平台

图 6-16 人的感觉对应的各种设备和虚拟现实仪器

6.3.1 3D 位置跟踪器

许多应用如机器人、建筑设计、CAD 等,要求实时获知移动物体的位置和方向。在 3D 空间中,移动对象共有三个平移参数和三个旋转参数。如果在移动对象上捆绑一个笛卡儿坐标系统,那么它的平移将沿 x、y、z 轴移动。沿这些轴作的对象旋转分别被称为"偏航"(yaw)、"倾斜"(pitch)、"旋转"(roll)。这些参数的测量结果组成了一个 6 维的数据集。

虚拟场景的变化依赖于跟踪器测量的速度,也就是依赖于跟踪器的更新速率或延迟。更新速率给出了每秒钟测量值的数量。在典型情况下,测量值在每秒 30 个数据集到 120 个数据集之间。延迟是动作与结果之间的时间延迟。使用 3D 位置跟踪器时,延迟是对象的位置/方向的变化与跟踪器检测这种变化之间的时间差。仿真中需要尽量小的延迟,因为大的延迟在仿真中有非常严重的负面效应。

另一个参数是跟踪器精确度,即实际位置与测量位置之间的差值。跟踪器越精确,仿真器跟踪实际用户行为的效果便越好。精确度不要与分辨率相混淆,分辨率指的是跟踪器能检测的最小位置变化。图 6-17、图 6-18 所示为 3D 位置跟踪器实物图。

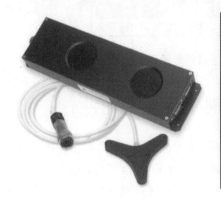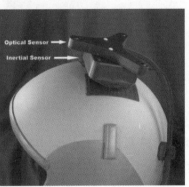

图 6-17　3D 位置跟踪器(1)

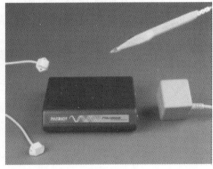

图 6-18　3D 位置跟踪器(2)

新的 VIVE PRO 头盔显示与跟踪系统已经集成了显示与动作与位置捕捉综合功能,如图 6-19 所示。

动作捕捉器:VIVE Tracker 是 VIVE VR 系列动作捕捉配件,可以通过绑定现实世界中的物体来追踪物体的位置。从使用的角度来看,它与手柄有相似性,因为它具备手柄一样的位置追踪功能而没有实体按键,由于体积小巧、容易便携,它可以被绑定在任意物体上,将现实的物体带入 VR 环境。图 6-20、图 6-21 分别显示了 VIVE Tracker 产品实物及其产品结构原理。

VR 基站可以追踪多个 Tracker,所以场景中可以存在多个 Tracker。Tracker 有很多应用场景,首先比较常用的就是追踪物体,可以将它绑定到一些物体(比如球棒、球拍、球杆、座椅,等等)上。在传统行业里,可以绑定一些维修用的工具(扳手、锤子等),从而达到更加真实的体验,如图 6-22 所示。

另外,我们知道 Tracker 有弹簧针和 USB 端口,还可以制作一些符合特定使用场合的外设,以更加符合外设的使用习惯,比如现在比较典型的 PPGun,通过 USB 端口通信,将原来手柄的按键映射到了枪体相关的功能部件上,如 Trigger 键对应着枪的扳机,Touchpad 映射到枪

图 6-19 VIVE PRO 头盔显示与跟踪系统

图 6-20 VIVE Tracker 产品实物

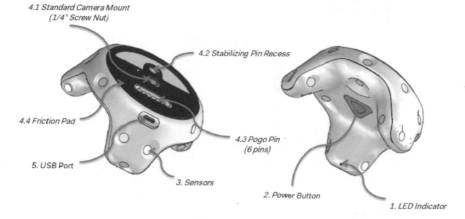

图 6-21 VIVE Tracker 产品结构原理

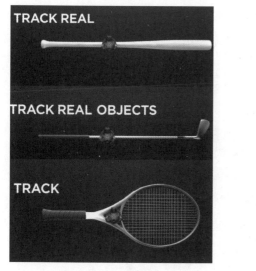

图 6-22 VIVE Tracker 动作捕捉

体的摇杆,等等。

Leap Motion 通过双目视觉系统原理,控制器以超过每秒 200 帧的速度追踪手部移动,屏幕上的动作与用户姿态的移动完美同步。Leap Motion 控制器可追踪全部 10 根手指,精度高达 1/100 mm。它远比现有的运动控制技术更为精确。Leap 通过绑定视野范围内的手、手指或者工具来提供实时数据，这些数据多数是通过集合或者矩阵提供。每一帧都包含了一系列的基本绑定数据，比如手、手指或者工具的数据，当然，控制器也能实时地识别场景中的手势和自定义数据。图 6-23 所示为 Leap Motion 实物、双目视觉结构及动作捕捉原理图。

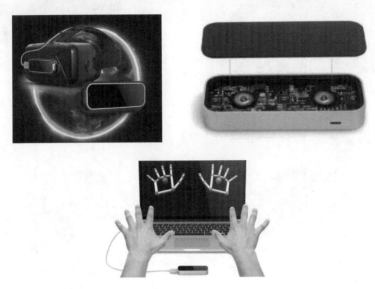

图 6-23　Leap Motion 实物、双目视觉结构及动作捕捉原理图

6.3.2　传感手套

1）力学反馈手套

力学反馈手套技术提供给用户一种虚拟手控制系统，使用户可以选择或操纵机器子系统并能自然感觉到触觉和力量模拟反馈。传感器能测出手的位置方向以及手指的位置，数据被输入虚拟环境生成器，然后在头盔显示器上重建出手。通过显示，用户可以与虚拟环境进行交互，用户还可以抓取和操纵虚拟环境中的物体。图 6-24 所示为力学反馈手套实物图。

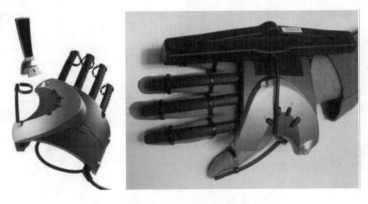

图 6-24　力学反馈手套

2）VPL 数据手套

最早的传感手套是由 VPL 公司开发的，称为 DataGlove，所以通常又把传感手套称为数据手套（见图 6-25）。数据手套由很轻的弹性材料构成，紧贴在手上。这个系统包括位置、方向传感器和沿每个手指背部安装的一组有保护套的光纤导线，它们能够检测手指和手的运动。

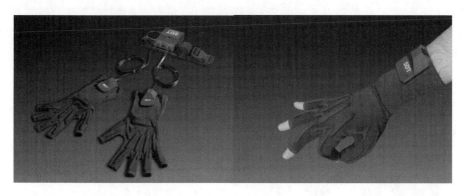

图 6-25　数据手套

作为传感器的光纤可以测量每个手指的弯曲和伸展动作。在控制器内部,每根光纤导线的一端配备一个发光二极管,而其另一端连接一个光传感器。当手指弯曲引起光纤光亮变化时,控制单元把从光传感器那里接收到的能量转变成电信号。光量的多少就反映了手指的弯曲程度。

6.3.3　三维鼠标

普通的鼠标只能感受在平面上的运动,而三维鼠标(见图 6-26)能够感受用户六个自由度的运动,包括三个平移参数和三个旋转参数。有人把三维鼠标称为 space mouse 或 cubic mouse。

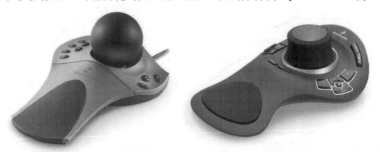

图 6-26　三维鼠标

6.3.4　数据衣

监测人的肢体关系已经不是一个新想法。早在 1981 年便有人提出了一个精确监视多人运动场景的系统,这个系统基于 SELSPOT 技术,以较高的识别速度精确地识别相对于某一参考帧的三维数据位置及方向。美国手语中心已使用 SELSPOT 系统来监视手指和前臂的运动,并使用这个系统研究分析了动物、医学以及运动场景的其他模式。VPL 公司为了识别整个身体,设计了一种使用与数据手套相同的光纤系统制成的称为数据衣的全身计算机输入装置。数据衣采用与数据手套相同的光纤弯曲传感技术,将大量的光纤安装在一个紧身衣上,它能测量肢体的位置,然后用计算机重建出图像。

6.3.5　触觉和力反馈的装置

传感手套可以把手部的运动转变为计算机的指令,但仅有伸手触摸物体的能力是不够的。在真实的周围环境中,当伸手去触摸某件物体时,它同时给你触摸反馈。为了产生虚拟的触摸感觉,研究人员开发了触觉和力反馈装置(见图 6-27)。虽然它们的样式和大小各不相同,但它们大致上做相同的事情:推我们的手臂,并把机械或动力信号记录下来。比如在 20 世纪 80 年代中期,美国空军的科研人员把压电晶体缝进手套的末端,压电晶体受到适当的电激励时将会颤动以产生触觉。

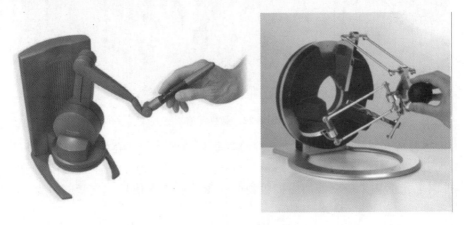

图 6-27　触觉和力反馈的装置

6.3.6　立体显示设备

1) 头盔式显示器 HMD

HMD 是头盔式显示器(helmet mounted display)的英文缩写。1985 年,在 NASA Ames 研究中心,由 McGreevy 和 Humphries 用单色的便携 LCD 电视显示器制造了第一台基于 LCD 的封闭头盔显示器 Eyephone。这个显示器使用了由 Leep 公司制造的独特的棱镜系统,提供较宽的立体视角。这个方向的发展立即引起了人们的普遍关注,但是它的分辨率仍然很低,并且显示器是单色的。图 6-28 是头盔式显示器样品,图 6-29 是市场上主要的消费级头盔显示器。

图 6-28　头盔式显示器

2) 立体眼镜

立体眼镜是一副特殊的眼镜,用户戴在眼睛上能从显示器上看到立体的图像。立体眼镜的镜片由液晶快门组成,通电后能实现高速的左右切换,使用户左右眼看到的图像不相同,从而产生立体感觉。

显示器能显示左眼和右眼两种不同的图像。但显示器显示左眼图像时,系统控制立体眼镜,把左眼的液晶快门打开,让用户的左眼看到左眼的图像。同样,当显示器显示右眼的图像时,系统把立体眼镜右边的液晶快门打开,用户的右眼看到右眼的图像。当切换频率达到 50

Oculus

PS VR

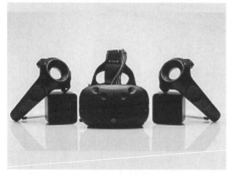

HTC VIVE

Gear VR

图 6-29 市场上主要的消费级头盔显示器

Hz 时,用户便能由显示器看到连续的图像,而且左右眼分别看到各自的图像。图 6-30 是一套虚拟现实显示系统,图 6-31 是 Tornado3000 显示卡。

图 6-30 一套虚拟现实显示系统

图 6-31 Tornado3000 显示卡

增强显示眼镜:Google Project Glass 利用的是光学反射投影原理(HUD),即微型投影仪先是将光投到一块反射屏上,而后通过一块凸透镜折射到人体眼球,实现所谓的"一级放大",在人眼前形成一个足够大的虚拟屏幕,可以显示简单的文本信息和各种数据。

Project Glass 实际上就是微型投影仪+摄像头+传感器+存储传输+操控设备的结合体。右眼的小镜片上包括一个微型投影仪和一个摄像头,投影仪用以显示数据,摄像头用来拍摄视频与图像,存储传输模块用于存储与输出数据,而操控设备可通过语音、触控和自动三种模式控制。图 6-32 是 Google Project Glass 实物及其结构原理图。

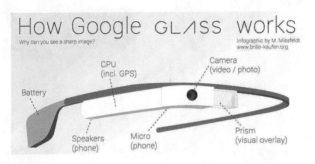

图 6-32　Google Project Glass **实物及其结构原理图**

3) 立体投影显示

　　基于空间投影的显示技术 SID(spatially immersive display)的研究以 CAVE 为代表,CA-VE 是由美国 Illinois 大学 EVL 实验室为克服 HMD 存在的问题而研制的一个系统,完成于 20 世纪 90 年代初。它由一个 10 英尺×10 英尺×9 英尺大小的房间组成,房间的每一面墙与地板均由大屏幕背投影机投上 1024×768 分辨率的立体图像。可允许多人走进 CAVE 中,用户戴上立体眼镜便能从空间中任一方向看到立体的图像。CAVE 实现了大视角、全景、立体,且支持 6 至 10 人共享的一个虚拟环境。图 6-33 所示为立体投影设备。

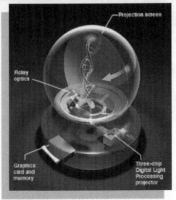

图 6-33　立体投影设备

虚拟视网膜显示器(virtual retinal display,VRD)。VRD 直接把图像投影到观察者的视网膜,使观察者能看到高亮度、高分辨率与高对比度的图像,可以为用户提供一个高分辨率、高对比度的立体显示,而不用佩戴任何眼镜。

4) 3D 显示器

麻省理工学院媒体实验室空间影像研究组发明了一种被称为边光显示器(edgelit display)的新型三维显示器,它不需要用户戴上专门的眼镜亦能观察到立体的图像。这项技术不同于普通显示器中的发射与反射类型,它把光源从显示器的下面向上发射,通过显示器内部的发射与折射,用户能看到立体的图像。这项技术的一个显著优点在于对显示器周围的环境没有任何严格的要求,有希望成为三维可视化的一种理想显示工具。图6-34所示为三维显示器。

图 6-34　三维显示器

6.3.7　3D 声音生成器

"3D 声音"不是立体声的概念,3D 声音是指由计算机生成的,能由人工设定声源在空间三维位置的一种声音。3D 声音生成器是利用人类定位声音的特点生成出 3D 声音的一套软硬件系统。

听觉环境系统由语音与音响合成设备、识别设备和声源定位设备所构成。人类进行声音的定位依据两个要素:两耳时间差(interaural time differences,ITD)和两耳强度差(interaural intensity differences,简称 IID)。声源放置在头部的右边,由于声源离右耳比离左耳要近,所以声音首先到达右耳,可以感受到达两耳的时间差。到达时间差便是上面提到的"两耳时间差"。

当听众刚好在声源传播的路径上时,声音的强度在两耳间的变化便很大,这种效果被称为"头部阴影"。NASA 研究者通过耳机能再现这些现象。

此外,由于人耳(包括外耳和内耳)非常复杂,其对声源的不同频段会产生不同的反射作用。为此,研究人员提出了"Head-Related Transfer Function"(HRTF)的概念,来模拟人耳对声音不同频段的反射作用。由于不同的人的耳朵有不同的形状和特征,所以也有不同的 HRTF 系数。

6.4　虚拟设计建模基础

虚拟产品开发过程是在虚拟的条件下,对产品进行构思、设计、制造、测试和分析。它的显著特点之一就是利用存储在计算机内的数字化模型——虚拟产品来代替实物模型进行仿真、分析,从而提高产品在时间、质量、成本、服务和环境等多目标优化中的决策水平,达到全局优化和一次性开发成功的目的。

6.4.1　建模概论

完整意义上的虚拟环境由硬件、软件和用户界面三个部分组成。如果把虚拟环境的硬件部分看作其肢体,则虚拟现实环境的软件控制部分就是其大脑。

虚拟环境中采用的软件有四类。

（1）语言类：如 C++、OpenGL、VRML 等。

（2）建模软件类：如 AutoCAD、SolidWorks、Pro/Engineer、I-DEAS、CATIA 等。

（3）应用软件类：指用户自己的各种需求，选择或者开发的自用软件。

（4）通用的商用工具软件包：指帮助用户建立虚拟环境的通用和基本的软件，可以使用户显著地加快虚拟现实系统的开发进程。

目前，已经有了一些可用于建立虚拟环境的图形软件包，如：WTK，OpenGL，Java3D，VRML、OSG、Unity3D 等。

在虚拟环境中，模型是可视化的重要组成部分，通过 OpenGL、OSG 或其他图形引擎实现虚拟环境的交互。本章将着重介绍虚拟环境中常用的建模技术，通过本章的学习对建模的基本理论有所认识，在此基础上可以自行制作简单的 demo。

目前，虚拟设计中采用的建模方法主要有几何建模、基于图像的虚拟环境建模、图像与几何相结合的建模、基于特征的建模、基于特征的参数化建模等。下面主要介绍前面三种建模方法。

6.4.2　几何建模

几何模型描述的是具有几何网格特性的形体，它包括两个主要概念：拓扑元素（topological element）和几何元素（geometric element）。拓扑元素表示几何模型的拓扑信息，包括点、线、面之间的连接关系、邻近关系及边界关系。几何元素是具有几何意义的点、线、面、体等，具有确定的位置和度量值（长度和面积）。一般来说，用计算机在图形设备上生成具有真实感的三维几何图形必须完成以下四个步骤。

① 建模即用一定的数学方法建立所需三维场景的几何描述，场景的几何描述直接影响图形的复杂性和图形绘制的计算消耗；

② 将三维几何模型经过一定变换转为二维平面透视投影图；

③ 确定场景中的所有可见面；

④ 计算场景中可见面的颜色。

1）几何建模方法的数学原理

几何建模的手段总体而言可归纳为二大类：Polygon（多边形）建模和 NURBS 建模。在 Maya 中，还有细分建模方法，属于二者相结合的技术。

（1）Polygon（多边形）网格建模。

三维图形物体中，运用边界表示的最普遍方式是使用一组包围物体内部的多边形。由于所有表面以线性方程加以描述，所以可以简化并加速物体表面的绘制和显示。多面体的多边形表精确地定义了物体的表面特征，但对其他物体，则可通过把表面嵌入物体中来生成一个多边形网格逼近。通过沿多边形表面进行明暗处理来消除或减少多边形边界，以实现真实性绘制。曲面上采用多边形网格逼近将曲面分成更小的多边形加以改进。

① 多边形表。

用顶点坐标集和相应属性参数可以给定一个多边形表面。这些信息被存放在多边形数据表中，便于以后对场景中的物体进行处理、显示和管理。多边形数据可分为两组：几何表和属性表。几何表包括顶点坐标和用来识别多边形表面空间方向的参数。属性表包括透明度、表面反射度参数和纹理特征等。

　　存储几何数据的一个简便方法是建立三张表:顶点表、边表和面表。物体中的每个顶点坐标值存储在顶点表中。含有指向顶点表指针的边表,用于标识多边形每条边的顶点。面表含有指向边表的指针,用于标识多边形的边,如图 6-35 所示。

　　② 平面方程。

　　三维物体的显示处理过程包括各种坐标系的变换、可见面识别与显示方式等。对上述一些处理过程来说,需要有关物体单个表面部分的空间方向信息。这一信息来源于顶点坐标值和多边形所在的平面方程。

　　平面方程可以表示为

$$Ax+By+Cz+D=0 \tag{6-1}$$

　　由于线框轮廓能以概要的方式快速地显示多边形的表面结构,因此这种表示方法在实体模型应用中被普遍采用。图 6-36 是机械零件线框模型的一个实例。

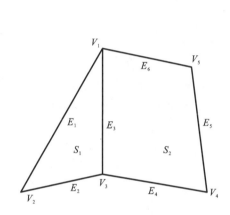

图 6-35　两相邻多边形面 S_1 和 S_2

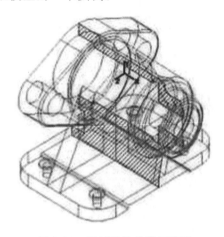

图 6-36　机械零件的线框模型

　　(2) NURBS 曲线与曲面建模。

　　在大多数的虚拟现实系统以及三维仿真系统的开发中,三维对象都要采用曲线与曲面的建模。

　　① B 样条曲线的定义。

　　基函数定义:为了保留贝齐尔方法的优点,仍采用控制顶点定义曲线。为了能描述复杂形状和具有局部性质,改用另一套特殊的基函数即 B 样条基函数。于是,B 样条曲线方程为

$$C(t) = \sum_{i=0}^{n} p_i N_{i,k}(t) \tag{6-2}$$

式中:$p_i(i=0,1,\cdots,n)$ 为控制顶点,$N_{i,k}(t)(i=0,1,\cdots,n)$ 称为 k 次规范 B 样条函数,其中每一个规范 B 样条,简称为 B 样条。它是由一个称为节点矢量的一个非递减的参数 t 的序列 T:$t_0 \leqslant t_1 \leqslant \cdots \leqslant t_{i+k+1}$ 所决定的 k 次分段多项式,也就是 k 次多项式样条。

$$N_{i,0}(t) = \begin{cases} 1 & (\text{若 } t_i \leqslant t \leqslant t_{i+1}) \\ 0 & (\text{其他}) \end{cases} \tag{6-3}$$

$$N_{i,k}(t) = \frac{t-t_i}{t_{i+k}-t_i} N_{i,k-1}(t) + \frac{t_{i+k+1}-t}{t_{i+k+1}-t_i} N_{i+1,k-1}(t) \tag{6-4}$$

式中:k 为次数;i 为序号。

　　以 B 样条定义为基础,拓展出了均匀 B 样条,非均匀 B 样条和非均匀有理 B 样条等概念。

B样条曲线具有以下特性:贝塞尔曲线的一些特性同样适合于B样条曲线,尤其是曲线遵循控制点多边形的形状以及曲线限制在控制点凸包内;曲线显示了变化衰减效应;对控制点表达方式做任何放射变换都会使曲线做相应变换;B样条曲线显示了局部控制——一个控制点与四个分段连接(三次B样条曲线情况下),移动控制点只能影响这些分段。

② NURBS曲线的定义。

NUBRS曲线方程可以表示如下:

$$NUBRScurve(t) = \sum_{i=0}^{n} p_i R_{i,k}(t) \tag{6-5}$$

$$R_{i,k}(t) = \frac{\omega_i N_{i,k}(t)}{\sum_{i=0}^{N} \omega_i N_{i,k}(t)} \tag{6-6}$$

式中:$p_i(i=0,1,\cdots,n)$为控制顶点,$R_{i,k}(t)(i=0,1,\cdots,n)$称为$k$次有理基函数;若以齐次坐标表示,从四维欧式空间的齐次坐标到三维坐标的中心投影变换为

$$H(X,Y,Z,\omega) = [x \quad y \quad z] = \left[\frac{X}{\omega} \quad \frac{Y}{\omega} \quad \frac{Z}{\omega}\right] \tag{6-7}$$

式中:三维欧式空间点(X,Y,Z)称为四维欧式空间点(X,Y,Z,ω)的透视像,它是四维欧式空间点(X,Y,Z,ω)在$\omega=1$的超平面上的中心投影,其投影中心为四维欧式空间的坐标原点。因此,四维欧式空间$(X,Y,Z,1)$与三维欧式空间(X,Y,Z)被认为是同一点,ω称为权因子(weight)。

③ NURBS曲面的定义。

曲面又称为非均匀有理B样条(non-uniform rational B-splines,NURBS)。NUBRS曲面的齐次坐标表示为

$$p(t,v) = h[p(t,v)] = h\left[\sum_{i=0}^{m} \sum_{j=0}^{n} D_{i,j} N_{i,k}(t) N_{j,l}(v)\right] \tag{6-8}$$

式中:$D_{i,j} = [\omega_{i,j} d_{i,j}, \omega_{i,j}]$称为控制顶点的$d_{i,j}$带权控制顶点或齐次坐标。可见,带权控制顶点在高一维空间里定义了向量积的非有理B样条曲面$p(t,v)$,$h[]$表示中心投影变换,投影中心取为齐次坐标的原点。$p(t,v)$在$\omega=1$超平面的投影(或称透视像),经过中心投影变换$h[p(t,v)]$就可定义一张NUBRS曲面。

图6-37是用NURBS表面建立的飞机模型。

图6-37 用NURBS曲面建立的飞机模型

2) 三维几何模型对象的获取方法

模型对象的获取通常有以下几种方法。

(1)利用专门的建模软件。这是大型场景建模中最有效的途径。三维造型软件如Maya、

3DS MAX 等都比较常用。

（2）科学计算的可视化。它通过三维空间数据场产生图形和图像。

（3）利用测绘数据建模。随着遥感技术的发展，实时视景仿真中，地形模型的获取采用测绘数据是一种趋势。

（4）根据建模方法，在开发的应用软件中进行建模。这种建模方法通常利用图形学的原理，以编程的方式实现。

在建模过程中，根据采用的软硬件开发平台、开发方式和开发要求，可以采用程序实时建模（基于编程的建模），也可以采用三维建模软件建模。

（1）程序实时建模（基于编程的建模）。

程序实时建模主要是指利用 OpenGL 和 Direct 3D 的函数库通过 C 或 VC＋＋等编程软件进行基于三维图形技术的编程建模。这种方式的建模具有很大的灵活性和统一性，是一种整合度较高的建模方式。例如，用程序实时建模创建各种复杂地形的一大优势是可以把复杂的地形同 LOD（level of detail，层次细节度）作无缝结合。此外，程序实时建模还可以很方便地对各种模型的结构、纹理进行界面化的定义和管理。

① 随机地形建模技术。

随机地形是三维场景建模中极为通用的数字三维地形生成技术。它有如下优点：一是可以构造一种想象中有、现实中无的相对理想的地形模型。通过给定的限定因子，系统可以随机产生无限多的地形样式供我们选择；二是由于不必采集或依赖特定的高程数据，因此，地形生成的自由度较大，生成的过程相对简单。

② 基于地形高程信息的建模。

基于地形高程信息的建模其实是一种三维数据还原法。对于以黑、灰、白三种明度表示的地形高程图，有三种生成方式：一为随机生成，如用 Photoshop 软件中的渲染滤镜效果中的云彩或分层云彩可以快速生成；二为地形高度映射，通过一定的算法，把数字高程模型（DEM）的各个高度值转化为色度中的黑、灰、白度值；三为用三维建模软件渲染数字高程模型，把模型的高度值渲染成深度通道（depth channel）。图 6-38 说明了地形等高线与三维网格地形的对应关系。基于地形高程信息建模的最终效果如图 6-39 所示。

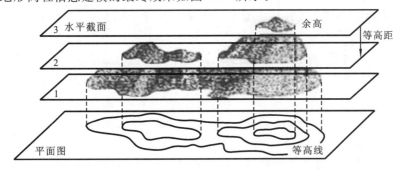

图 6-38　等高线地形建模的原理

（2）三维建模软件建模。

三维建模软件建模主要是指利用当前主流的三维软件，如 Maya、Softimage XSI、Houdini、3DS max、Lightware 3D 和 Multigen Creator 等对三维场景进行模型的创建和纹理贴图，然后根据需要，导出到相应的虚拟现实开发平台进行进一步的开发。虽然可以利用 OpenGL 和 Direct 3D 的函数库进行许多三维模型的编程性建模，如创建地形、纹理贴图等，但对于视景系

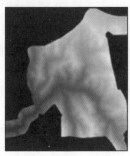  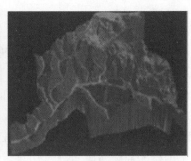

高程位图　　　　　　　　　　高程模型　　　　　　　　　赋予纹理的模型

图 6-39　基于地形高程信息建模的最终效果

统中的许多非常规模型,用编程的方式来建模是较为困难的,也不经济。但用三维建模软件创建就较易完成这些建模任务,而且利用三维建模软件工具进行高精度建模,然后再导入相应的开发平台,可以取得极高的工作效率。

　　3) 参数化建模

　　对现代设计系统的一个主要要求在于辅助设计变量和已有设计的可再使用性。传统的建模方法(线框建模、曲面建模、实体建模)只能建立固定的设计模型,不能够满足设计自动化的要求,模型一旦建立,修改时则需重新建模,设计效率低。

　　(1) 参数化设计。

　　参数化设计(parametric design)是以规则或代数方程的形式定义尺寸间的约束关系,建立相应的推理和求解驱动机制,把实体模型和曲面模型归于统一的系统,实施模型变换,并力图形成统一的数据,以使几何造型、工艺规划生成,数控加工数据相关,使尺寸变化与工艺规程的改变、零件装配信息的改变、加工编程的改变实现自动或部分自动化。

　　(2) 参数化设计的实现。

　　要实现参数化设计,必须先建立零件的参数化模型。所谓参数化模型,就是标有参数名的零件草图,由用户输入,并在屏幕上显示出来。一般情况下,模型的结构(即拓扑信息)是不变的,各个参数值是可变的,但在某些情况下,拓扑结构也可改变。

　　目前较为成熟的参数化设计方法是基于约束的尺寸驱动方法和基于特征的参数化建模方法。

　　基于约束的尺寸驱动方法的基本原理是:对初始图形施加一定的约束(以尺寸进行约束或实体关系进行约束),模型一旦建好后,尺寸的修改立即会自动转变为模型的修改,即尺寸驱动模型(dimension driven geometry)。如一个长方体,对其长 L、宽 W、高 H 赋予一定的尺寸,它的大小就确定了。当改变 L、W、H 的值时,长方体的大小随之改变。这里,不但包含了尺寸的约束,而且包含了隐含的几何关系的约束,如相对的两个面互相平行,矩形的邻边互相垂直等。

　　基于约束的尺寸驱动是将几何模型中的一些基本图素进行约束,当尺寸变化时,必须仍满足其约束条件,从而达到新的尺寸平衡。

　　约束一般分为两类:一类称为尺寸约束,它包括线性尺寸、角度尺寸等一般尺寸标注中的尺寸约束,也称为显式约束;另一类称为几何约束,它包括水平约束、垂直约束、平行约束、相切约束等,这类约束称为隐式约束。

　　常用的基于约束的尺寸驱动方法有三种:① 变动几何法;② 几何推理法;③ 参数驱动法。

　　① 变动几何法(variation geometry)是基于几何约束的数学方法,是较早使用的参数化建

模方法。它将给定的几何约束转化为一系列以特征点为变元的非线性方程组,通过数值方法求解非线性方程组确定几何细节。

② 几何推理法(geometric reasoning)是根据几何模型的几何特征,利用约束之间的相互关系,对给定的一组约束采用匹配方法,将约束条件与规则库中的推理规则进行匹配,逐步得到几何模型的一种方法。

③ 参数驱动法是一种基于对图形数据库的操作和对几何约束的处理,使用驱动树来分析几何约束对图形进行编程处理的方法。

6.4.3　基于图像的虚拟环境建模

基于图像的建模技术又称为 IBR(image base rendering),IBR 的最初发展可追溯到图形学中广为应用的纹理映射技术。在视景系统中,基于图像的建模技术主要用于构筑虚拟环境,如天空和远山。由天空和远山构成的虚拟环境的场景对象成分非常复杂,如果都采用几何建模,不仅工作量非常大,而且大大增加了视景的运行负担。此外,天空和远山在视景系统中只起陪衬作用,不需要近距离游览。因此,以天空和远山为主要构成要素的虚拟环境最适宜采用基于图像的建模技术。与基于几何的绘制技术相比,图像建模有着以下鲜明的特点:

(1)天空和远山构成的虚拟环境既可以是计算机合成的,也可以是实际拍摄的画面缝合而成,两者可以混合使用,并获得很高的真实感。

(2)由于图形绘制的计算量不取决于场景复杂性,只与生成画面所需的图像分辨率有关,该绘制技术对计算资源的要求不高,因而有助于提高视景系统的运行效率。

1)基于图像的虚拟环境建模的技术原理

基于图像的建模技术虽然不需要真正可视化的三维网格模型,但在定义其投影形状的类型时,还是必须通过虚拟空间坐标或不可见网格进行形状上的编码约束。所以,从严格意义上讲,这种非可视化的虚拟空间坐标或网格编码也是一种"网格",因此,我们可以称之为"伪三维网格"。基于全景图的图像建模技术中,采用这种方式可以定义很多类型的几何形状,如立方体、柱形、圆球体等。以立方体(cube)投影方式为例,它由 6 幅图片按立方体的 6 个方位进行坐标编码定位。这种方式是最为经典的环境建模方法,其基本原理如下所述。

首先,定义立方体的虚拟空间顶点索引号(index)和坐标点(vertex),并使其坐标轴处于立方体的中心,如图 6-40所示。

其次,定义立方体的 12 个网格面。由于渲染引擎只能渲染三角网格,所有四边形都必须划分成三角网格,所以,立方体就成了 12(6×2)个面。然后把每对处于同一平面的三角网格,合并成四边形的网格面,并定义为前、后、左、右、上、下诸面。

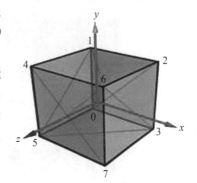

图 6-40　立方体空间坐标

2)基于图像的全景图环境建模技术

基于图像的建模方法(IBR)可以分成四类:体视函数方法(plenoptic modeling)、光场方法(lumigraph)、视图插值方法(view interpolation)、全景图方法(full-view-mosaicor panorama)。在视景系统中,考虑到与其他三维对象在视觉效果、交互技术等方面的兼容性和统一性,采用了全景图的方法创建虚拟环境。

全景图的英文为 panorama,有广义与狭义之分,广义的全景图指视角达到或接近 180°以上的取景。狭义的全景图指的是视点在某个位置固定不动,让视线向任意方向转动 360°,视网膜所得到的全部图像在 IBR 中被称为"全景"。亦即当虚拟照相机位置固定,而镜头作任意方向转动时,可以用一幅全景轨迹图来记录所有从各个方向得到的图像元素,在浏览时只要按照相应的视点方向显示预先存储的全景图的一部分就可以得到相应的场景输出。所以,在该方法中,虚拟照相机的位置被固定在一个很小的范围中,但可以沿着三个(上下、左右、倾斜)方向转动,相当于视点固定不动,视线可以任意转动。

(1) 全景图中的"伪三维网格"投影类型。

进行重投影的"伪三维网格"类型主要有:球表面(sphere)、圆柱面(cylinder)和立方体(cube)表面。

① 球面投影(spherical project)。

人眼透过视网膜获取真实世界的图像信息实际上是将图像信息通过透视变换投影到眼球的表面部分。因此在全景显示中最自然的想法是将全景信息投影到一个以视点为中心的球面上,显示时将需要显示部分进行重采样,重投影到屏幕上,如图 6-41 所示(注:上、中、下三个投影机处于同一中心点,为示意清楚起见,其位置有所错开,下同)。

球面全景是与人眼模型最接近的一种全景描述,但有以下缺点,首先在存储球面投影数据时,缺乏合适的数据存储结构进行均匀采样;其次,屏幕像素对应的数据很不规范,要进行非线性的图像变换运算,导致显示速度较慢。

② 立方体投影(cube project)。

立方体投影就是将图像样本映射到一个立方体的表面,如图 6-42 所示。这种方式易于全景图像数据的存储,而且屏幕像素对应的重采样区域边界为多边形,非常便于显示。这种投影方式只适合于计算机生成的图像,对照相机或摄像机输入的图像样本则比较困难。因为在构造图像模型时,立方体的六个面相互垂直,这要求照相机的位置摆放必须十分精确,而且每个面的夹角为 90°,才能避免光学上的变形;另外这种投影所造成的采样是不均匀的,在立方体的顶点和边界区域的样本被反复采样;更有甚者,这种投影不便于描述立方体的边和顶点的图像对应关系,因为很难在全景图上标注边和顶点的对应点。

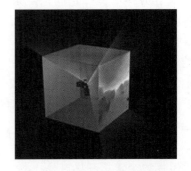

图 6-41　球面投影示意图　　　　　　图 6-42　立方体投影示意图

③ 柱面投影(cylinder project)。

柱面投影就是将图像样本数据投射到圆柱面上,如图 6-43 所示。和前两种投影方式相比,圆柱面投影在垂直方向的转动有限制,只能在一个很小的角度范围内。但是圆柱面投影有着其他投影方式不可比拟的优点,首先是圆柱面能展开为一个平面,可以极大地简化对应点的搜索;其次是不管是计算机产生的图像还是真实世界的图像都能简单便捷地生成圆柱面投影,并且快速地显示图像。

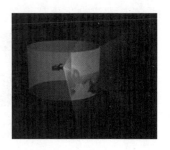

在驾驶模拟器视景系统开发中,基于图像的全景图环境建模投影主要以球面投影和立方体投影为主。

(2) 全景图像的采集、投影与生成技术。

① 获取序列图像。选好视点后,将照相机固定在场景中,水平旋转照相机,每隔一定角度 θ 拍一张照片,直到旋转 360°为止,相邻两张照片间的重叠范围在 30%到 50%之间。拍摄球形

图 6-43　柱面投影示意图

的全景照片在此基础上,沿垂直的方向,分别向上、向下每隔一定角度 θ 拍一张照片,直至拍完 360°为止。模拟专业拍摄的方式,针对柱形、球形、立方体等投影方式进行图片采集。如图 6-44 所示,球形投影用全部图片,柱形投影用 10 张(中 1 至中 10)图片。

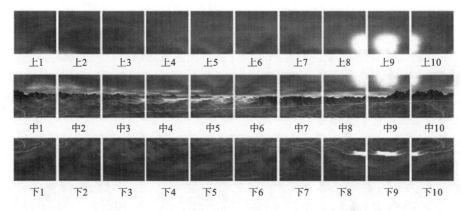

图 6-44　用计算机模拟实际拍摄效果获得的局部图片

② 图像的特征匹配技术。在求解匹配矩阵以实现图像的插补和整合的过程中,要以相邻图像的对应匹配点为计算参数。对应点指在序列图像中,同一点在相邻图像的重叠区域形成的不同的投影点。特征匹配是图像缝合的关键,用于除去图像样本之间的重复像素。

③ 基于加权算法的平滑处理。拼接而成的图像含有清晰的边界,痕迹非常明显。为了消除这些影响,实现图像的无缝拼接,必须对图像的重叠部分进行平滑处理,以提高图像质量。设图像 1 和图像 2 在重叠部分中的对应点像素值分别为 rgb1 和 rgb2,拼接后的图像重叠区域中像素点的值为 rgb3,加权后的像素值为 Mid,其加权算法为

$$\mathrm{Mid} = k \times \mathrm{rgb1} + (1-k) \times \mathrm{rgb2} \tag{6-9}$$

权值 k 属于(0,1),按照从左到右的方向由 1 渐变至 0。

④ 缝合并生成全景图。图像采用以上特征匹配和加权算法平滑处理以后,通过重渲染技术,把各个分开的图像"缝合"(stitching)起来,得到了拼接或缝合起来的全景图像,就有了当前视点的所有视景环境的图像数据。这些图像数据必须通过重投影的方式映射在上文所述的"伪三维网格"上。该方法的思路是:将场景图像数据投影到一个基于"伪三维网格"的简单形体表面,在视点位置固定的情况下,用最少的代价将图像数据有效地保存,并且与视景中的其他几何模型同步显示出来。根据球面投影技术渲染生成基于球面的全景图像重建,即将 30 张序列照片投影到拍摄它们时的成像平面上,则这些序列照片可无缝拼接成包括顶部和底部的球面空间全景图(见图 6-45),图 6-46 为球形投影全景图的平面展开。如果需要,根据立方体

的投影技术渲染生成基于立方体的全景图像重建,图 6-47 为平面展开的立方体投影全景图。

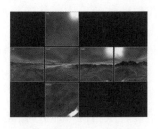

图 6-45　球形投影　　　　图 6-46　平面展开球形投影全景　　　图 6-47　平面展开立方体投影全景

6.4.4　图像与几何相结合的建模技术

从以上分别对几何建模与图像建模的技术分析可知,二者的技术各有所长,合理使用才能发挥各自优势。图像与几何结合的建模技术可以最大限度地挖掘两种建模技术的潜力,把高仿真度的图像映射于简单的对象模型,在几乎不牺牲三维模型真实度的情况下,可以极大地减少模型的网格数量。图 6-48 所示分别为几何建模与图像建模的车轮网格对比,左边的车轮全部采用三维网格建模,包括外胎的所有凹凸齿纹。因此其三角网格面的数量达到了 12293 个;右边的车轮采用简单几何模型与外观图像相结合,其最终的三角网格面的数量只有 60 个,几乎达到了 205∶1 的模型优化率。由于车轮在汽车的建模中不是主体,60 个三角网格面就足够了。如果更精密一些也只要 200 个左右的三角面。

图 6-48　几何建模与图像建模的车轮网格对比

下面以图像与几何相结合的汽车建模为例。以工业设计为目的的汽车建模通常采用曲面(NURBS)生成技术,更注重于建模的过程和所采用的建模方式,这有别于以虚拟交互技术为目的的建模。以虚拟交互技术为目的的建模更注重结果,无论什么方式,如何成形,只要结果符合虚拟交互技术的需要(尽可能少的三角面,尽量多的图像细节)即可。因此,根据多个不同视角的汽车照片,通过建模软件多视图的点、线位置采样,然后分区块成形。这些建模都在Maya 中完成。

(1) 准备工作。

基于图像与几何相结合的汽车建模从本质上讲,就是把五个视图(前、后、左、右、顶)的汽车照片重新进行空间位置和形状上的还原。因此,汽车各视图图片的采集或拍摄非常关键。如果没有合适的汽车照片,可以利用高精度的汽车模型导入三维建模软件进行各视图的采集。由于汽车的左右位置对称,因此,笔者只取左侧的汽车图片。所有各视角的汽车图片都必须进行长、宽、高三个位置的一一对位,如侧视图的长度与顶视图的长度一致;前、后视图的高度与侧视图的高度一致;顶视图的高度与前、后视图的宽度一致。在 Photoshop 中,这些图片按各个视图的名称分别进行保存,并输入三维建模软件 Maya 中(见图 6-49)。然后建立一个立方体,调整长、宽、高的比例,使之与各视图的汽车图片的比例一致,按如图 6-50 所示的位置贴图,最后删除不需要的面。

图 6-49　用于建模参考的汽车图片

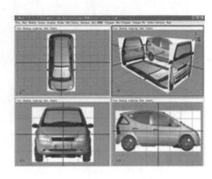

图 6-50　四个视角的参考图片

（2）根据三维空间信息创建汽车外形。

由于汽车外观左右对称,实际上只需创建左半侧的汽车模型,另一半根据左侧的创建结果,采用镜像复制完成。作为几何建模与图像建模的结合,不需要创建过于细致的三维模型,所以轮廓线尽可能概括一些,但位置一定要精确,否则以后的图像贴图对位将遇到问题。

汽车外轮廓线的创建是建模的关键步骤。轮廓线的划分必须根据汽车的结构,分为前、后、侧、顶四大块,如图 6-51 所示。实际上,轮廓线的本质就是每两个相邻面之间的分界线。先创建侧视图的轮廓线,然后以此为依据,采用曲线捕捉功能(snap to curves),根据需要,不断地在各个视图中切换、捕捉三维空间位置的信息,从而创建其他面的轮廓曲线。为保持所有曲面的一致性,各个面统一定义为四根轮廓线组成。

最后,运用 Maya 的边界线造型命令 Boundary,根据所画的轮廓线依次创建三维曲面,结果如图 6-52 所示。最后把曲面(NURBS)模型转换成多边形(polygons)模型。在保证车身外形的情况下,作最大限度的优化,通过镜像复制另一半车身,最终形成完整的汽车外形。车身各个面是相对独立的,但合起来必须浑然一体,以便于汽车图像的拟合(见图 6-53、图 6-54)。

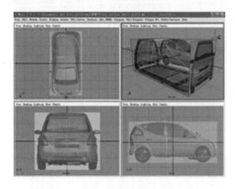

图 6-51　四视图创建三维轮廓线

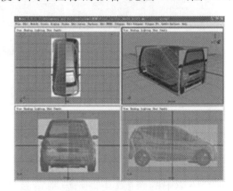

图 6-52　创建三维曲面模型

（3）几何与图像的组合——汽车的最后成形。

几何与图像相结合的建模方法的本质还是模型加纹理贴图,但作为一种建模技术理念,图像在这里所起的作用已经超越了纯粹纹理贴图的意义,成了建模的"一分子"。这意味着本应由几何建模承担的作用,部分地由图像来承担。

以该汽车的建模为例,图像至少还起到了以下作用。

图 6-53　几何壳与图像的对应

图 6-54　车窗和汽车外观质感

① 代替实体汽车的车窗、玻璃。这种方法采用了遮罩通道,让需要镂空或透明的地方产生类似效果。

② 模拟汽车外观的局部造型,如车门的三维边饰,弧形立体视觉效果,凹槽等。这种模拟方式对图像的光照方向要求很高。由于汽车属于活动的三维物体,没有绝对固定的光照和阴影,所以要求采集汽车图像时的光照处于正平光或没有明显方向感的自然光,产生的阴影才能与汽车浑然一体。

最终,几何与图像相结合产生的对比效果如图 6-55 所示。左侧为纯几何建模(除了车牌),模型的三角面数量达到了 101755 个,这对于以实时交互为目的虚拟现实场景而言,是一个极大的负担。右侧的汽车为几何与图像相结合的建模,三角面的数量只有 814 个,是纯几何建模的 1/125,而三维视觉效果并不比左边的逊色,在虚拟环境中测试,其运行的帧速率呈直线上升之势。

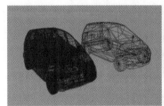

图 6-55　几何与图像的最终统一

6.5　虚拟设计应用实例

1) 数控加工系统的虚拟设计

虚拟数控加工是指采用计算机软件技术在虚拟环境中再现数控加工过程,是数控加工技术在虚拟环境中的映射,其集先进制造技术、数控加工技术、计算机辅助设计(CAD)、计算机辅助制造(CAM)、虚拟现实技术、建模与仿真技术于一体。虚拟数控加工系统为设计夹具、选择刀具、优化刀具的几何参数、确定合理的切削用量、制定加工工艺路线以及开展微细加工机理研究等提供重要的技术手段。由于虚拟数控加工过程的实现,不需要物理加工设备的投入,对开展数控技术技能培训也具有重要的实践与经济价值。

虚拟数控加工系统是在 Visual Studio. NET 平台上进行开发的。系统中选用 OSG 作为图形引擎,它是一个基于 OpenGL 和场景图的开源 3D 图形渲染引擎,在场景开发和渲染的效率上具有较大的优势。

（1）虚拟加工场景中的实体建模。

目前市场上三维造型软件已发展得相当成熟,其中 3D 建模也早已成为一个发展比较成熟的课题。SolidWorks 是目前最普及的三维建模软件之一,其特点是操作简单方便,易学易懂。以下采用 SolidWorks 创建数控车床、数控铣床等装配体,将其导出为 STL 格式的文件,再用 3D Studio MAX 导入,进行贴图、纹理、光照等处理。利用 OSGExP 插件,从 3DMax 中导出 OSG 可以读取 IVE 的模型格式。图 6-56 是场景中主要的 IVE 模型。每个运动模块需独立建模,以便程序对其控制。厂房和车床床身是静止模型;卡盘绕其轴线做旋转运动;车刀和刀架做回转换刀运动和随溜板的进给运动;溜板做进给运动;有的加工过程需要顶针,有的不需要,顶针模型可显示或隐藏。

（a）厂房的IVE模型

（b）车床床身的IVE模型

（c）卡盘的IVE模型

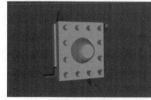
（d）车刀和刀架的IVE模型

（e）溜板的IVE模型

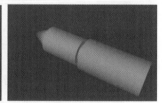
（f）顶针的IVE模型

图 6-56　虚拟加工场景模型

（2）虚拟加工场景的组织。

OSG 是一个开放源码、跨平台的图形开发包,它为诸如飞行器仿真、游戏、虚拟现实、科学计算可视化这样的高性能图形应用程序开发而设计。它基于场景图的概念,提供了一个在 OpenGL 之上的面向对象的框架,从而把开发者从实现和优化底层图形的调用中解脱出来,并为图形应用程序的快速开发提供很多附加的实用工具。它完全是由标准 C++程序和 OpenGL 写的,充分利用 STL(standard template library,标准模板库)和设计模式,发挥开源开发模型的优势来提供一个免费的开发库,并且重点集中在用户的需求上。

OSG 采用场景图(scene graph)来组织三维空间的数据,以便于高效的渲染。从结构上看,场景图是一个层次化的有向无环图(directed acyclic graph,DAG),由一系列的节点(node)和有向边(directed arc)构成。场景图的顶部是一个根节点(root node)。从根节点向下延伸是组节点(group node),每个组节点中均包含了几何信息和用于控制其外观的渲染状态信息。根节点和组节点都可以有零个或多个子成员,但是,有零个子成员的组节点事实上没有执行任何操作。在场景图形的最底部是叶节点(leaf node),叶节点包含了构成场景中物体的实际几何信息。虚拟车削场景的树形结构图如图 6-57 所示。

（3）虚拟数控车削加工过程的实现。

虚拟数控车削加工过程实际上是由卡盘旋转、刀具运动,以及构成工件的若干圆柱体实时

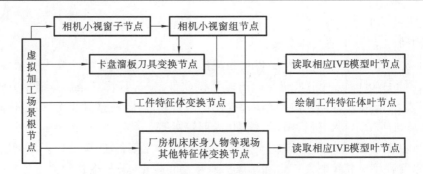

图 6-57　虚拟车削场景的树形结构图

改变其特征参数的过程。通过读入由对话框输入的数控指令传递坐标值,进行解析运算,便可得到刀具运动轨迹、加工后工件的形状参数。实现效果如图 6-58 所示。

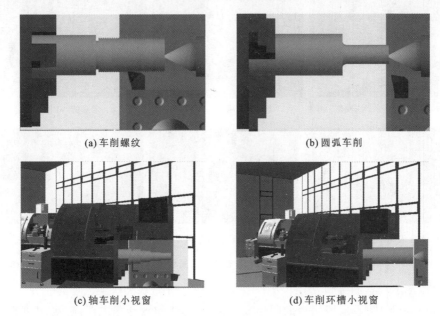

(a) 车削螺纹　　　　　　　　　　(b) 圆弧车削

(c) 轴车削小视窗　　　　　　　　(d) 车削环槽小视窗

图 6-58　虚拟加工过程

目前,已有产品性能和功能方面都不是十分完善,主要是由于传统的基于 OpenGL 的系统编程复杂、图形显示效果欠佳。随着计算机技术的发展,特别是图形开发包的升级,为虚拟数控加工系统提供了高效的、开源的图形开发工具——OSG。同时将物理仿真与几何仿真相结合,可使用户在加工过程中了解物理参数的变化,而且研究并开发全面的虚拟数控加工系统是技术发展和经济发展的大势所趋。

2) 攀岩机虚拟现实系统设计

本设计实例以攀岩机的路径变更、体验感提升以及增强信息反馈为出发点,采用将机械系统与虚拟现实相结合的方法,并联入信息系统用于分析用户攀岩数据,设计了虚拟与现实融合的路径可调室内攀岩机,用于实现用户对室内攀岩健身的要求,给予其沉浸式的虚拟现实体验,并将用户攀岩过程中的攀岩信息与身体信息分析后得出用户的健康报告。设计的整体思路如图 6-59 所示。

(1) 虚拟样机设计思路。

在虚拟样机的机构设计过程中,首先对攀岩机的机械运动原理以及功能进行初步的设计,

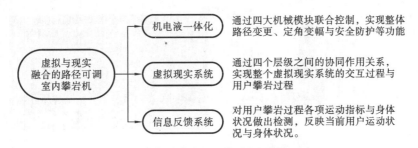

图 6-59 攀岩机虚拟现实系统整体架构图

使用 SolidWorks 软件进行 3D 准确建模,同时使用 3DS Max 软件制作机构运行动画。

（2）虚拟现实系统设计思路。

攀岩机虚拟现实系统是基于 Unity3D 虚拟引擎为开发平台的。用户登录系统后,可通过体感控制进行攀岩模式选择和攀岩山峰选择;可以对音频、视频等系统设置进行自定义调整;可以选择不同的攀岩路径,对应不同的难度级别。

虚拟现实系统的设计思路如图 6-60 所示,依据开发需求,系统架构划分为功能界面层、逻辑计算层、数据存储层、平台支撑层共四个层次,每个层次分为多个子模块,各个模块之间既相互独立,又相互关联。

① 功能界面层。

功能界面层是用户和管理员同系统进行交流的窗口,是实现系统功能的应用界面,不同的用户可以根据自己的需要对攀岩模式、攀岩山峰和系统设置选项进行自定义选择。

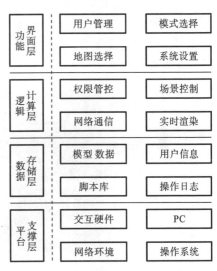

图 6-60 虚拟现实系统设计架构

② 逻辑计算层。

根据用户与平台交互过程中的操作行为,在系统的后台进行物理引擎计算、可见性计算和动态加载等内容的逻辑计算。对用户登录权限进行管控、编写场景切换控制脚本、实现网络通信和实时渲染的开发。

③ 数据存储层。

在数据层中,存储了攀岩机所需要的三维山峰模型数据、自然环境数据、用户信息数据和操作日志数据等。在用户与平台交互过程中,逻辑层根据用户操作指令需要,调用不同脚本实现数据的调取与使用。

④ 平台支撑层。

平台支撑层主要为系统提供了个人计算机、操作系统、网络环境、交互式硬件等平台所必需的硬件与环境支持。

（3）虚实场景定位设计。

为了实现虚拟场景与实际场景动作之间的匹配,设计了如图 6-61 所示的定位原理系统。在整机的工作过程中,由两侧的激光定位器发射出激光信号,而用户所佩戴的 HTC VIVE 眼镜上配有 32 个头戴设备感应器,其内部的光电二极管吸收来自激光定位基站发出的激光信号,并且不停闪烁和扫动,让 PC 端能够凭此计算头戴设备感应器在房间里的精确位置和朝

图 6-61　虚拟现实系统与机械控制系统结合示意图

（包括 1-激光定位器，2-攀岩机，3-虚拟岩面）

向，从而实现 360°的移动追踪。

　　同样的原理，系统可以计算出攀岩机的位置和朝向，使虚拟坐标系与实际坐标系重合，使岩面与攀岩机的正面攀岩区基本重合，实际情况如图 6-62 所示。由此实现虚拟现实系统与机械控制系统的结合。

图 6-62　攀岩机虚拟现实系统登录界面与实物样机

　　当用户在虚拟场景中选择退出攀岩地图后，用户将返回到山峰选择界面，同时攀岩机将逐渐停止转动，用户在离开攀岩机后取下 VR 眼镜，从而脱离攀岩机的 VR 系统，返回现实场景。

第7章

创新设计

设计的本质是功能描述到结构描述的变换。如果实现这种变换的所有步骤都已知,则为常规设计;如果至少有一步未知,则为创新设计。创新设计的核心是概念设计。在概念设计阶段,分析、解决设计中存在的冲突和矛盾,并依据创新原理提出新的解。本章重点和难点在于利用 TRIZ(俄文音译为英文后的缩写,意为创新问题解决理论,英文释义为 theory of inventive problem solving)解决技术矛盾问题的方法,特别是矛盾矩阵的应用。

7.1 创新方法与 TRIZ

创新之根在于实践,创新之眼在于观察。创新是创造性地发现问题和创造性地解决问题的过程,创新能力是人的一种潜能,这种潜能可通过一定的学习和训练得到激发。创新活动具有自身的规律和方法,掌握这些规律与原理有助于提升创新的水平和效率。

7.1.1 创造性思维

创造性思维,是一种具有开创意义的思维活动,即开拓人类知识新领域、开创人类认识新成果的思维活动,是以感知、记忆、思考、联想、理解等能力为基础,以综合性、探索性和求新性为特征的高级心理活动,是人类思维的最高表现,是以新颖独创的方法解决问题的思维过程。它解决问题的方法是在多种方案、多种途径中去探索、去选择。创造性思维具有广阔性、深刻性、独特性、批判性、敏捷性和灵活性等特点。其主要表现为如下:

(1)理论思维,又称为抽象思维、逻辑思维,是指在知识和事实的基础上,遵循一定逻辑进行的、旨在揭示和把握对象本质和规律的系统化思维形式。

(2)发散思维,又称为辐射思维、多向思维,是指从一个目标出发,沿着多种途径去思考,并且从这种扩散的思考中求得常规的和非常规的多种设想的思维形式。发散思维是创造性思维最主要的特点。

(3)逆向思维,又称求异思维,是指为实现某一创新或解决某一因常规思路难以解决的问题,而采取反向思维来寻求解决问题的方法。

(4)侧向思维,又称旁通思维,是指利用其他领域里的知识和资讯,从侧向迂回地解决问题的一种思维形式,其特点是思路活泼多变,善于联想推导,随机应变。

除此以外,创造性思维还表现为联想思维、形象思维等方面。创造性思维的关键在于克服思维定式,打破习惯性思维的束缚。

7.1.2 创新方法

关于科学研究的成功途径,国家科学技术部进行了一项针对众多诺贝尔奖获得者的研究,结果表明他们成功的主要途径是科学发现、科学仪器、科学方法。其中科学方法的核心是创新的方法,近三分之一的诺贝尔奖获得者依靠科学的创新方法实现了突破性的进展。

传统的创新方法包括试错法、头脑风暴法、形态分析法等。

(1) 试错法。

试错法即猜想-反驳法,是一种纯粹经验的学习方法,通过反复尝试运用各式各样的方法或理论,直到获得理想的方案,例如"六六六"药粉的发现,就是在经历了 666 次试验之后才获得成功的。在试错的过程中,尝试的次数取决于试错者的知识水平和经验。

试错法在 19—20 世纪得到了非常广泛的应用,包括电动机、发电机、电灯、汽车、飞机、电报、电话、电影、照相机等在内的许多发明都是通过试错法取得的。

试错法具有随机性,故效率低下。

(2) 头脑风暴法。

头脑风暴法是由美国创造学家奥斯本提出的一种激发性思维的方法,主要运用集体思考的力量。针对某一问题,组织成员进行集体思考,在这个过程中,每一个成员均可自由地思考,提出各自不同的方案。一个成员提出一种方案,会启发其他成员引起联想和想象,从而产生更多方案。这样就像原子核裂变一样,通过连锁反应,最终可以产生大量方案。

头脑风暴法基于有的人善于提出想法而拙于分析想法,而有的人善于分析想法却拙于提出想法的分析,因此,可以将提出想法和分析想法分开进行。使用头脑风暴法可分 2 步走,首先是基于成员的发散思维产生大量方案;然后,通过集中思维对各种方案进行过滤。

头脑风暴法因为操作受到一定条件的限制,效率又不高,有很多企业因为陷于头脑风暴法的汪洋大海而不能自拔,错失新产品推出的良机。

(3) 形态分析法。

形态分析法是一种利用系统观念来组合设想的创造方法。首先,将要解决的问题分解为若干相互独立的子问题,找出解决每个子问题的所有可能的方案,然后加以排列组合,得到多种整体解决方案,最后筛选出最优方案。形态分析法的通常步骤:① 明确所要解决的问题(发明、设计);② 将要解决的问题,按重要功能等基本组成部分,列出相关的独立因素;③ 详细列出各独立因素所含的要素;④ 将各要素排列组合成创造性设想。

形态分析法的应用带来了操作上的困难,突出表现为如何在数目庞大的组合中筛选出可行的新方案。如果选择不当,就会浪费大量时间。

传统创新方法还有列举法、设问法、类比法、叠加法、原型启发法、合理移植法、联想扩充法等,一共 300 多种,人们运用这些方法都曾取得过一定的成果。但是由于传统创新方法往往要求使用者的技巧比较高超,心智经验比较丰富,知识积累比较多,因此,创新的效率普遍不高,特别是遇到一些难度较大的问题,很难获得理想方案。

相对于传统创新方法,TRIZ 理论具有鲜明的特点和优势。TRIZ 基于技术的发展演化规律来研究整个创新设计过程,并成功地揭示了创造发明的内在规律和原理,从而使得创新不再是随机的行为。

7.1.3　TRIZ 的产生与发展

TRIZ 起源于 20 世纪 40 年代,创始人为苏联发明家、作家根里奇·阿奇舒勒,他领导数十家研究机构、大学、企业组成了 TRIZ 的研究团体,通过对世界 250 万份发明专利分析研究,基于系统论思想创立了 TRIZ 理论。TRIZ 的发展主要经历以下几个阶段:

（1）1946—1980 年,阿奇舒勒创建了 TRIZ 的理论基础,并建立了 TRIZ 的一些基本概念和分析工具。在这期间,1956 年,第一篇 TRIZ 论文发表;1975 年,发明问题求解标准颁布;

（2）1980—1991 年,研究队伍不断扩大,大约有 500 所 TRIZ 学校建立;随着 TRIZ 应用实践的不断丰富。针对传统 TRIZ 理论暴露出的不足和缺陷,研究者进行针对 TRIZ 的改进。1989 年,俄罗斯 TRIZ 协会(后来的国际 TRIZ 协会)正式成立,根里奇·阿奇舒勒当选 TRIZ 协会主席。

（3）1991—2000 年,随着苏联解体和冷战的结束,许多 TRIZ 研究人员移居到了欧美等国家,并把 TRIZ 系统地传入西方,并得到产品开发人员和管理人员的高度重视。一些大型制造公司,例如波音、通用、福特等,利用 TRIZ 理论进行产品创新研究,取得了很好的效果。一些大学还专门开设 TRIZ 课程,用于培养学生的创新思维;

（4）2000 年以后,TRIZ 理论已经成为一套解决新产品开发实际问题的成熟理论和方法体系。并且,TRIZ 从技术领域向企业管理、经济、教育等领域扩展。

实践证明,TRIZ 理论能够帮助人们系统地分析问题情境,快速发现问题的矛盾,并通过 TRIZ 理论和工具得到理想的解决方案,显著缩短了人们创造发明的进程,提升了产品的创新水平。

7.1.4 TRIZ 的基本内容

1）TRIZ 理论的核心思想

TRIZ 理论的核心是消除矛盾及技术系统进化的原理,并建立基于知识消除矛盾的逻辑化方法,用系统化的解题流程来解决特殊问题或矛盾。核心思想主要体现在 3 个方面:

（1）任何一个技术系统的发展都遵循着客观的规律发展演变,具有客观的进化规律和模式,各种技术难题和矛盾的不断解决是推动这种进化过程的动力;

（2）创新实践中遇到的工程矛盾及解决方案总是重复出现,容易掌握彻底解决工程矛盾的创新原理和方法,而且,解决本领域技术问题的最有效的方法往往来自其他领域的科学原理;

（3）技术系统发展的理想状态是用最少的资源实现最大效益的功能。

2）TRIZ 理论的主要内容

TRIZ 理论包含一套关于创新问题解决的工具,包括技术系统进化法则,物-场分析法,创新问题标准解法,创新问题解决算法 ARIZ(英文释义为 algorithm for inventive-problem solving),技术矛盾解决矩阵,40 个创新原理,39 个工程技术特性,物理学、化学、几何学等工程学原理知识库等。这些工具为创新理论软件化提供了基础,从而为 TRIZ 的实际应用提供了条件。图 7-1 为 TRIZ 的理论体系。

3）TRIZ 中的基本概念

功能:是物体作用于其他物体,并改变其参数的行为。功能描述了系统或组件是用来做什么的;

子系统(组件):技术系统的组成部分;

作用对象:功能的承受者;

物-场:由两种物质和一种场组成的系统;

外部条件:系统以外的环境、情况等限制因素;

技术系统进化法则:技术系统与生物系统一样也有一个进化发展的过程,并且这个进化发

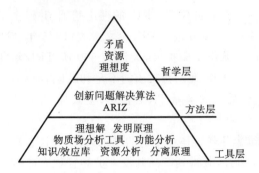

图 7-1　TRIZ 的理论体系

展过程是具有一定规律性的,这些技术系统进化发展的规律就是技术系统进化法则;

　　资源:就是一切可被人类开发和利用的物质、能量和信息的总称;

　　思维定式:在过去获得的经验和知识的基础上形成的感性认识,逐渐沉淀成为一种特定的认知模式;

　　矛盾:在事物中存在的既对立又统一的现象;

　　管理矛盾(行政矛盾):现实和理想之间的矛盾;

　　技术矛盾:是两个参数之间的矛盾,改善系统的某一个参数,导致另一个参数的恶化;

　　物理矛盾:是针对一个参数产生不同的要求而产生的矛盾;

　　矛盾矩阵:由 39 个工程参数组成第一行和第一列的一个表;

　　技术预测:是对有关技术发展趋势、技术发明、应用成果及经济前景、社会影响等方面的预测。技术预测还可以根据技术发展阶段分为基础研究预测、应用研究预测、开发研究预测、生产需求预测等;

　　发明的级别:不同的发明可能会对系统、社会、人类等产生不同的影响,按照影响的程度可以把发明分为不同的等级,即发明的级别。

7.2　设计冲突及其消解

7.2.1　设计中的冲突

　　在波音 737 飞机的引擎改进中,设计人员遇到了一个问题:一方面,需要增大整流罩的直径以使其吸入更多的空气;另一方面,整流罩直径的增大将使它的下边缘与地面的距离变小,从而可能使飞机在跑道上行驶时产生危险。这样,在"发动机的功率"和"整流罩与地面的距离"之间就产生了冲突。

　　实际上冲突普遍存在于各种产品的设计之中,冲突种类可分为工程冲突、社会冲突及自然冲突,该三类冲突中的每一类又可细分为若干类。图 7-2 所示为冲突分类树。

　　以下是工程中实际存在一些冲突的例子(见图 7-3)。

　　(1)拖拉机。

　　拖拉机的效率不仅取决于车轮牵引力,还与拖拉机的重量有关。一台大功率但重量轻的拖拉机,在重载时车轮会打滑;拖拉机的重量大,地面牵引性能就好,但大部分功率会消耗在拖拉机本身上。减轻拖拉机的重量,可以增加承载量,但重量的降低会导致牵引能力下降。设计中的冲突在于既希望拖拉机的重量大,又希望拖拉机的重量小。

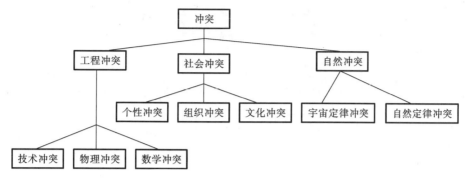

图 7-2 冲突分类树

图 7-3 设计中的冲突实例

（2）游艇。

在游艇的外壳设计中,希望外壳的形状使游艇航行的阻力最小,又能保证游艇最大的稳定性。窄长的游艇阻力小,但不稳定,也没有足够的承载力。增加压舱物的重量可以增加游艇的稳定性,同时也增加了吃水深度,因此,摩擦阻力也随之增加。

（3）汽车。

增加发动机的功率,发动机的重量和油耗也随之增加,汽车的车身和底盘必须更结实也更重,从而导致车内有效空间变小。

轮胎的压力小,车轮就软,这样车辆行驶时比较安静,汽车就像小船一样浮在高低不平的道路上。但是轮胎压力的降低会增加路面阻力,降低了车速。

传统设计在处理冲突问题时通常采取优化或折中的方法,即在冲突双方寻求平衡,但这样只是一种妥协的结果,并没有真正解决冲突。TRIZ 理论认为,产品创新的标志是移走设计中的冲突,并产生新的有竞争力的解。冲突的发现与解决是推动产品进化的动力。

7.2.2 技术矛盾及其解决

TRIZ 解决技术矛盾问题流程如图 7-4 所示：① 将要解决的具体问题加以明确定义；② 根据 TRIZ 理论提供的方法,将需要解决的具体问题转化为问题模型；③ 运用矛盾矩阵和创新原理定位解的方向；④ 沿解的方向寻求具体方案。在这个过程中,中间步骤相对来说是程序化的,而前处理和后处理则仍需要经验和知识的支持。

1）39 个通用工程参数

通过 TRIZ 理论对大量发明专利的研究,总结出了工程领域常用的描述系统性能的 39 个通用工程参数（见表 7-1）,通用参数一般是物理、几何和技术性能的参数。值得注意的是,有

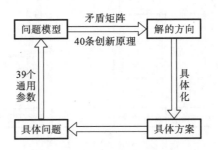

图 7-4 TRIZ 解决技术冲突

些参数有其特定的含义,读者可查阅有关说明。

表 7-1   39 个通用工程参数

序号	工程参数名称	序号	工程参数名称
1	运动物体的重量	21	功率
2	静止物体的重量	22	能量损失
3	运动物体的长度	23	物质损失
4	静止物体的长度	24	信息损失
5	运动物体的面积	25	时间损失
6	静止物体的面积	26	物质或事物的数量
7	运动物体的体积	27	可靠性
8	静止物体的体积	28	测量精度
9	速度	29	制造精度
10	力	30	外部对物体产生的有害因素
11	应力或压力	31	物体产生的有害因素
12	形状	32	可制造性
13	结构的稳定性	33	可操作性
14	强度	34	可维修性
15	运动物体作用时间	35	适应性及多用性
16	静止物体作用时间	36	装置的复杂性
17	温度	37	监控与测试的困难程度
18	光照度	38	自动化程度
19	运动物体的能量	39	生产率
20	静止物体的能量		

为了应用方便,可将上述 39 个通用工程参数分类如下:

(1) 物理及几何参数:1～12,17～18,21;

(2) 技术负向参数:15～16,19～20,22～26,30～31;这些参数变大时,使系统的性能变差,例如,系统为完成特定的功能所消耗的能量(19～20)越大,则设计越不合理;

(3) 技术正向参数:13～14,27～29,32～39;这些参数变大时,使系统的性能变好,例如,系统可制造性(32)指标越高,则子系统制造成本就越低。

2) 40 条创新原理

(1) 分割原理。

原理:将物体分割成独立的部分;使物体成为可组合的部件(易于拆卸和组装);增加物体的被分割程度。

举例:圆珠笔的笔芯与笔套是两个可分部分,笔芯可替换。

(2) 抽取(提取、找回、移走)原理。

原理:从物体中拆出"干扰"部分,或者相反,抽取出唯一需要的部分或需要的特性。

举例:火箭在冲出大气层的过程中将已经燃烧完的燃料部分解体分离。

(3) 局部质量原理。

原理:将物体或外部介质(外部作用)的一致结构过渡到不一致结构;物体的不同部分应当具有不同的功能;物体的每一部分均应具备最适于它工作的条件。

举例:斧头的一边做成平的,一边做成扁的,增加了斧头的切削功能。

(4) 非对称原理。

原理:物体的对称形式转变为非对称形式;如果物体已经是非对称的,则加强其非对称程度。

举例:防撞汽车轮胎具有一个高强度的侧缘,以抵抗人行道路缘石的碰撞。

(5) 合并原理。

原理:把相同的物体或完成类似操作的物体合并起来;把时间上相同或类似的操作合并起来。

举例:电话的话筒与听筒合并在一个盒子里,可以方便人们打电话时可以腾出一只手来干别的事情。

(6) 多功能原理。

原理:一个物体执行多种不同功能,因而不需要其他物体。

举例:提包的提手可同时作为拉力器(苏联专利证书 187964)。

(7) 嵌套原理。

原理:将一个物体置于另一物体中,这个物体又置于第三个物体中;一个物体通过另一个物体的空腔。

举例:拉杆天线和套娃。

(8) 质量补偿原理。

原理:将物体与具有上升力的另一物体结合以抵消其重量;将物体与介质(最好是气动力和液动力)相互作用以抵消其重量。

举例:将气球内部充入氢气(而不是空气),可以使气球飘起来。

(9) 预加反作用原理。

原理:预先给物体施加反作用,以补偿过量的或者不想要的压力。

举例:杯形车刀的车削方法是在车削过程中车刀绕自己的几何轴转动。为了防止产生振动,预先向杯形车刀施加负荷力,此力应与切削过程中产生的力大小相近,方向相反(苏联专利证书 536866)。

(10) 预操作原理。

原理:预先对物体的全部或部分实施操作;预先把物体放在最方便的位置,以便能立即投入使用。

举例:食品袋的切口,方便人们撕开。

(11) 预补偿原理。

原理:以事先准备好的应急手段,提高物体的可靠性。

举例:洗衣机、微波炉等在未关舱门之前,无法进行工作,以保证安全。

(12) 等势原理。

原理:改变工作条件,而不需要升降物体。

举例:公交车(火车)的车门底部与候车亭地面(月台)相平齐,方便残疾人上下车。

(13) 反向作用原理。

原理:不实施条件规定的作用而实施相反的作用;使物体或外部介质的活动部分成为不动的,而使不动的部分成为可动的;将物体颠倒。

举例:电梯运动,人不动。改变了楼梯不动、人费力爬楼的艰难。

(14) 曲面化原理。

原理:从直线部分过渡到曲线部分,从平面过渡到球面,从正六面体或平行六面体过渡到球形结构;利用滚筒、球体、螺旋体;从直线运动过渡到旋转运动,利用离心力。

举例:过山车采用急剧曲线运动(产生的)所需要的向心力,使其不会掉下来。

(15) 动态性原理。

原理:物体(或外部介质)的特性的变化应当在每一工作阶段都是最佳的;将物体分成彼此可相对移动的几个部分;使不动的物体成为可动的。

举例:百米赛跑的动态画面是赛道旁的跟踪摄像机拍摄的。

(16) 局部作用或过量作用原理。

原理:如果难于取得百分之百所要求的功效,则应当取得略小或略大的功效。

举例:苏联专利(181897)使用一种化学物质(如银碘)来控制雨云形成结晶冰雹的方法。这个方法的独创性在于,它只让那些有大水滴的云产生结晶。这样就在简化结晶方式的同时,极大地减少了化学物质的消耗。

(17) 向另一维度过渡原理。

原理:如果物体作线性运动(或分布)有困难,则使物体在二维度(即平面)上移动。相应地,在一个平面上的运动(或分布)可以过渡到三维空间;利用多层结构替代单层结构;将物体倾斜或侧置;利用指定面的反面;利用投向相邻面或反面的光线。

举例:学校的高低床,双层,垂直分布,比双人床节省空间。

(18) 机械振动原理。

原理:使物体振动;如果已在振动,则提高它的振动频率(达到超声波频率);利用共振频率;用压电振动器替代机械振动器;利用超声波振动同电磁场配合。

举例:无锯末断开木材的方法,其特征是,为减少工具进入木材的力,使用脉冲频率与被断开木材的固有振动频率相近的工具(苏联专利证书307986)。

(19) 周期性作用原理。

原理:用周期性的动作(脉动)代替连续的动作;如果作用已经是周期的,则改变频率;利用脉动的间歇完成其他作用。

举例:脉冲淋浴(浇灌)要比连续喷水淋浴(浇灌)省水;采用月报或周刊代替年报。

(20) 有效作用的连续性原理。

原理:连续工作(物体的所有部分均应一直满负荷工作);消除空转和间歇运转。

举例：超市的电梯为保证顾客的及时疏散与方便，采用连续性工作。

（21）快速通过原理。

原理：非常快速地实施有害的或危险的操作。

举例：手术刀要锋利，帮助手术尽快完成，减少出血。

（22）变害为利原理。

原理：利用有害因素（特别是介质中的）获得有益的效果；通过有害因素与另外的有害因素的结合来消除有害因素；增加有害因素到一定程度，使之不再有害。

举例：利用海的潮汐来发电。

（23）反馈原理。

原理：引入反馈；如果已经有反馈，则加强它。

举例：汽车驾驶员面前有速度表、油量表等，用来及时反馈有用的信息。

（24）中介物原理。

原理：使用中间物体来传递或者执行一个动作；临时把初始物体和另一个容易移走的物体结合。

举例：电通过电线传输，改变电线的材料与尺寸将帮助减少电能的消耗。

（25）自服务原理。

原理：物体应当为自我服务，完成辅助和修理工作；利用废料（能量的或物质的废料）。

举例：潜水艇上可以自制淡水以实现淡水的自我供应。

（26）复制原理。

原理：用简单而价廉的复制品代替复杂、昂贵、易损坏的物体；用光学拷贝（图像）代替物体或物体系统，然后放大或缩小它；如果利用可见光的复制品，则转为红外线的或紫外线的复制。

举例：宇航员在正式出发前，必须在模拟舱内训练很长一段时间。

（27）一次性用品原理。

原理：用廉价的、不持久性的物体代替昂贵的、可持久的物体。

举例：一次性的捕鼠器是一个带诱饵的塑料管，老鼠通过圆锥形孔进入捕鼠器，孔壁是可伸直的，老鼠只能进，不能出。

（28）机械系统的代替原理。

原理：用光、声、热、嗅觉等设计原理代替机械设计原理；用电场、磁场和电磁场同物体相互作用；利用铁磁颗粒组成的场。

举例：道路上的感应路灯，当光线暗到一定程度时自动打开。

（29）气动或液压结构原理。

原理：用气体结构和液体结构代替物体的固体的部分。

举例：挖掘机手臂采用液压气动装置实现伸缩自如。

（30）利用软壳和薄膜原理。

原理：利用软壳和薄膜代替一般的结构；用软壳和薄膜使物体同外部介质隔离。

举例：在水库表面漂浮一种由双级材料制造的薄膜，一面具有亲水性能，另一面具有疏水性能，以减少水的蒸发。

（31）多孔材料原理。

原理：把物体变成多孔的或使用附加的多孔元件（如镶嵌、覆盖，等）；如果物体是多孔的，那么事先用某种物质填充空孔。

举例:以植物纤维为原料制成的吸声板可以解决建筑物的隔声问题,从而降低或消除噪声。

(32) 改变颜色原理。

原理:改变物体或环境的颜色;改变物体或环境的透明度;为了观察难以观察到的物体或过程,利用颜色添加剂;如果已采用了这种添加剂,则采用荧光粉。

举例:美国专利(3425412)提出了一种透明绷带,不必取掉便可观察伤情。

(33) 同质性原理。

原理:与主物体相互作用的物体应当采用同一(或性质相近)材料制成。

举例:电源插座与插头,内部相同材质的金属导体,同样为保证安全性,外部都采用相同的绝缘材料。

(34) 抛弃和再生原理。

原理:已完成自己的使命或已无用的物体部分应当剔除(溶解,蒸发等)或在工作过程中直接变化;消除的部分应当在工作过程中直接再生。

举例:苏联专利(182492)提出了一种在制造导电材料的电腐蚀工艺中补偿电极工具磨损的方法,在工作期间,持续在电极的工作表面喷上一层金属,从而延长电极工具的寿命。

(35) 改变特性原理。

原理:改变系统的物理状态;改变浓度或密度;改变柔韧程度;改变温度或体积。

举例:固态胶比液态胶水更易携带。

(36) 相变原理。

原理:利用相变时发生的现象,如体积改变、放热或吸热等。

举例:利用冰融化吸热来冷冻物品。

(37) 热膨胀原理。

原理:利用材料的热膨胀(或热收缩);利用热膨胀系数不同的多种材料。

举例:温度计利用汞的热胀冷缩的性质实现温度计数。

(38) 加速氧化原理。

原理:用氧化空气代替普通空气;用氧气代替氧化空气;用纯氧代替电离的氧气;用臭氧化了的氧气。

举例:炼钢中的强氧化枪,向焦炭中提供纯氧,充分燃烧,提高炼钢温度。

(39) 惰性介质原理。

原理:用惰性介质代替普通介质;在真空中进行某一过程。

举例:灯泡的内部是真空的,保证钨丝不会被氧化。

(40) 复合材料原理。

原理:用复合材料代替同性质材料。

举例:蜂窝煤由煤和黏土混合制成,比纯煤球燃烧更充分。

3) 矛盾矩阵

TRIZ 提出了矛盾矩阵,把 39 个通用工程参数和 40 条发明原理很好地对应起来,从而实现技术创新。把所抽象的 39 个通用工程参数排列成了如表 7-2 所示的技术特性矛盾对比表。表中纵向表示希望改善的技术特性,横向表示恶化的技术特性。横向与纵向交点处的数字表示用来解决系统矛盾对立所应使用的发明创造原理的编号;"＋"表示为物理冲突,将采用其他原理解决;"－"表示该冲突在当前的技术条件下还找不到解。表 7-2 所示为冲突矩阵的一部分,完整矩阵可查阅有关手册。

表 7-2　冲突矩阵(部分)

冲突矩阵特性			恶化的通用工程参数				
			1	2	3	…	39
			运动物体的重量	静止物体的重量	运动物体的长度	…	生产率
改善的通用工程参数	1	运动物体的重量	+	−	15,8,29,34	…	35,3,24,37
	2	静止物体的重量	−	+	−	…	1,28,15,35
	3	运动物体的长度	8,15,29,34	−	+	…	14,4,28,29
	⋮	⋮	⋮	⋮	⋮	⋮	⋮
	39	生产率	35,26,24,37	28,27,15,3	18,4,28,38	…	+

4)实例

下面是国际 TRIZ 大师列夫·舒利亚克关于冲突矩阵具体应用的一个实例。

问题:破冰船在冰厚 3 m 的水道上开出一条通道,船队跟随其后。破冰船前进的速度为 2 km/h,现在希望将破冰船的速度提高到 6 km/h。在当时的工业水平下,破冰船的引擎的效率已是最高的。

解答:目标是把船速从 2 km/h 提高到 6 km/h,也就是提高船的生产效率。实现这个目标的常用方法是增加船的引擎功率,然而增加引擎功率会使船的其他参数产生连锁反应。因此,在设计中存在"速度和功率""生产率和功率"两对技术矛盾。

在矛盾矩阵中找到对应的行和列。第 9 行对应速度,第 39 行对应生产率,第 21 列对应功率。在它的交点处列出了 8 条供参考的创新原理,经过分析,选出以下 4 条最佳建议。

(1)原理 19——周期性动作原理。

由周期性动作(脉动)代替连续性动作;

如果动作已经是周期性的,则改变其频率;

利用脉动之间的停顿来执行附加的动作。

说明:运用该原理可以产生一个破冰的动作,例如,不是连续地让船穿过冰层,而采用摇摆运动破冰之后前进。

(2)原理 35——物理状态的改变原理。

改变系统的物理状态;

改变浓度或者密度;

改变柔韧程度;

改变温度或者体积。

说明:该原理建议改变船和冰相互作用部分的物理状态或者密度,但如何改变船的密度和物理状态呢?

(3)原理 2——抽取原理。

将物体中"干扰"部分或者特性抽取出来;

只抽取物体中必要的部分或者特性。

说明:这条原理建议去掉船和冰相干扰的部分。

（4）原理10——预处理原理。

实现全部或者部分完成物体需要的改变；

实现把物体放在最方便的位置，以便能立即投入使用。

说明：建议在船和冰相互作用之前做些处理。

结论：大部分原理建议改变和冰相互作用的那一部分船体。完全去掉船的这一部分，那么船通过冰将没有问题(如果不考虑船的底部将沉到海底的情况)。为防止这种情况，可以将船的上部和下部用两个薄的刀片连接起来，而刀片切割冰层就容易多了。把船的横截面最小化，从而就可以减少切割冰层时所需的力。船的底部留在冰层下面，同时还可以装载货物。

7.2.3　物理矛盾及其解决

TRIZ解决物理冲突的核心思想在于实现冲突双方的分离，TRIZ采用分离原理解决，分离原理包括空间分离、时间分离、条件分离、总体与部分分离四种方法。

1）空间分离原理

空间分离原理是指将冲突双方在不同的空间上分离，以降低解决问题的难度。

在自行车采用链条之前，自行车没有传动装置，通过脚踏板与曲轴直接驱动车轮。为了提高车轮速度需要大直径的车轮，而为了骑车者舒适需要小直径的车轮，车轮既要大又要小形成物理冲突。1886年，英国人詹姆斯发明了具有链条与链轮传动装置的自行车，就很好地解决了这个物理矛盾。脚踏与车轮在空间上分离，并通过链条联系起来。链条在空间上将链轮的运动传递给飞轮，飞轮驱动自行车后轮旋转，链轮直径大于飞轮直径。链轮以较慢的速度旋转，而飞轮以较快的速度旋转。因此，虽然骑车者以较慢的速度蹬踏，但是自行车后轮将以较快的速度旋转。这种情况下，自行车车轮直径也可以较小，使乘坐舒适。如图7-5所示为自行车的发展图片。

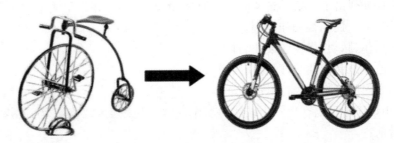

图 7-5　自行车的发展

2）时间分离原理

时间分离原理是指将冲突双方在不同的时间段上分离，以降低解决问题的难度。

如前所述，飞机机翼的设计中存在物理冲突。采用时间分离原理可以解决该冲突。飞机机翼在起飞时伸展，机翼面积大，上升力大；高速飞行时机翼收缩，面积小，飞行阻力小。

3）基于条件的分离原理

基于条件的分离原理是指将冲突双方在不同的条件下分离，以降低解决问题的难度。

例如，水射流可以用来淋浴，也可以用来进行金属切割。水射流既是硬物质，又是软物质，取决于水射流的速度，如图7-6所示。

4）总体与部分的分离原理

总体与部分的分离原理是指将冲突双方在不同的层次上分离，以降低解决问题的难度。

图 7-6　水的硬度变化

自行车链条微观层面上是刚性的,宏观层面上是柔性的,如图 7-7 所示。

图 7-7　自行车链条

7.3　基于 TRIZ 的创新设计实例

下面通过案例来阐述如何运用 TRIZ 理论进行产品创新设计的过程。

(1) 呆扳手是工作或生活中常用的工具,用来拧紧或者松开螺栓,传统的呆扳手经常会出现螺栓棱角被磨损的问题。图 7-8 是传统呆扳手的示意图,扳手在外力的作用下拧紧或松开六角螺钉或螺母。由于螺钉或螺母的受力集中到两条棱边,容易产生变形,而使螺钉或螺母的拧紧或松开困难。

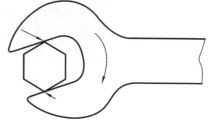

传统呆扳手已有很长时间的生产历史,但很少有人去考虑设计中的不足并改进。对于这样一种处于成熟期或退出期的产品,其创新设计必须克服目前设计中的重要缺陷——扳手在作用于螺母时会损坏螺母。

图 7-8　传统呆扳手

问题可描述为:在拧紧或松动螺母的过程中,扳手会损坏螺母的六角形表面。从而使得扳手作用于螺母上的有效作用力大大降低。为了方便地拧紧或者松动螺母,又不损坏螺母,一般可通过减小扳手开口和螺母的配合间隙,增加螺母的受力面,来减少对棱角的磨损。但这样处理的结果是提高了制造精度,增加了成本。上述技术矛盾转化成问题模型为:若想通过改变扳手形状降低扳手对螺母的损坏程度,就可能会使扳手制造工艺复杂化。从 39 个通用工程参数中选择并确定技术冲突的一对特性参数。

质量提高的参数:物体产生的有害因素(No.31)。

带来负面影响的参数:可制造性(No.32)。

查冲突矩阵确定可用发明原理为:

No.4 不对称;

No.17 维数变化;

No.34 抛弃与修复;

No.26 复制。

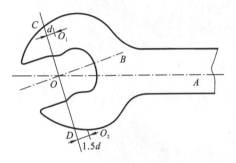

图 7-9　新型呆扳手

分析以上四条创新原理,No.4 及 No.17 更可能是创新设计解的方向。根据 No.4 的建议,扳手本身是一个不对称的形状,改变其形状,加强其形状的不对称程度;根据 No.17 的建议,改变传统扳手上、下钳夹的两个直线平面的形状,使其成为曲面。

按上述建议,扳手工作面的一些点要与螺母/螺栓的侧面接触,而不仅是与其棱边接触,改进后的新型呆扳手如图 7-9 所示。

OA 为扳手手柄的中心线,OB 为呆扳手上颚和下颚的中心线。O 为两中心线的交点,直线 CD 通过点 O 且与直线 OB 垂直。上颚和下颚各有一个突起的圆弧。上颚的圆弧圆心 O_1 点到直线 CD 的距离为 d,而下颚上的圆弧圆心 O_2 点到直线 CD 的距离为 $1.5d$。

使用扳手时,六角形螺母的两平行边与扳手上、下颚上的圆弧接触,使得扳手可以将力作用在螺母的侧面上,而不是作用在棱角上,因而螺母不会受损。

美国专利(5406868)正是基于这种原理设计的,而拥有该专利的美国 METRINCH 公司开发出一系列扳手(见图 7-10),获得了巨大利润。

图 7-10　METRINCH 公司开发的新型呆扳手

通过以上设计实例可知,螺母/螺栓被扳手磨损的问题被转化成了 TRIZ 理论中的技术矛盾,再运用矛盾矩阵所提供的创新原理寻求有效的解决方向,整个过程就像求解数学题一样,变得有序和可操作,显著提高了创新设计的效率。

(2)平原地区的秸秆类农业废弃物和山林地区枝桠类废弃物是高效直燃发电的主要生物质染料。而生物质染料可替代煤炭等化石染料用于炊事、供暖、发电等能源消耗。枝桠类物质在燃烧前需要切碎成 5~7 cm 的小段进行处理,而传统的枝桠切碎机多为固定式,且压料装置采用液压式,体积庞大,不适合林区作业。将加工前的枝桠送到粉碎机所在地点进行粉碎处理,运输成本偏高。设计一种适用于山区枝桠切碎的装置具有一定的意义。

问题描述:用于山区的新型枝桠切碎机在工作时,存在"焖机"现象,影响其正常工作。根据 TRIZ 理论工程技术特性的定义,枝桠切碎机因各种因素发生"闷机"现象而影响正常作业,也就是枝桠切碎机的可靠性低。现有枝桠切碎机解决这一问题采用的方法之一是:发生"闷机"后,关闭启动按钮,打开反转按钮,将卡在工作机构中造成"闷机"的杂料退出来,然后再次启动。这样使得枝桠切碎机的生产率降低;另一种方法是:在一些比较先进大型的枝桠切碎机中安装液压装置进行调节,可是增加使用液压装置势必造成机械装置的复杂性,这与结构简单、体型轻巧、移动方便的设计理念不相符合。

因此,在设计中存在"可靠性与生产率"和"可靠性与装置的复杂性"两对技术矛盾。基于 TRIZ 的解决思路:枝桠切碎机机构设计复杂,自然存在的影响因素也有很多,利用冲突矩阵表,并在矩阵中找到相对应的行和列。

查冲突矩阵表,第 27 行列对应 39 个标准工程参数中的"可靠性",第 36 行列对应标准工程参数"装置的复杂性",第 39 行列对应标准工程参数"生产率"。在矛盾矩阵中发现第 1 分割、第 29 气动与液压结构、第 35 变害为利和第 38 加速氧化四条创新原理可以解决"可靠性与生产率"的矛盾;发现第 1 分割、第 13 反作用和第 35 变害为利三条创新原理可以解决"可靠性与装置的复杂性"的矛盾。

通过对 TRIZ 理论 40 条创新原理的定义进一步分析,创新原理 35、38 不适合本设计,29 气动与液压结构已经造成了装置的复杂性,不考虑。所以,该结构创新设计解的方向只能是:No.1 分割原理:将物体分割成相互独立的部分,使物体成为可拆卸的;No.13 反向用原理:使物体或外部介质的活动部分成为不动的,而使不动的部分成为可动的。

根据以上创新原理,将枝桠切碎机的抓料和碾压机构与机身分离,通过行星弹性浮动式齿轮组机构让抓料辊和碾压辊自由浮动,则不存在"闷机",即不需要再手动调节,也不需要使用液压装置,如图 7-11 所示。

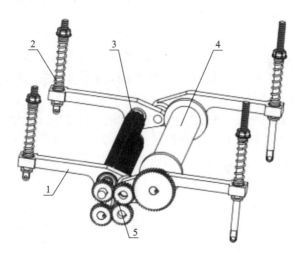

图 7-11 自抬式抓送料机构示意图

第 8 章

绿色设计

8.1 绿色设计概述

8.1.1 绿色设计基本概念

绿色设计(green design,GD)又称生态设计(ecological design,ED)、环境设计(design for environment,DFE)等,是指在产品的整个生命周期中,着眼于人与自然的生态平衡,在设计过程的每一个决策中都充分考虑产品自然资源的利用、对环境和人的影响以及可拆卸、可回收、可重复利用性等,并保证产品应有的基本功能、使用寿命、经济性和质量等。

8.1.2 绿色设计与传统设计的区别

传统产品设计,主要考虑产品的基本属性(功能、质量、寿命、成本),而较少考虑其环境属性。按照传统设计生产制造出来的产品,在其使用寿命结束以后,就成为废弃物,回收率低,资源浪费严重。

绿色设计与传统设计的根本区别就是:在设计构思阶段,就要考虑到产品的能耗、再生利用、保护生态等方面的问题,而传统的设计方案单单以产品的性能、寿命、成本作为主要的设计目标,等到在使用过程中出现了问题以后,才会考虑到解决的方法。图 8-1 和图 8-2 所示分别为绿色设计和传统设计的过程。

绿色设计以环境要素为中心,脱离了传统设计的简单线型设计程序,架构出由中心向四周发展的轮辐型结构,这样,有利于每一个设计环节的细化。

8.1.3 绿色设计的特点

(1)绿色设计拓展了产品的生命周期。

绿色设计将产品的生命周期延伸到产品使用结束后的回收重利用阶段。

(2)绿色设计是并行闭环设计。

传统设计是从设计、制造至废弃过程的串行开环设计,而绿色设计除传统设计过程外,还必须并行考虑拆卸、回收利用,以及对环境的影响、耗能等过程,是并行闭环设计过程。

(3)绿色设计可以从源头上减少废弃物的产生,有利于保护环境。

8.1.4 绿色设计的主要内容

绿色设计是一种综合系统设计方法。主要内容如下:

(1)绿色产品设计的材料选择;

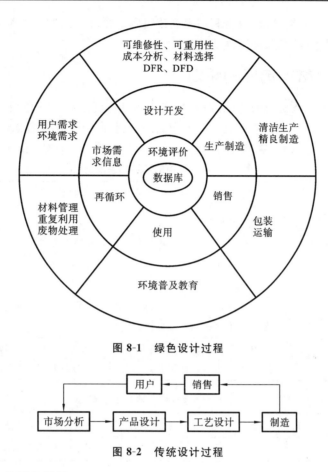

图 8-1 绿色设计过程

图 8-2 传统设计过程

（2）面向拆卸的绿色设计；

（3）面向回收的绿色设计；

（4）面向包装的绿色设计；

（5）面向节约能源的绿色设计。

8.1.5 绿色设计的实施步骤

（1）搜集绿色设计信息等准备工作。

（2）确定设计目标，进行绿色需求分析。

（3）建立核查清单，运用绿色设计工具，确定绿色设计策略。

（4）制定绿色设计方案。

（5）进行产品详细设计。

主要包括：材料选择、结构设计、拆卸与回收设计、包装设计、节能设计等。

（6）设计分析与评价。

（7）实施与完善。

8.2 绿色设计中的材料选择

绿色材料（green material，GM）是指具有良好使用功能，并对资源和能源消耗少、对生态与环境污染小、有利于人类健康、再生利用率高或可降解循环利用的一大类材料。绿色材料具有三个基本特征,即基本性能、环境性能、经济性能。

8.2.1　绿色材料选择的原则

传统产品设计主要从材料的功能、性能及经济性等角度选材。绿色设计选材要求有利于降低能耗,减小环境负荷。因此,不仅要考虑产品的性能和条件,还要考虑环境的约束准则,选用无毒、无或少污染、易降解、易回收利用的材料。绿色材料的环境约束准则如表 8-1 所示。

表 8-1　绿色材料的环境约束准则

环境约束准则	减少材料的种类	可使处理废物的成本下降、材料成本降低
	对材料进行必要的标识	可简化回收工作
	无毒无害原则	选择在生产和使用过程对人体和环境无毒害和低污染的材料
	低能耗原则	优先选择制造加工过程中能量消耗少的材料。金属材料在加工过程中的能量消耗见表 8-2
	材料易回收再利用原则	优先选用可再生材料,尽量选用回收材料,以便最大限度地利用现有资源。常用材料回收难易度如表 8-3
	提高材料间的相容性	材料相容性好,可以减少零部件的拆卸工作,可将零部件一起回收。常用的工程塑料名称见表 8-4,常用工程塑料的相容性见表 8-5

表 8-2　金属材料制造过程所消耗的能量(MJ/kg)

铁	铜	锌	铅	锡	铬	钢	镍	铝	镉	钴	钒	钙
23.4	90.1	61	51	220	71	30	167	198.2	170	1600	700.0	170

表 8-3　常用材料回收难易度

回收性能好	回收性能一般	回收性能差
贵重金属:金、银、白金、钯; 其他有色金属:锡、铜、铝合金; 黑色金属:钢及其合金	有色金属:黄铜、镍; 塑料:热塑性塑料; 非金属:木纤维制品、纸、玻璃	有色金属:铅、锌; 塑料:热固性塑料; 非金属:陶瓷、橡胶; 其他:氯化阻燃剂、涂层、填充物、焊接、黏结在一起的不一致性材料等

表 8-4　常用工程塑料的名称

PE	PVC	PS	PC	PP	PA	POM	SAN	ABS
聚乙烯	聚氯乙烯	聚苯乙烯	聚碳酸酯	聚丙烯	聚酰胺	聚甲醛	苯乙烯	塑料

表 8-5　常用工程塑料的相容性

	PE	PVC	PS	PC	PP	PA	POM	SAN	ABS
PE	好	差	差	差	好	差	差	差	差
PVC	差	好	差	差	差	差	差	好	好
PS	差	差	好	差	差	差	差	差	差

续表

	PE	PVC	PS	PC	PP	PA	POM	SAN	ABS
PC	差	一般	差	好	差	差	差	好	好
PP	一般	差	差	差	好	差	差	差	差
PA	差	差	一般	差	差	好	差	差	差
POM	差	差	差	差	差	差	好	差	差

8.2.2 绿色材料的选择

1. 选材的基本步骤

(1) 满足零件的性能要求,进行失效分析;

(2) 考虑市场需求、经济指标对可供选择的材料进行筛选;

(3) 引入绿色指标,对可供选择的材料进行评价;

(4) 最佳材料的确定;

(5) 验证所选材料。

2. 绿色材料选择的影响因素

(1) 材料的力学、物理性能,主要包括材料的强度、材料的疲劳特性、设计刚度、稳定性、平衡性、抗冲击性等;

(2) 材料的热学、电气特性,主要包括材料的热传导性、热膨胀系数、工作温度、电阻率等;

(3) 产品的性能需求,主要考虑功能、结构要求、安全性、抗腐蚀性及市场因素等;

(4) 产品的使用环境因素,主要包括温度、湿度、冲击、振动等;

(5) 环境保护因素,包括有毒有害物质的排放、能源的消耗及回收性能等;

(6) 经济性因素,主要包括材料的生产成本、回收成本等。

8.2.3 绿色材料的评价

绿色材料评价就是材料的选择决策,即所选材料是否为绿色材料,材料的绿色程度有多大。

绿色材料评价有加工属性、环境属性、经济属性等主要因素,每个主要因素又包含若干次要因素,根据各级因素的权重,可以采用二级模糊综合评价的方法。其基本步骤如下:

(1) 根据材料选择所需考虑的各种因素,确定因素集。

因素集即影响评判对象的各种因素,为元素组成的集合,表示如下。

$$U = \{A_1, A_2, A_3\}$$

其中:U 的三个子集 A_1 为加工属性、A_2 为环境属性、A_3 为经济属性。

各子集记为:$A_i = \{a_{i1}, a_{i2}, \cdots, a_{ij}\}$,其中 $i=1,2,3$;$j=1,2,\cdots,m$ 为各主要因素的次要因素个数。

(2) 将被选择的可能使用的材料纳入评价集。

评价集即对评判对象可能做出的各种总的评判结果,为元素组成的集合,通常表示为 $M = \{M_1, M_2, \cdots, M_q\}$,其中 $M_1, M_2, \cdots, M_q$ 分别表示可以选用材料绿色度的等级。

(3) 将各因素的重要性进行排序,形成权重集。

一般情况下,各因素的重要程度是不相同的。为了反映各因素的重要程度,对各因素应赋予相对应的权数,由权数所组成的集合为权重集。权重应满足归一性和非负性。

权重可以通过专家调查法、四分制对比法等方法确定。

① 专家调查法。

设计如表 8-6 的权数调查表,发给各位专家分别做出权数判定,表中 a_{ij} 为第 i 个专家对第 j 个因素权数的估值。

表 8-6　权数调查表

专　　家	因　　素			
	A_1	A_2	$\cdots$	A_n
专家 1	a_{11}	a_{12}	$\cdots$	a_{1n}
专家 2	a_{21}	a_{22}	$\cdots$	a_{2n}
$\cdots$				$\cdots$
专家 m	a_{m1}	a_{m2}	$\cdots$	a_{mn}
总分 $w'_i = \sum\limits_{i=1}^{m} a_{ij}$	w'_1	w'_2	$\cdots$	w'_m
权数 $w_i = w'_i - \sum\limits_{i=1}^{m} w'_i$	w_1	w_2	$\cdots$	w_m

② 四分制对比法。

四分制对比法是将各影响因素按顺序自上而下和自左而右排列起成为一张矩形的表,然后用纵列各因素与横列各因素两两比较,按两者的重要程度进行评分,最后,由左至右,把每个因素的得分数相加,再除以所有因素得分总数,于是构成权重集。

主要因素集 P 的权重集:

$$P = \{w_1, w_2, w_3\} \ (0 < w_i < 1), \quad \sum_{i=1}^{3} w_i = 1$$

次要因素集 P 的权重集:

$$P_i = \{w_{i1}, w_{i2}, \cdots, w_{ij}\} \ (0 < w_{ij} < 1), \quad \sum_{j=1}^{m} w_{ij} = 1$$

要把多个异量纲的评价指标综合成一个总隶属度,必须选取和建立某种隶属函数,用以把按不同实际尺度刻画的指标值转化成隶属度。

μ_{ij} 为 i 个主要因素第 j 个次要因素的隶属度,$\sum\limits_{j=1}^{m} \mu_{ij} = 1 (0 < \mu_{ij} < 1)$

(4) 建立单因素评判矩阵并进行综合评判,选出最优材料。

评判矩阵为:

$$\boldsymbol{R}_{ij} = \begin{bmatrix} \mu_{11} & \mu_{12} & \cdots & \mu_{1m} \\ \mu_{21} & \mu_{12} & & \mu_{2m} \\ \cdots & \cdots & \cdots & \cdots \\ \mu_{i1} & \mu_{i2} & & \mu_{im} \end{bmatrix}$$

一级评判综合判断结果为

$$\boldsymbol{B}_i = P_i \cdot \boldsymbol{R}_{ij}$$

二级评判综合判断结果为

$$\boldsymbol{B} = \begin{bmatrix} B_1 \\ B_2 \\ B_3 \end{bmatrix} = \begin{bmatrix} P_1 \cdot \boldsymbol{R}_{1j} \\ P_2 \cdot \boldsymbol{R}_{2j} \\ P_3 \cdot \boldsymbol{R}_{3j} \end{bmatrix}$$

根据 $\boldsymbol{B}$ 的计算结果,参照评价集,确定材料的绿色度评价等级。

8.3　面向拆卸的绿色设计

现代机电产品不仅应具有良好的装配性能,还必须具有良好的拆卸性能。产品的可拆卸性是产品可回收性的重要条件,直接影响产品的可回收再生性。

8.3.1　可拆卸设计的概念

可拆卸设计是一种使产品容易拆卸并能从材料回收和零件重新使用中获得最高利润的设计方法学,是绿色设计的主要内容之一。可拆卸的设计(design for disassembly,DFD)是在产品设计过程中,将可拆卸性作为设计目标之一,使产品的结构便于装配、拆卸和回收,以达到节约资源和能源、保护环境的目的。

8.3.2　可拆卸设计原则

(1)拆卸工作量最少原则。

在满足使用要求的前提下,简化产品结构和外形,减少材料的种类且考虑材料之间的相容性,简化维护及拆卸回收工作。主要原则如下:

① 零件合并原则:将功能相似或结构上能够组合在一起的零部件进行合并;

② 减少材料种类原则:减少组成产品的材料种类,使拆卸工作简化;

③ 材料相容性原则:相容性好的材料可一并回收,减少拆卸分类的工作量;

④ 有害材料的集成原则:尽量将有毒或有害材料组成的零部件集成在一起,以便于拆卸与分类处理。

(2)结构可拆卸准则。

尽量采用简单的连接方式,减少紧固件数量,统一紧固件类型,使拆卸过程具有良好的可达性及简单的拆卸运动。主要包含以下几方面:

① 采用易于拆卸或破坏的连接方法;

② 使紧固件数量最少;

③ 简化拆卸运动;

④ 拆卸目标零件易于接近。

(3)易于拆卸原则。

要求拆卸快、拆卸易于进行。主要原则如下:

① 单纯材料零件原则:即尽量避免金属材料与塑料零件相互嵌入;

② 废液排放原则:考虑拆卸前要将废液排出,因此在产品设计时,需留有易于接近的排放点;

③ 便于抓取原则:在拆卸部件表面设计预留便于抓取的部位,以便准确、快速地取出目标零部件;

④ 非刚性零件原则：为方便拆卸，尽量不采用非刚性零件。

（4）易于分离原则。

既不破坏零件本身，也不破坏回收机械。主要包含以下几方面：

① 一次表面原则：零件表面尽量一次加工而成；

② 便于识别原则：给出材料的明显识别标志，利于产品的分类回收；

③ 标准化原则：选用标准化的元器件和零部件，利于产品的拆卸回收；

④ 采用模块化设计原则：模块化的产品设计，利于产品的拆卸回收。

⑤ 产品结构可预估性准则：避免将易老化或易被腐蚀的材料与需要拆卸、回收的材料零件组合；要拆卸的零部件应防止被污染或腐蚀。

8.3.3　可拆卸连接结构设计

可拆卸连接结构设计就是在产品设计时，按照绿色设计要求，运用可拆卸设计方法，设计产品零部件连接方案或对已有的连接结构进行改进或创新设计，以尽可能提高连接结构的可拆卸性能。

可拆卸连接结构设计主要从产品零部件的连接方式、连接结构、连接件及其材料选用等方面，寻求适应绿色设计要求的产品可拆卸设计办法，完成零部件及其连接结构的设计。

概括起来讲，按照可拆卸连接结构设计准则，进行可拆卸连接结构设计的方法主要有连接结构改进设计和快速拆卸连接结构设计两大类。

1. 零部件连接结构改进设计

连接结构改进设计主要是对传统的连接，如螺纹连接、销连接、键连接等进行连接结构或连接方式的改进设计。连接结构改进设计的主要要求有：

（1）遵循可拆卸连接结构设计准则；

（2）保证连接强度和可靠性；

（3）遵循结构最少改进原则，即对原有的结构以最少的改进，得到最大拆卸性能改善；

（4）遵循附加结构原则，即采取必要的附加结构使拆卸容易。

2. 快速拆卸连接结构设计

1）传统连接方式快速拆卸设计

传统连接方式的快速拆卸设计主要是指改进或创新传统的连接形式，使其具备快速拆卸的性能。传统连接方式快速拆卸设计的主要要求如下：

（1）遵循可拆卸连接结构设计准则；

（2）保证连接强度和可靠性原则；

（3）对于标准件等结构参数尽量不改变原则；

（4）结构简单、成本低廉原则；

（5）结构替代原则。

常见的连接结构改进设计如表 8-7、表 8-8 所示。

2）主动拆卸连接结构设计

主动拆卸(active disassembly)又称智能材料的主动拆卸(active disassembly using smart materials，ADSM)技术。是一种代替传统的螺纹等连接方式，可自行拆解、主动拆卸连接结构的技术。

表 8-7 常见的连接结构改进设计的方式

名 称	内 容	图 例
键连接设计	右图(a)的键结构的装拆工作量较大,不宜采用; 图(b)结构装拆的工作量较小	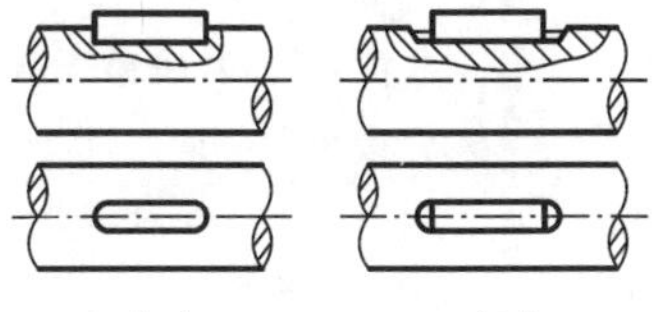 (a)　　　　(b)
紧固件可达性设计	右图(a)所示的紧固件就位空间受限制,应按图(b)所示进行改进,以改善装拆位置的可达性	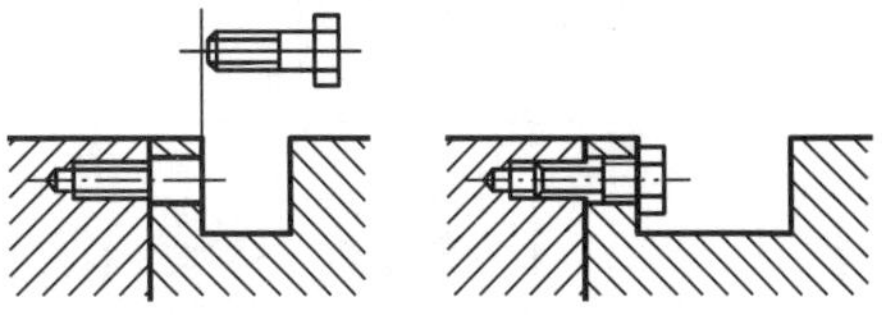 (a)　　　　(b)
预留拆卸的支撑面	右图(a)所示的端盖与轴的过盈配合结构没有预留拆卸支撑面,不利于拆卸操作;应改为图(b)所示的结构,设置宜于拆卸的支撑面	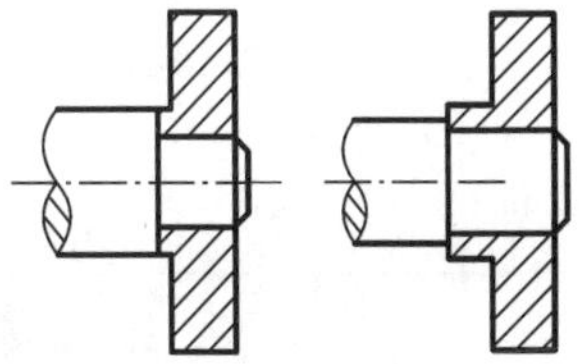 (a)　　　　(b)
减少连接数量的设计	在保证有效连接的前提下,应尽量减少连接的数量;右图所示为采用销辅助螺栓连接结构,减少了螺栓的数量,缩短了拆卸时间	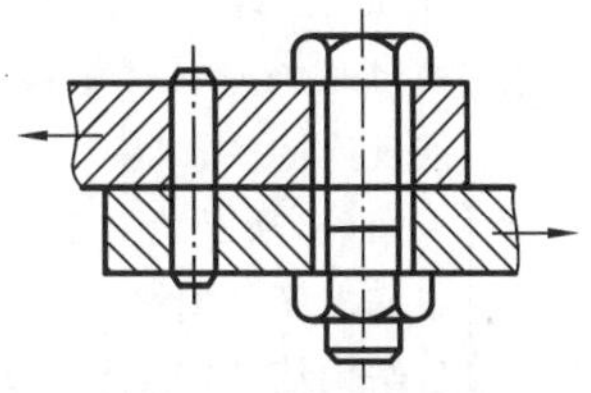
过盈配合连接设计	右图的设计是通过设置在轴或轮毂上的孔,将高压液压油压入过盈配合面,使被连接的轴和孔产生利于拆卸的弹性变形,从而使过盈配合易于分离	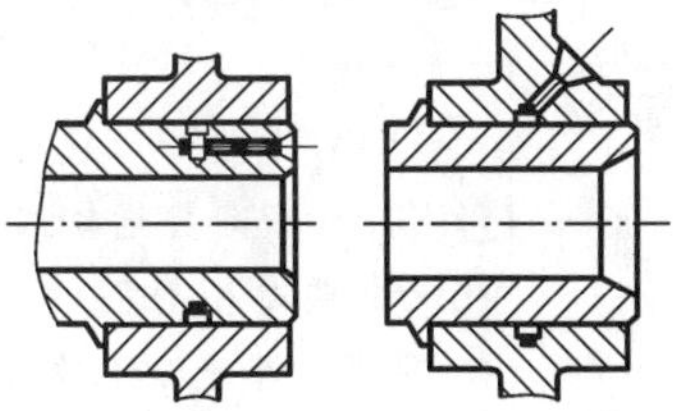

来源:凌武宝.可拆卸联接设计与应用[M]. 北京:机械工业出版社,2006.

表 8-8 常见的连接结构改进设计的方式

名 称	内 容	图 例
连接方式替代	在保证有效连接的前提下,可考虑用右图(b)中的 SF 连接结构代替图(a)所示的螺栓连接	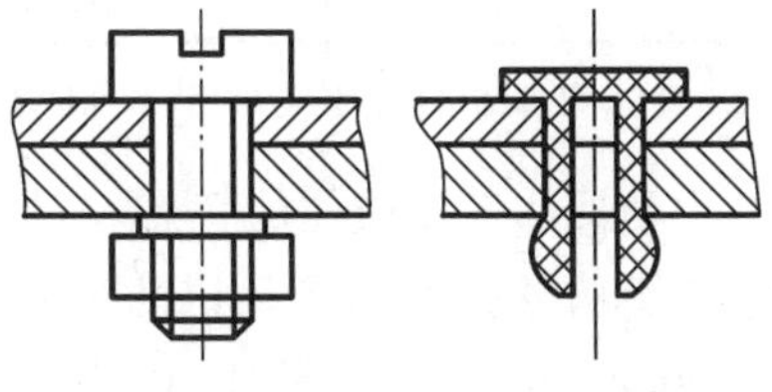 (a)　　　　(b)

名　称	内　容	图　例
插销式 连接设计	右图所示为插销紧扣式连接,在管接头 1 上固定两个销轴 2,在管接头 3 上开口,销轴插入缺口后旋转一角度,即将两管连接在一起;同时,只要旋转一定角度就可快速拆卸	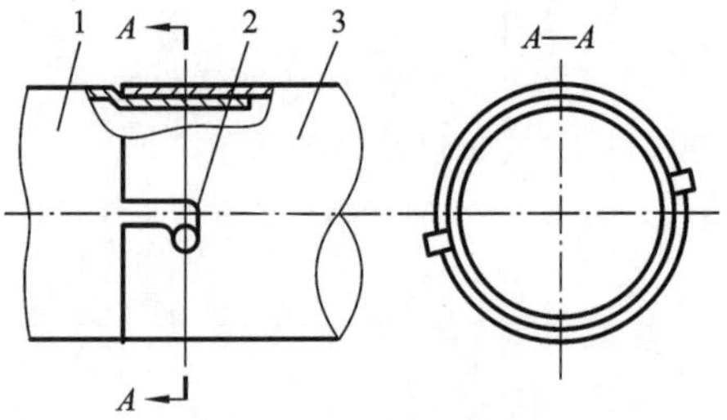
搁置式重力 连接设计	右图所示为一种典型的搁置式重力连接结构,连接时将一接头搁置在接头槽中,靠重力维持连接的稳定,该连接形式装拆很方便	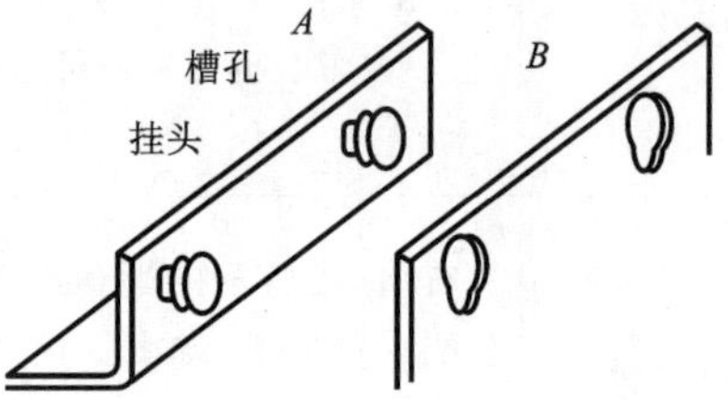
带光孔螺母 连接设计	图(a)所示是一种旋入时斜插的带光孔螺母,在螺母斜向沿着光孔套进螺杆后,将螺母摆正,使螺母螺纹与螺杆螺纹啮合,即可实现连接; 图(b)所示为带光孔螺母套入或取出螺杆时的位置;带光孔螺母结构简单,适合轻型工况条件下快速拆卸连接	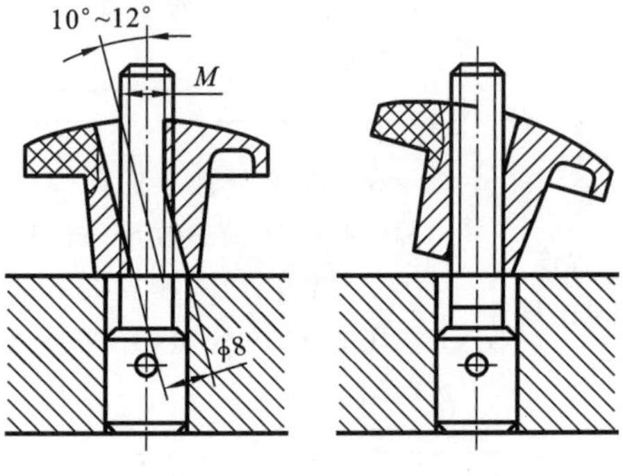
弹性开口螺 母连接设计	右图为弹性开口螺母结构;螺母上开有横向穿通螺纹的缺口,在螺纹缺口相对面的背面开一槽;在螺母外表面还设有环形槽,槽中有弹性卡圈;安装时将螺母卡装到螺杆上,并径向转动螺杆,使螺母与螺杆啮合收紧,再在环形槽上装上弹性卡圈;该结构能大大减少装拆时间	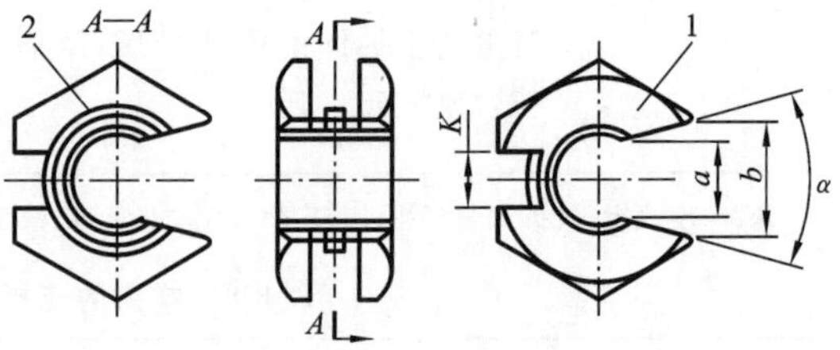

来源:凌武宝.可拆卸联接设计与应用[M].北京:机械工业出版社,2006.

(1) 主动拆卸连接结构的特点。

主动拆卸方法是利用形状记忆合金(shape memory alloy, SMA)或形状记忆高分子材料(shape memory polymer, SMP)在特定环境下能自动恢复原状的形变特性,在产品装配时将其置入零部件连接中,当需要拆卸回收产品时,只需将产品置于一定的激发条件(如提高温度等)下,产品零件会自行拆解。

（2）主动拆卸连接形式。

SMA 型:铆钉、短销、开口销、弹簧、薄片、圆管等。

SMP 型:螺钉、螺母、铆钉、垫圈、卡扣等。

（3）主动拆卸连接结构设计的方法。

① 设计产品的初始结构;

② 根据该初始结构和产品的使用环境选择合适的材料;

③ 设计适当的主动拆卸连接结构。

8.3.4　卡扣式结构设计

卡扣式(snap-fit,SF)连接结构是一种能快速拆卸的连接结构,主要应用在塑料件与塑料件之间、塑料件与金属件之间。由于 SF 结构与零件一起成形,材料的选择是 SF 结构设计的重要因素。部分适合 SF 结构的材料的属性见表 8-9。

表 8-9　部分适合 SF 结构的材料属性

材料	允许的应变值 ε_0(没有倒角)	ε_0(30% GLASS)	摩擦系数 μ
PEI	9.8%		0.20～0.25
PC	4%～9.2%		0.25～0.30
Acetal	1.5%		0.20～0.35
Nylon6	8%	2.1%	0.17～0.26
PBT	8.8%		0.35～0.40
PC/PET	5.8%		0.40～0.50
ABS	6%～7%		0.50～0.60
RET		0.5%	0.18～0.25

来源:阎邦椿.机械设计手册(第 6 卷)[M].5 版.北京:机械工业出版社,2010.

1. SF 连接结构的类型

SF 连接结构的类型通常有悬臂梁型和空心圆柱型两种形式。SF 连接结构基本类型如表 8-10 所示,悬臂梁型 SF 连接结构如表 8-11 所示。

表 8-10　SF 连接结构基本类型

悬 臂 梁 型	空 心 圆 柱 型
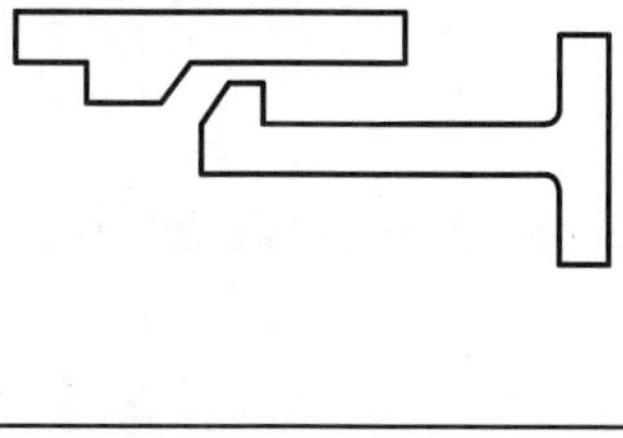	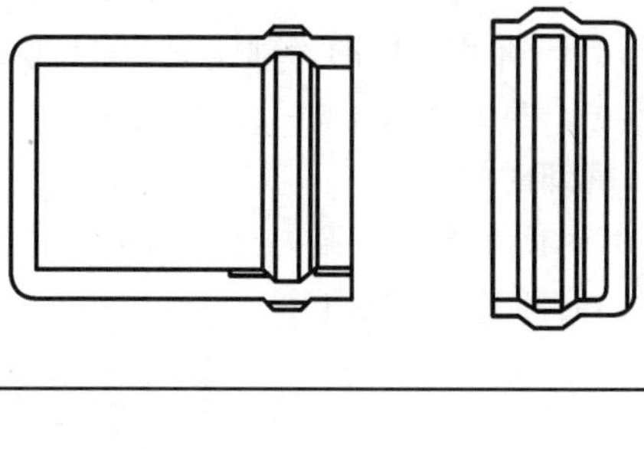

表 8-11　悬臂梁型 SF 连接结构

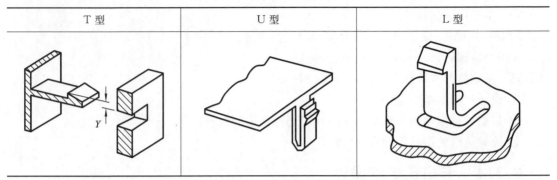

T 型	U 型	L 型

2. SF 连接结构的特点

1) SF 连接结构的优点

SF 连接结构的优点如下:减少紧固件及零件的数量、缩短结构的装配时间、便于拆卸、在某些地方可替代螺栓等紧固件连接、可使拆卸工具的种类和数量减少。

2) SF 连接结构的缺点

SF 连接结构的缺点如下:增加了零件的成本、结构尺寸要求严格、连接强度受到一定限制。

8.3.5　拆卸设计评价

拆卸设计评价是对拆卸设计方案进行评价的过程。拆卸设计评价包括产品结构的拆卸难易度、与拆卸过程有关的费用、时间、能耗、环境影响等。

1. 拆卸费用

拆卸费用是衡量结构拆卸性好坏的指标之一。拆卸费用包括与拆卸有关的人力和投资等一切费用。人力费用主要是指工人工资。投资费用包括拆卸所需的工具、夹具及其定位等费用、拆卸操作费用、拆卸材料的识别、分类费用等。拆卸费用计算公式如下:

$$C_{\mathrm{disa}} = K_1 \sum_i (C_1 \cdot t_i / 60) + K_2 \sum_i C_2 \cdot S_i \tag{8-1}$$

式中:C_{disa}——总拆卸费用(元);

K_1——劳动力成本系数,它是考虑不同拆卸方式(如手工拆卸或自动拆卸等)、工人的技术水平、不同时间等的劳动力费用的变化;

K_2——工具费用系数,它是考虑拆卸工具随拆卸方式的变化;

i——拆卸操作的次数;

C_1——拆卸操作的当前劳动力成本(元/小时);

t_i——拆卸操作 i 所花费的时间(min);

C_2——拆卸操作的当前工具成本消耗;

S_i——拆卸操作 i 的工具利用率。

2. 拆卸时间

拆卸时间是指拆下某一连接所需要的时间。它包括基本拆卸时间和辅助时间。

拆卸时间计算式如下:

$$T_{\mathrm{disa}} = \sum_i^n t_{di} + \sum_i^m N_h \cdot t_{mi} + t_a \tag{8-2}$$

式中：T_{disa}——系统拆卸时间（min）；

t_{di}——分离零件 i 花费的时间（min）；

N_h——紧固件的数量；

n——系统零件总数；

m——连接件的数量；

t_{mi}——移去紧固件的时间（min）；

t_a——辅助时间。

常见连接件的安装、拆卸和更换的标准时间如表 8-12 所示。

表 8-12　连接件的安装、拆卸和更换标准时间

紧固件	标准时间/min		
	安装	拆卸	更换
标准螺钉	0.26	0.16	0.42
六角螺钉	0.43	0.17	0.60
快速紧固件（1/4 周）	0.05	0.08	0.13
快速紧固件（小于 1 周）	0.06	0.06	0.12
螺母螺栓	0.44	0.34	0.78
U 型挡圈	0.27		
拉环拉锁	0.03	0.03	0.06
弹簧夹扣锁	0.03	0.04	0.07
碟型扣锁	0.05	0.05	0.10

3. 拆卸过程的能耗

拆卸过程的能耗包括人力消耗和外加动力消耗（如电能、热能等）。

1）松开单个螺纹连接

松开单个螺纹连接的能量计算公式如下：

$$E_1 = 0.8 \cdot M \cdot \theta \tag{8-3}$$

式中：E_1——松开单个螺纹连接的能耗（J）；

θ——产生轴向应力的旋转角（rad）；

M——拧紧力矩（N·m）。

2）松开单个 SF 卡扣式连接

松开单个 SF 卡扣式连接的能量计算公式如下：

$$E_2 = 1/8E \cdot w \cdot t^3 \frac{h_2^2}{h_1^3} \cdot 10^{-3} \tag{8-4}$$

式中：E——材料的弹件模量（N/mm²）；

h_1——卡扣连接部分的高度（mm）；

h_2——卡扣高度（mm）；

t——卡扣连接部分的厚度（mm）；

w——卡扣连接部分的宽度（mm）。

4. 拆卸过程的环境影响

拆卸过程对环境的影响主要包括产生的噪声、排放到环境中的污染物。拆卸工作的噪声依据表 8-13 进行打分,分值越高,对环境影响越大。拆卸过程中产生的废气排放依据表 8-14 进行打分,分值越高,对环境影响越大。

表 8-13 噪声评分标准

噪 声 范 围	分值
工作噪声<65 dB	0
65 dB≤工作噪声<75 dB	0.3
75 dB≤工作噪声<85 dB	0.5
85 dB≤工作噪声<95 dB	0.7
工作噪声≥95 dB	1

表 8-14 废气评分标准

废气排放量	分值
废气排放量<350 μg	0
350 μg≤废气排放量<700 μg	0.3
700 μg≤废气排放量<1000 μg	0.5
1000 μg≤废气排放量<1500 μg	0.7
废气排放量>1500 μg	1

8.4 面向回收设计

8.4.1 面向回收设计的概念

面向回收设计(design for recycling & recovering,DFR)是在设计的初级阶段,考虑环境影响、零部件及材料的回收的可能性、处理方法、处理工艺性等一系列问题,以达到回收过程对环境污染最小的一种设计方法。面向回收设计与传统设计的比较见表 8-15。

表 8-15 面向回收设计与传统设计的比较

传统设计的要求	面向回收设计的要求
产品功能	产品更新换代,防止废弃物大量产生
安全性	防止环境污染、回收材料特性及测试办法
使用	回收材料及产品零部件方法
人机工程因素	利用可回收材料的设计准则
生产	回收再生、重用产品材料的生产性能
装配	装配策略、面向拆卸的连接结构
运输	重用及再生材料的运输及装置

传统设计的要求	面向回收设计的要求
维护	将拆卸集成在回收后勤保障中
回收废物处理	产品回收、再生、材料回收
成本	制造成本、使用成本、回收成本

8.4.2　产品回收的主要内容

（1）可回收材料标志。

在零件上模压出材料代号、用不同颜色标明材料的可回收性、注明专门的分类编码。

（2）可回收工艺及方法。

（3）回收的经济性。

（4）回收产品及结构工艺。

8.4.3　面向回收设计的准则

（1）设计结构易于拆卸。

（2）尽量选用可重复使用的零件。

（3）采用系列化、结构化的产品结构。

（4）机构设计要有利于维修调整。

（5）尽可能利用回收零部件和材料。

（6）可重用零部件材料要易于识别分类。

（7）限制材料种类。

（8）考虑材料的相容性。

（9）减少二次工艺（如涂覆、喷漆等）的次数。

8.4.4　回收方式

产品的回收贯穿产品制造、使用、报废的全过程，根据所处的阶段不同，产品的回收可分为前期回收、使用中的回收和使用后的回收三类，前期回收是指对产品生产阶段所产生的废弃物及材料的回收；使用中的回收是指对产品进行换代或大修使其恢复原有功能。使用后的回收是指产品丧失基本功能后对其进行材料回收及零件复用。传统产品的生命周期是生产、使用、废弃的一个开环直线型方式，而回收设计，需考虑废旧产品回收过程与制造系统的各个环节紧密联系，从而将开环直线型的生命周期变成闭环的生命周期。

产品及其零部件回收利用的各种形式见表 8-16。

从产品的回收层次来看，产品的回收分为如下几个层次：

（1）产品级回收。

产品级回收是指产品被不断地更新升级从而可以反复使用或进入二手市场。

（2）零、部件级的回收。

零、部件级的回收是指在产品拆卸及分解后，可重复使用部分经过翻新，进入制造环节或进入零配件市场。

表 8-16　产品及其零部件回收利用的各种形式

循环利用	回收形式	原始产品	回收产品
前期回收	生产阶段所产生的废弃物及材料的回收	金属板材下脚料	金属板材
产品使用中的回收	外形相同、功能相同（继续使用）	瓶子	瓶子(再次使用)
		电视机	电视机(修理后)
		汽车轮胎	汽车轮胎(修理后)
	外形相同、功能不同（重新使用）	购物袋	垃圾袋
		旧轮胎	轮船防护垫
产品废弃后的回收	外形不同、功能不同（继续使用）	玻璃瓶	回收玻璃制瓶
		铝罐	回收铝制罐
	外形不同、功能不同（重新使用）	窗玻璃	玻璃瓶
		铝罐	铝制门窗框

（3）材料级的回收。

材料级的回收是指拆卸后无法进入产品级和零、部件级的零件或产品可作为材料回收,经过材料分离、制造产生回收材料。

（4）能量级回收。

能量级回收是指产品中不能有效地进行回收的部分,经焚烧获得能量。

（5）填埋级回收。

填埋级回收是指剩余残渣被填埋,自然分解。

8.4.5　回收经济性分析

废旧产品的零部件分为:可重用零件、可回收材料零件、废弃物。回收效率及效益决定了废旧产品能否有效回收。

（1）废旧产品回收的效益。

废旧产品回收的效益公式如下:

$$V_{\text{total}} = C_{\text{vSUM}} - C_{\text{dSUM}} - C_{\text{pSUM}} = \sum_{i=1}^{t} C_{vi} - \sum_{i=1}^{t+p} (S_w \cdot T) - \sum_{i=1}^{n-t} C_{pi} \tag{8-5}$$

式中: V_{total}——总效益;

C_{vSUM}——总回收价值;

C_{dSUM}——总拆卸费用;

C_{pSUM}——总处理费用;

C_{vi}——零件 i 的回收价值;

n——产品零件总数;

t——已回收的零件数;

p——需处理的零件数;

S_w——单位时间的拆卸费用;

T——零件拆卸时间;

C_{pi}——零件 i 的处理费用。

（2）废旧产品的回收效率。

废旧产品的回收效率公式如下：

$$I=(C_v-C_d-T\times S_w)/C_v \qquad (8-6)$$

式中：I——回收效率；

C_v——零件的回收价值；

C_d——废旧产品剩余部分的拆卸费用。

8.5　面向包装的绿色设计

8.5.1　绿色包装设计的概念

绿色包装（green package）又称为无公害包装和环境之友包装（environmental friendly package），指有利于资源再生、对生态环境损害最小、对人体无污染、可回收重复使用或可再生的包装材料及其制品。

包装产品从设计、包装物制造、使用、回收到废弃物处理的整个过程均应符合生态环境保护和人体健康的要求。绿色包装的重要内涵是"4R+1D"，即减量化（reduce）、重复使用（reuse）、再循环（recycle）、再灌装（refill）、可降解（degradable）。必须具备的如下要求：

（1）减量化（reduce）：包装在满足保护、方便、销售等功能的条件下，应使用材料最少的适度包装。

（2）重复使用（reuse）：包装应易于重复利用。

（3）再循环（recycle）：包装应易于回收再生，通过回收生产再生制品、焚烧利用热能、堆肥化改善土壤等措施，达到再利用的目的。

（4）再灌装（refill）：回收后，瓶、罐等包装能再灌装使用。

（5）可降解（degradable）：包装物可以在较短的时间内降解为小分子物质，不形成永久垃圾，进而达到改善土壤的目的。

8.5.2　绿色包装设计内容

1. 材料选择

绿色包装材料的选择原则如表 8-17 所示，绿色包装材料的分类如表 8-18 所示。

表 8-17　绿色包装材料的选择原则

选 择 原 则	说　　　明
尽量选用无毒材料	避免选用有毒、有害及有辐射特性的材料。如应避免使用含有重金属的镉（Cd）、铅（Pb）、汞（Hg）等材料的包装物
选用可回收材料	回收和再利用性能好的包装材料如：纸材料（纸张、纸板材料、纸浆模塑）、玻璃材料、金属材料（铝板、铝箔、马口铁、铝合金）、线型高分子材料（PP、PVA、PVAC、ZVA 聚丙烯酸、聚酯、尼龙）、可降解材料（光降解、氧降解、生物降解、光/氧双降解、水降解）
选用可降解材料	可通过自然降解、生物降解、化学降解或水降解等多种降解方法来减小环境影响和危害

续表

选择原则	说　明
尽可能减少材料	通过改进结构设计,减少材料的使用
尽量使用同一种包装材料	避免使用由不同材料组成的多层包装体,以利于不同包装材料的分离

表 8-18　绿色包装材料的分类

绿色包装材料的分类	说　明
可回收处理再生的材料	纸制品材料(纸张、纸板材料、纸浆模塑),玻璃材料、金属材料(铝板、铝箔、马口铁、铝合金),线型高分子材料(PP、PVA、PVAC、ZVA 聚丙烯酸、聚酯、尼龙),可降解材料(光降解、氧降解、生物降解、光/氧双降解、水降解)
绿色包装材料的分类	说明
可自然风化回归自然的材料	纸制品材料(纸张、纸板材料、纸浆模塑),可降解材料(光降解、氧降解、生物降解、光/氧双降解、水降解)及生物合成材料
准绿色包装材料	可回收焚烧、不污染大气且能量可再生的材料、部分不可回收的线型高分子材料、网状高分子材料、部分复合型材料(塑-金属、塑-塑、塑-纸等)

2. 绿色包装结构的设计原则

(1) 避免过分包装。

减少包装体积、质量、包装层数,采用薄形化包装等。

(2) "化零为整"包装。

对一些产品采用经济包装或加大包装容积。

(3) 设计可循环重用的包装。

(4) 重用和重新填装,从而减少包装废弃对环境的影响。

(5) 包装结构设计。

① 设计可拆卸性包装结构;

② 设计多功能包装。

3. 包装材料的回收再利用

根据包装使用材料的不同,包装废弃物可分为:纸类包装废弃物、塑料类包装废弃物、金属类包装废弃物、玻璃类包装废弃物和其他类包装废弃物等。

(1) 纸包装废弃物的回收与利用。

① 纸包装废弃物再生造纸。

废纸的再生经过制浆和造纸两道工序。首先经过碎解、净化、筛选和浓缩,然后将废纸浆送到造纸机上,经过过网、压榨、干燥和压光,制成卷筒纸或平板纸。

② 纸包装废弃物开发新产品如纸浆模塑制品、复合材料板等。

(2) 塑料包装材料的回收与利用。

① 废聚氯乙烯的回收利用。

废聚氯乙烯的回收利用主要是直接回收或补充适当的新料,重新制作各种制品。回收利用方法如下:直接复配回用、做沥青和塑料油膏。

② 废聚苯乙烯的回收利用。

聚苯乙烯可分 CPS 和 EPS,EPS 主要用于防震包装材料。回收利用方法如下:重新加工回用、制作建筑水泥制品、制备油漆。

③ 聚烯类废旧塑料的利用。

聚乙烯、聚丙烯等材料主要用来生产薄膜、中空制品及塑料编织袋等。回收利用方法如下：废聚丙烯塑料编织袋的回用、制造钙塑塑料、

④ 废聚氨酯泡沫塑料的回收利用。

废聚氨酯泡沫塑料的回收利用方法如下做人造土壤、模塑法回制产品、

⑤ 废热固性塑料的回收利用。

废热固性塑料的回收利用方法如下：做活性填料（简称热固填料）、生产塑料制品。

（3）金属包装材料的回收与利用。

金属包装废弃物分为黑色金属和有色金属两类。黑色金属主要为镀锡钢板（马口铁）、镀锌钢板（白铁皮）等钢铁材料；有色金属主要为铝及其合金和锡等材料。

① 钢铁桶的回收和利用。

钢铁桶经过分类、清洗后再使用，对于变形严重的钢铁桶翻新、喷漆后再使用。

② 钢铁包装废弃物的回炉冶炼。

对于不能重复使用的钢铁桶进行回炉冶炼。

③ 铝及其合金包装废弃物的回收利用。

废铝通过熔炼，得到锻铝合金、铸造铝合金等；铝制包装废弃物可以制成聚合氯化铝。

④ 锡制品包装废弃物的回收利用。

锡制品包装废弃物的回收利用方法如下：一般马口铁包装废弃物若锈蚀不太严重，可以改制成小五金制品、将废马口铁作为废钢铁回炉，可使钢铁中含有低于 0.1% 的少量锡，用以改善铸铁的性能。

（4）玻璃包装材料的回收与利用。

玻璃包装材料的回收再利用主要包括包装复用、回炉再造利用和原材料转型利用，回收利用方法如下：

① 包装复用。

包装使用后，改装为同类物品或其他类物品的包装。

② 回炉再造。

将回收包装材料经过清洗、分类等处理后，回炉熔融，用于同类或相近包装的再制造。

③ 转型利用。

将回收的包装材料加工转为其他材料。分为非加热型、加热型两种。

非加热型：采用机械的方法将包装材料粉碎成小颗粒，或研磨加工成小玻璃球待用。玻璃碎片可用作建筑用结构材料、制造反光板材料与塑料废料的混合料可以模铸成合成石板产品等。

加热型：将废玻璃包装材料捣碎，高温熔化后，用快速拉丝的方法制成玻璃纤维。可广泛用于制取石棉瓦、玻璃缸及各种建材等。

8.5.3　绿色包装评价标准

1. 绿色包装分级

（1）AA 级绿色包装 。

AA 级绿色包装指废弃物能够循环复用、再生利用或降解腐化，含有毒物质在规定限量范

围内,且在产品整个生命周期中对人体及环境不造成公害的适度包装。

（2）A 级绿色包装 。

A 级绿色包装是目前应推行的重点 指废弃物能够循环复用、再生利用或降解腐化,所含有毒物质在规定限量范围内的适度包装。

2. 分级评审标准

AA 级绿色包装可利用寿命周期分析法制定认证标准或直接利用其清单分析和影响评价数据作为评审标准,并授予相应的环境标志(ISO14000 的 Ⅰ 型和 Ⅱ 型环境标志)。

A 级绿色包装依据如下 5 条可操作指标,授予单因素环境标志。可操作指标如下：

（1）包装应实行减量化,坚决制止过分包装;

（2）包装材料不得含有超出标准的有毒有害成分;

（3）包装产品上必须有生产企业的"自我环境声明"。自我环境声明内容主要包括：

① 包装产品的材料成分,含有毒有害物质是否在国家允许的范围内;

② 是否可以回收及回收物质种类;

③ 是否可自行降解;

④ 固态废弃物数量;

⑤ 是否节约能源;

⑥ 在使用过程中为避免对人体及环境危害而应注意的事项。

（4）包装产品能回收利用,并明确是由企业本身还是委托其他方(必须有回收标志)回收;

（5）包装材料能在短时期内自行降解,不对环境造成污染。

凡符合指标(1)、(2)、(3)、(4)的, 根据分级的 A 级标准,应属于可回收利用的绿色包装,并授予相应的单因素环境标志;而符合指标(1)、(2)、(3)、(5)的,则属于可自行降解的绿色包装,并授予相应的单因素环境标志。

8.6　面向节约能源的绿色设计

8.6.1　能效标识与标准

能效标识是附在产品或产品最小包装物上的一种信息标签,用于表示用能产品能源效率等级、能源消耗量等指标。用以引导消费者选择高能效产品。

能效标准指国家对产品的能效或能耗指标的要求。主要包括能效限定值、节能评价值、能效等级。

1. 中国节能产品认证标志

我国从 1999 年发布并实施《节能产品认证管理办法》,已开展认证的用能产品共计 34 类,包括家用电器等 11 类、照明产品等 6 类、电力产品等 2 类、工业机电产品等 6 类、建筑用产品等 4 类、办公设备等 5 类。

中国节能产品认证标志主体是变形的中文"节"字、外形是 energy 的"e"代表"节能",天蓝色,代表蔚蓝的天空,寓意"节能、环保和美好未来",如图 8-3 所示。

2. 欧洲能效标识

欧洲家电能效等级分类限为从"A"至"G"的 7 个。由于节能性能的不断提升,欧盟将在原有基础上对电冰箱、电冰柜能源标识引入 A＋和 A＋＋两个等级,对家用洗衣机的能效标识引入 A＋等级。A＋等级耗电量比同类产品节电 58％以上,A＋＋等级耗电量比同类产品节电 70％以上。欧洲能效等级标志如图 8-4 所示。

图 8-3 中国节能产品认证标志

3. 中国能效标识

中国能效标识为蓝白背景,顶部标有"中国能效标识"(CHINA ENERGY LABEL)字样。能效标识标明产品的能效等级、能耗指标以及其他比较重要的性能指标。能效等级是判断产品是否节能的最重要指标,产品的能效等级越低,表示能效越高,节能效果越好。

目前我国的能效标识将能效分为 1 至 5 共五个等级,能效等级的含义如下。

1 级:国际先进水平,最节电,即耗能最低。

2 级:比较节电。

3 级:市场平均水平。

4 级:低于市场平均水平。

5 级:耗能高,市场准入指标,低于该等级要求的产品不允许生产和销售。

中国能效等级标志如图 8-5 所示。

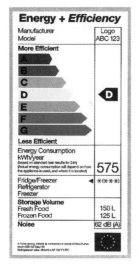

图 8-4 欧洲能效等级标志

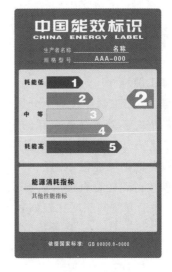

图 8-5 中国能效等级标志

8.6.2 产品能量消耗模型

1. 整个生命周期的能耗

产品的能量消耗与其材料、结构、制造系统、使用维修状态、回收再利用水平等因素相关,并贯穿于产品的整个生命周期。产品在整个生命周期中,经历了一系列的状态转换,一个单独的状态转换过程的能量关系相对较简单,而产品的整个系统的能耗关系则较为复杂。在生命周期不同阶段的能量的关系也不尽相同,因此,不可能建立一致的转换模型。通过建立生命周期每个阶段的能耗量化模型,并按照产品生命周期的拓扑关系进行交叉叠加,从而得到产品整个生命周期能量模型。产品整个生命周期能量量化公式如下：

$$E_{LCE} \approx E_{MP} + E_{CF} + E_{PA} + E_{USE} + E_{MAINT} + E_{PD} + E_{RP} + E_D \tag{8-7}$$

式中：E_{LCE}——产品整个生命周期能量；

$\quad E_{MP}$——资源转变成原材料所消耗的总能量，主要包括从自然界获取原材料过程（如矿石的开采）和将原材料加工成材料产品的过程（如清洗、冶炼）；

$\quad E_{CF}$——产品加工成零部件消耗总能量；

$\quad E_{PA}$——将零部件装配成产品消耗的总能量；

$\quad E_{USE}$——产品在使用寿命中正常使用所消耗的总能量；

$\quad E_{MAINT}$——产品在使用寿命中对其零部件进行修理、维护所消耗的总能量；

$\quad E_{PD}$——产品在预期使用寿命后，必要的回收、分解和拆卸所消耗的总 能量；

$\quad E_{RP}$——对有价值的材料、零部件或产品进行再加工所消耗的总能量；

$\quad E_D$——在各阶段之间物料运输、传递等过程所消耗的总能量。

2. 原材料能耗

不同的材料产品经过开采、冶炼、成形等过程，具有不同的能耗。原材料能耗由材料属性决定。对于材料 i，其单位质量消耗的能量为

$$e_{mp,i} \approx (1-U_{M,i})e_{pmp,i} + U_{M,i}e_{smp,i} \tag{8-8}$$

式中：$U_{M,i}$——材料 i 中回收再处理材料所占的比例；

$\quad e_{pmp,i}$——材料 i 中从自然资源生产单位质量材料所消耗的能量；

$\quad e_{smp,i}$——材料 i 中回收再处理单位质量材料所消耗的能量。

假设产品包含 n 种材料，第 i 种材料质量为 m_i。则产品材料的总能量消耗为

$$E_{MP} \approx \sum_{i=1}^{n} m_i(e_{mp,i}) \tag{8-9}$$

3. 产品加工能耗

由于机械产品加工制造过程十分繁杂，产品加工过程能耗原因是多方面的，主要由产品设计和加工系统所决定，产品加工能耗的影响因素如下：

① 加工工艺方法与产品能耗有直接关系。

② 加工设备的不同能耗不同。

③ 工艺参数对能耗有直接的影响。

常用金属加工方法的能耗比较如表 8-19 所示。

表 8-19　各种金属加工方法的能耗比较

加 工 方 式	材料利用率/(%)	单位能耗/(J/kg)
粉末冶金	95	29
铸造	90	30～38
冷锻	85	41
热锻	75～80	46～49
机械加工	40～45	66～82

假设有 c 个加工过程，其加工能量消耗为

$$E_{CF} \approx \sum_{i=1}^{c} E_{CF,k} = \sum_{k=1}^{c} m_k \left[(1-U_{p,k})e_{PCF,k} + U_{P,k}e_{SCF,k} \right]/K \tag{8-10}$$

式中：$E_{CF,k}$——加工过程 k 的能量消耗；

　　m_k——加工过程 k 所加工的质量；

　　$U_{P,k}$——加工过程 k 中旧零件所占比例；

　　$e_{PCF,k}$——在加工过程 k 中，加工单位质量零件所消耗的能量；

　　$e_{SCF,k}$——在加工过程 k 中，加工单位质量二手零件所消耗的能量。

4. 产品装配能耗

产品装配能耗由产品设计中确定的产品几何形状、空间结构以及装配系统决定，其主要体现为装配机械部分的耗能，可参考加工过程的能耗公式，进行估算或由装配信息进行计算。

假设有 d 个装配过程，装配总能耗为

$$E_{PA} \approx \sum_{i=1}^{d} E_{PA,i} \tag{8-11}$$

式中：$E_{PA,i}$——装配过程 i 所消耗的能量。

5. 产品使用能耗

产品设计时所确定的系统工作原理，决定了产品不同使用状态下的能量消耗。单个元件（零部件）的能量函数为

$$g = \eta e(t) f(t) \tag{8-12}$$

式中：$e(t)$——状态势变量；

　　$f(t)$——状态流变量；

　　η——能量转换率。

单个元件的能量函数 g 可以耦合得到系统的能量函数。假设有 n 个存储和消耗元件，m 种工作状态，则使用过程能量消耗为

$$E_{USE} = \sum_{h=1}^{m} \eta \int_{0}^{t_h} (g_1 * g_2 * \cdots * g_n) \mathrm{d}t \tag{8-13}$$

式中：$*$——复合关系；

　　t_h——状态 h 的工作时间；

　　$\sum_{h=1}^{m} t_h = T$，T 为产品的使用寿命。

6. 产品维修能耗

维修过程能耗主要为更换零部件的能耗及维修操作所产生的能耗。更换零部件的能耗由其生命周期能耗组成，更换次数由产品和零部件的设计使用寿命决定。同时意外情况所造成的维修不计算在内。

假设有 e 个零件进行维修，则维修能耗可表示为

$$E_{MAINT} \approx \sum_{f=1}^{e} \left[\left(\frac{L_P}{L_{C,f}} \right) (E_{MP} + E_{CF} + E_{PA} + E_{EOL} + E_D)_f \right] \tag{8-14}$$

式中：L_P——产品使用周期；

　　$L_{C,f}$——所更换零部件 f 的使用周期；

　　E_{MP}、E_{CF}、E_{PA}、E_{EOL}、E_D 分别为所更换零部件 f 在不同生命周期阶段的能量消耗；

　　E_{MP}——资源转变成原材料所消耗的总能量，主要包括从自然界获取原材料过程；

　　E_{CF}——产品加工成零部件消耗总能量；

　　E_{PA}——将零部件装配成产品消耗的总能量；

E_{EOL}——回收再处理能耗；

E_D——在各阶段之间物料运输、传递等过程所消耗的总能量。

7. 产品回收再处理能耗

产品回收再处理过程一般涉及产品拆卸与回收，不仅消耗能量，同时也对能量进行回收。回收再处理可分为部件级回收、材料级回收、焚烧与填埋等。将回收再处理率定为 W，再利用率定为 U。对于材料级、零部件级和焚烧回收，其回收质量比例分别为 U_M、U_P 和 U_I，$U=U_M+U_P+U_I$。假设回收产品有 b 种再处理过程，回收材料 p 种，零部件 q 个，则回收再处理能耗为

$$E_{EOL} = E_{PD} + E_{RP} \approx \sum_{j=1}^{b}\left[MW_j(e_{DE,j})\right] - \sum_{i=1}^{p}\left[M_iU_{I,i}(e_{I,i})\right]$$
$$- \sum_{i=1}^{p}\left[M_iU_{M,i}(e_{PMP,i}-e_{SMP,i})\right]$$
$$- \sum_{k=1}^{q}\left[M_kU_{p,k}(e-e_{SMP,k}+e_{PCF,k}-e_{SCF,k})\right] \quad (8\text{-}15)$$

式中：M——回收处理总质量；

M_i——材料 i 的回收总质量；

M_k——零部件 k 的回收总质量；

W_j——经回收方式 j 回收的质量所占的比例；

$e_{DE,j}$——回收方式 j 中单位质量再处理能耗，由回收方式和再处理对象决定；

$U_{I,i}$——回收材料 i 中焚烧所占比例；

$e_{I,i}$——焚烧单位质量材料 i 所获得能量。

8. 产品传输能耗

产品传输能耗是指在产品生命期各阶段间，产品需要空间上的转移产生的能耗。传输能耗与运输方式、运输条件、运输距离、材料、产品的体积和质量等因素有关。

产品传输能耗可表示为

$$E_D \approx \sum_{s=0}^{x}\sum_{t=0}^{y}m_s\left[(e_{D,t} \cdot D_{s,t})\right] \quad (8\text{-}16)$$

式中：m_s——在阶段 s 后，所运输产品的质量；

$e_{D,t}$——单位质量、单位历程，运输方式 t 的能量消耗；

$D_{s,t}$——在阶段 s 后，以方式 t 运输的距离。

8.7　绿色设计的关键技术

绿色设计的关键技术包括：绿色设计模型的构建和绿色设计数据库和知识库的建立、绿色设计评价体系及方法。

1. 绿色设计模型的构建

在绿色设计中，面向装配的设计 DFA(design for assembly)和面向拆卸的设计 DFD(design for disassembly)等是其重要的组成部分。而支持 DFA 和 DFD 等的产品信息模型 PIM(product information model)应包括装配体、子装配体和单个零件等有关的数据，它与三维体造型的数据结构集成在一起，包含在一个统一的产品模型中。

2. 绿色设计数据库、知识库的建立

绿色设计需要占有大量的资料,运用多种技术和方法才能帮助设计人员做出正确的决策,因此,建立绿色数据库、知识库是绿色产品开发、评价和决策的基础,其中包括材料影响数据库、制造工艺环境影响数据库、产品使用环境影响数据库、生命周期评价(life cycle assessment,LCA)数据库,价值分析数据库及各种知识库等。

3. 绿色设计评价体系及方法

(1) 绿色设计评价体系。

绿色设计评价体系包括面向材料的评价、清洁生产评价、面向产品流通的评价、面向产品使用维护的评价、面向拆卸和回收的评价等各个阶段的评价,以及面向环境负担的评价、面向环境的价值评价和面向环境影响的评价等多个层次的评价。

(2) 绿色设计评价方法。

评价方法是绿色设计评价体系的基础。目前,绿色设计评价策略主要基于生命周期评价 LCA 的思想。

绿色设计是一种面向产品整个生命周期的现代设计方法,它不仅包括产品设计,也包括从原材料获取直至回收处理的产品生命周期过程设计。因此,LCA 是绿色设计评价的最有力工具,它能对改善环境的各种产品设计方案做出评价,并为设计方案的改进提供依据,同时有利于企业及时做出产品开发的各种决策,是绿色产品设计特有的评价方法。

LCA 是 20 世纪 90 年代由国际环境毒理学与化学学会(SETAC)和美国环保局(EPA)的专家小组共同提出的一种系统的环境管理工具,现已被纳入 ISO14040 环境管理标准体系中,成为国际社会关注的焦点和研究热点。LCA 是一种对产品、生产工艺或活动对环境的影响进行评价的客观过程,通过识别和量化资源和能源利用以及向环境的排放物,评价产品、工艺或活动的环境影响,寻求环境改善的机会。该过程包括原材料获取和加工、产品生产制造、包装运输、使用维护、回收及最终处理的产品、工艺或活动的整个生命周期,如图 8-6 所示。一个完整的 LCA 包括目的与范围的确定、清单分析、影响评价和结果解释四个部分,其基本框架如图 8-7 所示。

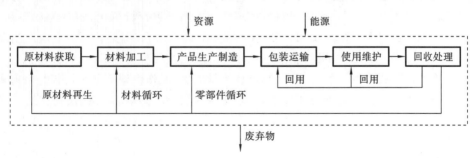

图 8-6　产品生命周期的主要组成阶段

① 评价的目的与范围。

确定评价的目的与范围是 LCA 研究的第一步,也是最关键的部分。目的的确定是清楚地说明开展此项生命周期评价的目的和原因,以及研究结果的可能应用领域;研究范围的确定要保证研究的广度、深度和详尽程度与要求的目的一致。目的与范围的确定包括对系统功能、系统边界、功能单位、影响类型、假定条件、数据质量等描述。

② 清单分析。

清单分析是 LCA 研究工作的基础。它是对产品、工艺或活动在其整个生命周期内的资

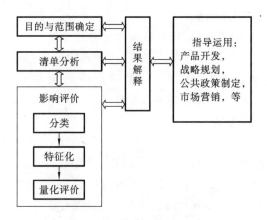

图 8-7　生命周期评价框架

源、能源消耗和向环境的排放进行数据量化分析,建立以产品功能单位表达的产品系统的输入和输出清单。该步骤包括数据收集清单表制作、数据收集、数据合理性判断、数据合并、数据分配及敏感性分析等。

③ 影响评价。

影响评价是对清单分析中所识别的环境负荷进行定性或定量的描述和评价,以确定产品系统的资源、能源消耗及其对环境的影响,它是 LCA 的核心内容,也是难度最大、最受争议的部分,目前,正处于探索阶段,还没有被普遍接受的评价方法。一般将其分为分类、特征化和量化评价三个步骤:分类是将从清单分析得来的环境干扰因子归到不同的环境影响类型。影响类型通常包括资源耗竭、人类健康和生态影响三个大类,每一类又包括许多子类,如生态影响包括全球变暖、臭氧层破坏、富营养化等;特征化是针对所确定的环境影响类型对数据进行分析和量化,目的是汇总该类中的不同影响类型;量化评价是确定不同影响类型的重要性程度或权重,得到一个数字化的可供比较的单一指标。

国际上采用的评价方法基本上可以分为两类:环境问题法和目标距离法。前者着眼于环境影响因子和影响机理,采用当量因子对各种环境干扰因子进行特征化,如瑞典 EPS 法、瑞士和荷兰的生态因子法以及丹麦的 EDPI 法;后者着眼于影响后果,用某种环境效应的当前水平与目标水平(标准或容量)之间的距离,表示该环境效应的重要程度,如瑞士临界体积法。这些方法要求评价者具有相当的环境知识,且具有计算量大、可操作性差等不足,为此,目前采用的评价方式多是引用多目标决策的分析技术,如采用专家打分、层次分析法、模糊方法等作为影响评价方法。

④ 评价结果解释。

生命周期解释是通过对清单分析和影响评价的结果所提供的信息进行识别、量化、检验和评价,得出结论,并给出能减少环境负荷的改进意见和建议。结果解释的主要组成部分:基于 LCA 中清单分析和影响评价阶段的结果识别重大问题;对数据进行完整性、敏感性和一致性检查;得出结论、给出能够改善环境影响的建议和报告。

8.8　绿色设计应用实例——液压系统的绿色设计

液压系统的绿色设计,按照环境意识制造的设计思想,设计的产品在使用中应该保持良好的性能,不对环境造成污染,改变液压技术的脏乱现象,满足可持续发展的需求。

1. 液压系统工作介质污染控制设计与措施

在液压产品设计过程中应本着预防为主、治理为辅的原则,充分考虑如何消除污染源,从根本上防止污染。

在设计阶段除了要合理选择液压系统元件的参数和结构外,可采取以下措施控制污染物的影响:在节流阀前后装上精滤油器;滤油器的精度取决于控制速度的要求;所有需切削加工的元器件,孔口必须有一定的倒角,以防切割密封件且便于装配;所有元器件、配管等在加工工序后都必须认真清洗,消除毛刺、油污、纤维等;组装前必须保持环境的清洁;所有元器件必须采用干装配方式;装配后选择与工作介质相容的冲洗介质认真清洗。

投入正常使用时,新油加入油箱前要经过静置沉淀、过滤后方可加入系统中,必要时可设中间油箱,进行新油的沉淀和过滤,以确保油液的清洁;工作介质污染的另一方面是介质对外部环境的污染,应尽量使用高黏度的工作油,减少泄漏;尽快实现工程机械传动装置的工作介质绿色化,采用无毒液压油;开发液压油的回收再利用技术;研制工作介质绿色添加剂等。

2. 液压系统噪声控制设计与措施

液压系统噪声是对工作环境的一种污染,分机械噪声和流体噪声。

在液压系统中,电动机、液压泵和液压马达等转速都很高,如果它们的转动部件不平衡,就会产生周期性的不平衡力,引起转轴的弯曲振动,这种振动传到油箱和管路时,会因共振而发出很大的噪声,所以应对转子进行动平衡试验,且在产品设计时注意防止其产生共振。机械噪声还包括机械零件缺陷和装配不合格而引起的高频噪声,因此,必须严格保证制造和安装的质量,产品结构设计应科学合理。

在液压系统噪声中,流体噪声占相当大的比例,这种噪声是由于油液的流速、压力的突变、流量的周期性变化以及泵的困油、气穴等原因引起的。以液压泵为例,在液压泵的吸油和压油循环中,产生周期性的压力和流量变化,形成压力脉动,从而引起液压振动,并经出油口传播至整个液压系统,同时,液压回路的管路和阀类元件对液压脉动产生反射作用,在回路中产生波动,与泵发生共振,产生噪声。开式液压系统中混入了大约5％的空气,当系统中的压力低于空气分离压时,油中的气体就迅速地大量分离出来,形成气泡,当这些气泡遇到高压便被压破,产生较强的液压冲击,因此,在设计液压泵时,齿轮泵的齿轮模数应取小值,卸荷槽的形状和尺寸要合理,以减小液压冲击;柱塞泵的柱塞数的确定应科学合理,并在吸、压油配流盘上对称的开出三角槽,以防柱塞泵困油;为防止空气混入,泵的吸油口应足够大,而且应没入油箱液面以下一定深度,以防吸油后因液面下降而吸入空气;为减少液压冲击,可以延长阀门关闭时间,并在易产生液压冲击的部位附近设置蓄能器,以吸收压力波;此外,增大管径和使用软管,对减小和吸收振动都很有效。

3. 液压系统的节能设计

液压系统的节能设计不但要保证系统的输出功率要求,还要保证尽可能经济、有效的利用能量,达到高效、可靠运行的目的:即能源要得到充分的利用,一个最基本的前提就是输入和输出要尽量匹配。而一般液压系统的功率输入都是靠电动机实现的,所以,选择一台质量稳定可靠、高效的电动机,同时做好系统功率的核算是至关重要的。功率太小将不能满足系统的工作要求,功率太大就会造成不必要的能耗。在元件的选用方面,应尽量选用那些效率高、能耗低的元件。如选用效率较高的变量泵,可根据负载的需要改变压力,减少能量消耗,选集成阀以减少管路连接的压力损失,选择压降小、可连续控制的比例阀等。

采用各种现代液压技术也是提高液压系统效率、降低能耗的重要手段。如压力补偿控制、负载感应控制以及功率协调系统等。采用定量泵＋比例换向阀、多联泵(定量泵)＋比例节流溢流阀的系统,效率可以提高 28%～45%。采用定量泵增速液压缸的液压回路,系统中的溢流阀起安全保护作用,并且无溢流损失,供油压力始终随负载而变。这种回路具有容积调速以及压力自动适应的特性,能使系统效率明显提高。电动机与泵的连接及其安装的水平、管路之间、管路与油口之间的连接和安装对于节能都有着重要的影响,应尽量设计或选用弹性联轴器来连接电动机和泵,或使用泵、电动机一体化产品,多采用富有弹性和位置补偿能力的接头系统,如卡套式和 SAE,开口式矩形法兰等。

4. 优化液压元件的连接与拆卸性的设计

液压系统是由动力元件、执行元件、控制元件与辅助元件连接组成的以油液为工作介质的系统,液压元件的制造与系统的集成是核心,在绿色设计与制造的实施中液压元件和系统的设计至为关键。液压元件的连接与拆卸性的设计与研究应以环境资源保护为核心来进行产品的设计与制造,以达到可持续发展的要求。

一般在设计液压系统时,为了减少占地,往往油泵与电动机安装在油箱上,常常激发油箱产生很大噪声。最好将它们安装在地下,或在泵及电动机与箱盖之间放置橡胶隔振、与泵连接的压油管换成橡胶软管以及用隔声材料包覆管路等;在适当距离上放置弹簧支架固定管道;在油箱上加厚板壁,布置肋条及撑条;内外壁喷涂阻尼材料等都可减小振动,降低噪声。

不同的连接结构将导致装配性和拆卸性复杂程度的不同,例如元件间的连接可采用焊接、螺钉连接、铆钉连接、嵌入咬合式等。焊接连接的装配性和拆卸性的复杂程度最高,导致零部件破坏性拆卸;螺钉连接的装配容易,但可拆卸性会受到环境的影响,例如生锈而导致拆卸复杂;铆钉连是机械装配性好的一种连接方式,但受到连接强度的影响,在连接强度要求高的情况下,连接的安全性可能出现问题。如果在齿轮泵中,齿轮与轴的连接采用多面轴,这样可减小高速旋转中产生的噪声和振动。根据元件零件的相邻关系将零件功能进行组合,既可减少零件数量,又不影响使用功能。

第9章

全生命周期设计

9.1　全生命周期设计概念

全生命周期设计的概念从并行工程思想发展而来,它同时考虑从产品概念设计到详细设计过程中的所有阶段,包括需求识别、产品设计、生产、运输、使用、回收处理等阶段,全生命周期设计是面向产品全生命周期全过程的设计,要求从市场需求识别开始考虑产品生命周期各个环节,以确保缩短新产品上市时间、提高产品质量、降低成本、改进服务、加强环境保护意识,实现社会可持续化发展。

9.1.1　全生命周期与寿命的区别

产品全生命周期与产品寿命是不同的概念。产品全生命周期包括产品孕育期(产品市场需求的形成、产品规划、设计)、生产期(材料选择制备、产品制造、装配)、储运销售期(存储、包装、运输、销售、安装调试)、服役期(产品运行、检修、待工)和转化再生期(产品报废、零部件再用、废件的再生制造、原材料回收再利用、废料降解处理等)的整个闭环周期。产品寿命是指产品出厂或投入使用后至产品报废不再使用的一段区间,仅是全生命周期内服役期的一部分。由于传统的产品功能和性能主要在服役期实现,传统设计主要为产品运行功能设计和产品的使用寿命以及近年来日益重视的产品自然寿命设计。基于产品的社会效应,全生命周期包括对产品社会需求的形成,产品的设计、试验、定型,产品的制造、使用、维修以及达到其经济使用寿命之后的回收利用和再生产的整个闭环周期。机械的全生命周期涵盖全寿命期,全寿命期涵盖经济使用寿命和安全使用寿命。作为全生命周期的一个重要转折点,产品报废一般有三种判据:功能失效、安全失效、经济失效。

9.1.2　全生命周期设计的目的

全生命周期设计主要目的可以归结为 3 个:① 在设计阶段尽可能预见产品全生命周期内各个环节的问题,并在设计阶段加以解决或设计好解决的途径。现代产品日趋复杂、庞大和昂贵,其中的知识含量也与日俱增,一旦出现问题仅靠用户的经验和技能很难有效解决和保障设备的有效运行。② 在设计阶段对产品全生命周期的所有费用(包括维修费用、停机损失和报废处理费用)、资源消耗和环境代价进行整体分析规划,最大限度地提高产品整体经济性和市场竞争力。③ 在设计阶段对从选材、制造、维修、零部件更换、安全保障直到产品报废、回收、再利用或降解处理的全过程对自然资源和环境的影响进行分析预测和优化,以积极有效地利用和保护资源、保护环境、创造好的人-机环境,保持人类社会生产的持续稳定发展。

9.2　全生命周期设计的主要内容

　　全生命周期设计实际上是面向全生命周期所有环节、所有方面的设计。图 9-1 为全生命周期设计所面向的全过程。其中每一个环节都需要专门的知识、技术做支撑,这种技术采用专家系统、分析系统或仿真系统等智能方法来评判概念设计与详细设计满足全生命周期不同方面需求的程度,对所存在的问题提出改进方案。但是,全生命周期设计不是简单的面向设计(DFX),而是多学科、多技术在人类生产、社会发展、与自然界共存等多层次上的融合,所涉及的问题十分广博、深远。

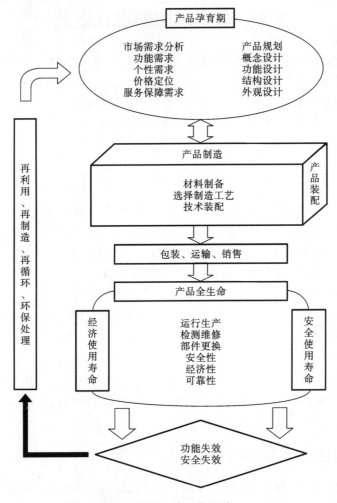

图 9-1　全生命周期设计

9.2.1　面向材料及其加工成形工艺的设计

　　在全生命周期设计中,材料选择应考虑的因素如下:
　　材料的产品性能　　主要考虑满足产品本身功能、性能、质量设计的有关材料性能。包括材料的常规机械性能、疲劳断裂性能、抗复杂环境侵蚀的性能,对特殊机电产品采用的特殊材料,如压电陶瓷材料、功能梯度材料、电/磁致流变材料、各种纳米材料等的特殊性能。这些材料性能指标往往受当前材料科学的发展局限，设计选材时必须清楚地认识材料的各种特性。

材料的环保性能　绿色材料概念已经形成，材料在使用过程中对环境的影响、废弃后的可降解性等是全生命周期设计中必须考虑的因素。

材料的加工性能　在设计阶段考虑材料的可加工性可以提高产品经济性、减少能耗和制造过程的不利副产品。例如，使用粉末冶金成形技术制造齿轮等外形复杂、加工精度要求高的部件，在强度和寿命要求可以满足的情况下能够显著提高工效、降低成本。

材料的价格性能比　材料的价格性能比是制约设计选材的一个重要因素。但在全生命周期设计中不能单纯看待材料价格，而应当全面分析材料的使用效能。

针对材料的产品设计　在设计中，材料的选择和结构细节设计是一种互动关系。当材料性能难以满足产品性能或寿命要求时必须改进设计。此外，工程材料往往是各向异性的，因此结合使用材料时的取向和产品力学分析使材料性能得以最优发挥也是设计选材的重要因素。

9.2.2　面向制造与装配的设计

在设计阶段利用计算机辅助工程（CAE）方法对制造过程进行模拟分析，改进设计以简化加工制造工艺、简化模具和夹具设计、充分利用标准件等。设计中一些小的改进往往会在很大程度上方便制造、降低制造成本、缩短制造周期。例如，在冲压成形制造中，如能够在设计阶段利用大变形接触问题的有限元软件对成形过程进行模拟分析并优化设计，会避免许多设计缺陷和由此导致的制造困难，提高成品率和生产效率。复合材料结构的制造与设计联系更为密切。复合材料本身既是材料又是结构，材料的复合制造与结构制造常常同时进行。在设计阶段就需对材料组分、铺层方式、成形工艺等进行分析并提出明确要求。

制造技术发展到今天已形成门类齐全的制造工艺。与现代信息技术、计算机技术、控制技术、人工智能等相结合，制造技术已由传统的制造技术发展到先进制造技术。机械的设计应充分与各种制造工艺和制造技术相协调，才能发挥各种制造技术的长处，方便制造并提高工效。对大批量的生产，设计的部件应能适应生产线流水作业制造。方便装配是全生命周期设计必须考虑的又一重要因素。装配方式、装配强度、装配工艺应在设计阶段确定，以避免装配过程的困难或临时改动对产品完整性的破坏。

9.2.3　面向功能的设计

产品功能和性能设计一直是机械设计的核心，也贯穿全生命周期设计的所有环节。与传统的设计相比，现代产品具有一系列新的特征。

产品功能和性能的开发和提高依赖于相关多学科的发展和技术突破，同时也受市场需求的推动。模块化和标准化已被证明是保证产品高性能、低成本和短的开发生产周期的有效方式。但随人类生活水平的提高，对产品多样性和个性化的要求日益突出。在全生命周期设计中如何将模块化和标准化要求与多样化和个性化要求相协调统一是争夺市场的重要问题，但这并不是难以解决的矛盾。在产品性能与功能方面，可以充分发挥模块化和标准化的优势，而在产品的表现形式、外部结构等方面尽量满足多样化和个性化的市场要求。例如汽车的设计，在引擎和驱动装置方面应注重功能和标准化，但车的外形和车内布局则要多样化和个性化。又如分体式空调的室外机（主机）和室内机，手表的功能与外形等。集成化和微型化往往带来产品性能的变革。而绿色、节能已成为产品品质的组成部分。环保节能型汽车、无氟节能冰箱就是最好的例证。现代产品除了安全、可靠、美观等性能指标外，智能化、功能重组和自修复等功能是产品创新的重要体现,从大到多功能军用飞机,小到移动电话,现代产品都需要这些创新功能。全生命周期设计更要注重这方面功能的创新。借助计算机仿真和计算试验技术,可以在设计阶段考察、改进产品的功能和性能。产品的功能与材料、结构、工艺、质量等是一种互动关系。

9.2.4　安全使用寿命设计

产品的安全使用寿命是产品价值的重要体现。在设计阶段对产品安全使用寿命进行设计的基础是对产品使用寿命和可能破坏的准确分析预测。目前产品结构的使用寿命预测主要有基于疲劳力学的安全寿命方法和基于断裂力学的损伤容限耐久性方法。对规定可靠度下产品结构的安全使用寿命的确定见图。

对机电产品,除了机械疲劳破坏外,电致电子元件的疲劳、控制开关的电接触疲劳、运动部件的磨损、腐蚀环境中部件的剥蚀等都对产品的安全使用寿命构成影响。此时,只要将损伤理解为广义损伤,寿命理解为疲劳循环、接触次数、腐蚀时间等广义寿命,仍可以沿用安全使用寿命概念。

在安全使用寿命设计中,除了寿命分析和预测方法外,材料的选择和材料客观性能指标的试验测定、对制造和加工工艺质量的评估、载荷谱和环境谱的编制等都具有重要影响。

9.2.5　经济寿命设计

经济寿命设计的目的是在安全寿命预测的基础上,通过制定合理的检测、维修、更换零部件、再制造等计划,保障设备运行的经济性。根据经济寿命设计原则,易损零部件应设计为可更换部分,不可更换的主体或高值部件应按等寿命原则设计,一些关键的安全薄弱环节应设计为可检测和便于维修的。

9.2.6　安全可监测性设计

机械结构的疲劳断裂破坏是机械失效最主要的方式。疲劳破坏的危险性表现在达到疲劳寿命时无明显先兆(显著变形或显著的动力学性能变化)结构就会突然断裂解体。目前工程界对一些重要设备采用对运行全过程进行实时监测并对信号进行各种分析处理以便诊断出早期故障。损伤容限设计则采用高韧性的材料以使结构对较小的、难于发现的损伤具有容忍性。安全可监测性设计要求重要的机械设备能够容忍运行监测和可能采用的损伤诊断技术所无法判定的损伤。当损伤已发展到危及安全之前,可以可靠地由计划使用的检查、监测手段发现。否则,结构就应设计成不可监测的类型。例如,大型发电机组主轴的断裂往往导致重大事故。但停机拆检会造成大的经济损失。因此对大型发电机组一般实施连续状态监测以避免恶性事故。然而当主轴出现裂纹时,以动力学为基础的故障诊断方法目前尚很难明确判别小于轴直径四分之一的裂纹。如果在运行负荷下轴的临界断裂尺寸小于四分之一轴直径,那么这种监测诊断对避免主轴断裂事故就没有任何意义。因此,在设定的监测诊断技术水平下,机械设备的安全可监测性在设计阶段就决定了。当然,损伤监测诊断技术在不断的发展,进行安全可监测性设计应掌握这方面的发展动态。

9.2.7　面向资源环境的设计

材料选择应考虑资源问题,在能利用可再生资源的情况下尽量使用可再生资源的材料。

合理利用回收再生的材料，促进材料再利用。

节能设计中考虑的节能概念包括通过合理的材料选择和工艺设计降低制造加工过程的能耗、通过创新设计和采用先进技术降低设备服役运行中的能耗、选择合适的能源品种、设计好设备的拆卸性，降低报废后材料和部件回收或再生产的能耗。

环保　全生命周期设计中环保概念应贯彻始终。包括选择环保材料，设计有利于环保的制造方式和工艺，控制设备使用过程的有害物产生和排放，采用先进的动力学设计的制造工艺控制噪声污染、合理设计降低电磁污染，等等。

全生命周期设计中环境保护的主要方面有：环境的化学污染、废弃物污染、噪声污染、大气污染、大气层温室效应、辐射污染、电磁污染等的控制。

人机效应　改善设备使用人员的工作环境，创造宜人的人机交互界面，提高工作效率和质量、降低事故发生率。

9.2.8　事故-安全设计

任何设施和设备在使用过程中总有出现事故的可能性。在全生命周期设计中一方面应优化设计降低安全使用寿命内事故的发生概率和人致错误的概率，另一方面针对具体的系统实行事故-安全设计，以避免恶性事故的发生或降低其危害程度。以事例说明如下：

随着经济的发展，小汽车越来越成为普遍的交通工具，但交通事故也随之急剧上升。在设计时就考虑事故-安全性，通过有限元分析模拟优化设计可以显著提高车辆在撞车时抵抗破坏的能力，保障人身安全。在竞争日益激烈的汽车领域，许多公司已经采用事故-安全设计来提高市场竞争力。

随着现代能源的发展，高压输气管道在人类生存和社会发展中起着重要作用。然而高压管道的破裂事故时常发生，并且一个点的破坏总是引起数百米甚至几千米的爆破，造成惨重的损失。如何将爆破控制在最小范围就成为事故-安全设计要求的又一典型事例。高压容器设计中的爆破前泄漏设计方法也是一种典型的事故-安全设计思想。因此，事故-安全设计与损伤容限设计有同样的指导思想。

9.3　全生命周期设计的关键技术

9.3.1　产品全生命周期集成模型的建立

1. 全生命周期模型建立的必要性

传统的产品设计方式是一个顺序的开发过程，每一阶段都依赖于前一阶段的完成，各阶段的不同部门之间缺乏经常性的交流。信息大体上是单一流向，容易导致在设计的后期甚至在制造阶段的更改，这样就使得产品的开发周期长、成本高，且质量无法保证。为了实现产品的并行开发，做到产品开发全过程数据共享，必须建立能够贯穿于产品开发全过程的统一的全生命周期产品模型，从而保证产品模型在产品开发中的一致性。

全生命周期设计的关键问题在于建立面向产品全生命周期的统一的、具有可扩充性的、能表达不完整信息的产品模型。该产品模型能随着产品开发进程自动扩张，并从设计模型自动映射为不同目的的模型，如制造模型、装配仿真模型、可维护性模型等，同时应能全面表达和评价与产品全生命周期相关的性能指标。产品全生命周期模型，既包括产品的几何信息，又包括产品的非几何信息。

2. 全生命周期模型的组成

产品全生命周期模型由主模型、过程模型和信息模型组成。其中主模型是产品模型的核心,它由设计、分析和制造等所有应用领域的共性信息组成。这些信息来自各 CAX 系统,包括如下内容:几何信息、形状特征信息、变量化尺寸、拓扑关系、装配、尺寸及形位公差、表面粗糙度、加工参数、仿真分析结果、数控加工走刀路径、工艺信息,等等。

产品的过程模型记录着产品的开发过程的各项活动,包括前期准备、设计、工艺、制造、装配、检验、使用、维护等;产品的信息模型为各应用领域提供专用的非几何信息,包括市场需求信息、设计信息、材料信息、制造信息、质量信息、使用维护信息、拆卸回收信息、环境资源信息等。

9.3.2　全生命周期的集成技术

国内外学者从不同的角度对产品的需求分析、装配、制造、使用、维修、拆卸、回收处理等有关产品生命周期的各阶段进行了大量的研究,但是这些理论和方法都只是在局部范围内协助设计或分析设计的结果,它们之间没有建立起广泛的联系,无法做到信息和相互之间评价结果共享,因此有必要将这些方法集成在一个面向全生命周期设计的框架内。该框架以并行设计的思想来组织产品设计,可以将传统设计方法中设计-制造-再设计的大循环分解为设计环节中的若干个小循环。在每一个小循环内进行设计-检验-再设计的设计周期;同时在集成框架的协调下,各小循环之间相互结合,形成一个规模较大的设计循环,在这个大循环内,各小循环通过相互评价,协调设计结果之间的冲突,弥补单个模块设计结果中的错误和不足,使最终的设计结果能够满足各设计模块的共同要求;并充分考虑解决其他相关功能的实现、可装配性、可制造性、制造成本、可循环利用性、可回收性等设计-制造过程中的细节问题,实现产品生命周期全过程、多目标、全性能的优化。

9.3.3　支持整个生命周期的数据库和知识库

产品全生命周期设计由于涉及产品的全生命周期全过程,因而设计所需要的数据和知识是各阶段所需要的数据和知识的有机融合和集成,产品生命周期评估涉及大量的数据和知识,因此需要建立相关的数据库和知识库以实现知识共享。这些数据库包括原材料库知识、制造过程、运输过程、使用与维护过程、回收过程、废弃物处理过程等资源环境特性数据库知识库以及环境影响数据库知识库等。

9.3.4　全生命周期评价(LCA)

由于 DFX 方法只是针对产品生命周期的某个阶段,因此从产品整个生命周期的角度来看还很片面,甚至有时相互矛盾,无法使产品在整个生命周期的各项指标达到整体最佳。WLCD利用产品全生命周期评估(life-cycle assessment)将这些 DFX 设计方法统一成一个有机的整体。

LCA 是全生命周期设计的一项重要任务之一。LCA 能够量化一个产品贯穿其整个产品生命周期对环境的影响,提供改进的指导原则,并将评价结果用于指导设计和制造方案的决策,将面向不同设计阶段的现代设计方法统一成为有机的整体,因此 LCA 被认为是支持全生命周期设计的核心工具。

9.4　产品全生命周期管理

产品全生命周期管理(Product Lifecycle Management,PLM)是现代制造企业中一项重要的信息化发展战略。PLM 将产品需求、设计、制造、销售、服务和回收等不同生命周期阶段内与产品相关的数据、过程和资源集成在统一的平台上进行管理。通过这个平台,企业各部门的员工、最终用户和合作伙伴实现高效的协同工作。

随着市场经济的发展,客户对产品需求的不确定性增加,产品多元化趋势增强,企业由"以产品为中心"逐渐发展成"以客户为中心",客户需求管理正成为制造型企业发展的必然趋势。目前,需求信息管理方法有质量功能展开(quality function deployment,QFD)、模糊设计矩阵(fuzzy design matrix,FDM)等,然而这些技术方法只实现一些底层的功能,不能全面地为企业提供需求管理支持。因此,本文以生产制造型产品(如汽轮机产品)需求为实例,建立需求信息管理模型,深入研究了 PLM 系统的需求管理理论。通过描述和特征分析模型,研究需求信息内在关联性并分析模型的存储结构,使 PLM 实施企业在正确渠道,正确时间内管理正确的需求信息。

9.4.1　面向产品全生命周期的需求管理

需求管理作为一种以客户需求为中心的管理理念和解决方案,覆盖了系统设计、制造、销售、服务和回收的全生命周期。通过与客户沟通交流,获取客户对产品的各种需求信息,并抽象、组织、优化需求信息,以及集成 PLM 各阶段需求实施特征,产生需求管理智能优化,以提高系统设计、制造、销售等后续阶段的实效性能,最大限度地提高客户满意度。

面向 PLM 的需求管理涵盖了"一个中心,两个过程和一个再利用"思想,即以客户产品需求信息为中心,贯穿全生命周期制造过程(设计、制造)和使用过程(销售、服务和回收),循环利用技术、人力、资金和设备资源。在 PLM 系统内,通过有效地实施需求信息管理,将客户与企业集成起来,使需求信息在全生命周期内共享,真正实现以客户需求为中心的产品需求信息管理。

9.4.2　产品全生命周期管理系统需求信息管理模型

如图所示为面向 PLM 系统的需求信息管理模型。通过接触交流、网站论坛、市场调查等形式实现客户交互,经信息获取、说明、处理和分析,得到客户需求的产品功能、性能和定制化结构信息;在基础操作层,如决策支持库、数据库、知识管理库等平台支持下,以客户需求信息为导向,集成协同 PLM 系统设计、制造、销售等各阶段的需求实施信息,对 PLM 系统部门级、协同级和系统级层次进行协同、映射、循环、跟踪、变更、评价等智能化管理,实现 PLM 系统需求信息的管理最优化。

近年来出现了很多模型创建方法,如 IDEF 方法、统一建模语言(unified modeling language,UML)、基于过程的结构化设计技术(structured analyse design technology,SADT)方法、Jackson 系统开发(Jackson system development,JSD)方法,以及面向对象的分析(object-oriented analysis,OOA)方法等。为准确表达 PLM 各阶段以客户需求为基础的信息结构特征,在需求信息管理模型的基础上,采用结构化数据流图方法分析系统需求信息,如图所示。

1. 模型信息维的概念化描述

模型信息维有效地描述了模型建立的需求信息资源,阐明了模型在需求管理实施过程中信息的流向和结构化处理过程,包括产品生命周期维、视图结构关系维和客户需求信息维。

(1) 产品生命周期维。

企业根据客户提出的产品需求信息,在 PLM 设计、制造、销售、服务和回收各阶段进行需求特定形式和内容的表达分析,并产生相应的关系功能结构模块。

① 设计阶段。客户协同需求产品的设计过程。

企业通过分析客户需求信息,明确需求产品设计目标、设计特征和设计结构,提高设计满意度。

② 制造阶段。企业实施客户生产一体化。

客户参与相应的生产制造,实现产品质控/质检。当客户需求发生更改后,企业将协同客户及时调整相应的制造方案。

③ 销售阶段。企业全面接触客户,获取客户不同的价值取向、消费模式和不断更新的需求趋势,制订适当的销售策略。

④ 服务阶段。企业全程跟踪客户使用过程,实施定期走访、检修等需求关怀。收集客户使用后需求信息,传递给相关的设计、生产等部门,同时将相应的处理和解决方案反馈给服务部门和客户。

⑤ 回收阶段。客户期望通过零部件回收或整机回收获取经济补偿,企业将根据客户的回收需求反馈意见,从环境、安全和经济的角度提高产品性能,提升产品竞争力。

(2) 视图结构关系维。

视图结构维描述了需求信息对象及对象间的结构关系,包括需求信息数据流视图、过程流视图、资源流视图和组织流视图。通过集成各视图模型,完整地描述全生命周期需求信息的特征结构,保证需求信息一致性。

① 数据流视图。数据流视图是需求结构信息的核心,包括 PLM 各阶段与需求相关的属性数据、合同数据、配置变更数据及各视图模型间关系数据,其结构特征采用工作流九元组形式描述:

$I = \langle Id, status, begin, end, dur\text{-}time, exception, process, resource, organization \rangle$。

Id 为流视图标识,是视图信息的唯一性约束;status 为流视图所处状态,包括开始、执行、等待、挂起和完成等;begin 为流视图开始执行的条件;end 为流视图结束的条件;dur-time 为流视图起止时间;exception 为可能出现的意外处理;process, resource 和 organization 为数据流视图与过程流视图、资源流视图和组织流视图间的映射接口。

② 过程流视图。描述 PLM 系统各阶段与需求相关的过程,如需求信息在各阶段的传递过程,配置过程、合同更改过程、视图间映射过程和视图间集成协同过程。

③ 资源流视图。描述需求管理中人员、技术结构、设备、服务等资源及其对象属性,分析系统内资源配置,实现资源需求最大化。

④ 组织流视图。描述 PLM 各阶段需求信息的静、动态组织结构、组织形式、职责和权限管理等。

(3) 客户需求信息维。

客户需求信息维描述了客户对产品提出的基本功能需求信息、基本性能需求信息和定制化需求信息。

① 产品基本功能需求信息。客户对产品使用功能、形式功能和品位功能的需求。通过分析产品基本功能需求结构,企业获取产品外观、材质、几何结构等基本信息,掌握需求信息输入输出间的转换关系状态,明确目标执行的特定行为及相应结构。

② 产品基本性能需求信息。产品基本性能是产品基本功能满足基础上的质量完善,是产品根本和持久作用的关键因素,通常以功能参数、质量参数和功能所达到的优化程度为依据,具体包括服务性、经济性、效率性以及环境等多方面因素。

③ 产品定制需求信息。不同客户对产品相关功能和性能有其特定的需求描述,如客户根据

产品使用环境的不同,提出不同的外观设计和运转功率等定制需求。

为了定量化分析客户需求信息,采用经验图表或框图形式,将客户需求的形容词项语义转变成结构化名词项。根据经验曲线对应出需求产品信息的定量域,经关键词提取、分析、转化和说明,确定产品需求信息的特征参数,引入信息熵函数关系公式 $H = \sum_{i=1}^{n}(P_i)(\log_2 P_i)$,描述各项需求信息的度量指标,实现需求信息的结构化定量表达。如客户提出产品稳定性的、省电节能型,以及外观个性化设计等需求,企业通过经验图表映射,获取符合需求信息的该类产品型号、属性、功能、结构特征等相关定量化数据信息。相应地,产品基本功能需求信息结构化表达为: $F_P = k_f (L_f)^{af} = k_f (L_f)\log_2 (L_f)^{af}$;产品基本性能需求信息结构化表达为: $Q_p = k_q (L_p)^{aq} = k_q (L_q)\log_2 (L_q)^{aq}$;产品定制需求信息结构化表达为: $C_P = k_c (L_c)^{ac} = k_c(L_c)\log_2 (L_c)^{ac}$。式中: k_f, k_q, k_c 为每项需求信息量系数; af, aq, ac 为多样性需求信息结构化标识,采用集中度基尼系数标准,指数 α 在 0~1 之间取值。因此,客户需求信息定量化描述为这三者信息的空间闭合和集,其数学表达为:

$$CR = \{F_p, Q_p, C_p\} = k_f (L_f)^{af} \bigoplus k_q (L_q)^{aq} \bigoplus k_c (L_c)^{ac}$$
$$= k_f (L_f)\log_2 (L_f)^{af} \bigoplus k_q (L_q)\log_2 (L_q)^{aq} \bigoplus k_c (L_c)\log_2 (L_c)^{ac}$$

2. 模型分析

用矩阵层次法分析 PLM 需求信息管理模型。需求信息管理模型结构划分为部门级、协同级和系统级三个层次。部门级是需求管理最基本的功能单元,实现了 PLM 各单一部门需求数据、过程、资源和组织信息的实施管理;协同级又称企业级,是集成 PLM 内设计、制造、销售等所有部门的数据流、过程流等需求结构信息,实现系统内需求信息的共享和传递;系统级是企业在供应链管理(supply chain management,SCM)、企业资源计划(enterprise resource planning,ERP)系统支持下,集成客户关系管理(customer relationship management,CRM)系统,协同客户需求的产品功能、性能及定制化信息,提供企业完整的需求信息管理依据。前两种层次分析是客户需求确定或不发生变更时,系统内部实施的需求信息管理;系统级层次分析是跟踪客户各种需求信息,对动态的需求信息进行不同级别的配置响应分析。

应用矩阵形式描述 PLM 系统需求信息管理的各层次信息结构。部门级层次模型用一维矩阵 $\boldsymbol{A}_i = \begin{bmatrix} V_1 & V_2 & V_3 & V_4 \end{bmatrix}$ 表示,其中, $i = 1, 2, 3, 4, 5$,分别表示 PLM 设计、制造等单元部门需求信息集, V_1, V_2, V_3, V_4 表示该部门内的数据流、过程流、资源流和组织流需求结构信息。协同级层次模型是企业集成生命周期维、视图结构维两个维度需求信息所构成的平面信息结构,此用生命周期维与视图维的二维正交矩阵表示,即协同级模型

$$A = \begin{bmatrix} L_1 & L_2 & L_3 & L_4 & L_5 \end{bmatrix}^{\mathrm{T}} \times \begin{bmatrix} V_1 & V_2 & V_3 & V_4 \end{bmatrix} = \begin{bmatrix} L_1V_1 & L_1V_2 & L_1V_3 & L_1V_4 \\ L_2V_1 & L_2V_2 & L_2V_3 & L_2V_4 \\ L_3V_1 & L_3V_2 & L_3V_3 & L_3V_4 \\ L_4V_1 & L_4V_2 & L_4V_3 & L_4V_4 \\ L_5V_1 & L_5V_2 & L_5V_3 & L_5V_4 \end{bmatrix}$$

式中：L_i 为全生命周期维，V_j 为流视图维，平面任一点 L_iV_j 表示 PLM 系统任一阶段所对应的流视图信息，$i=1,2,3,4,5$；$j=1,2,3,4$。

3. 模型特征

面向 PLM 的需求信息管理模型特征描述为：需求信息＝基本特征＋语义信息。基本特征指模型的通用性特征和与客户需求有关的数据特征、过程特征、联系特征和基本活动日志等，包括三类属性信息，即描述特征属性的静态信息；确定特征功能和行为的规则和方法；描述特征间相互约束关系的特征关系。语义信息是将特定领域的实体和概念模型转化为对象的属性、结构、行为及约束，并模型化对象间关系及语义特征与基本特征间的映射关系。语义信息用四元组 CM＝{L，P，M，G} 表示，即需求信息在 PLM 内所处的领域阶段 L(lifecycle)、过程分析需求信息所属的视图类型和产品需求类型 P(process)、需求信息映射机制 M(mapping)，需求信息目标 G(goal)。

第 10 章

其他设计方法

本章将介绍摩擦学设计、工业设计、动力学设计和表面设计,分析每一种设计方法的基本概念与设计原理、设计原则与设计流程、支撑技术与工作环境,要求在设计中灵活运用相关设计技术,使产品的设计满足现代设计的技术要求与目的,满足现代社会发展的需要。

10.1 摩擦学设计

10.1.1 摩擦学设计的概念

两个相互接触的物体在切向外力作用下发生相对运动(或具有相对运动趋势)时,在接触面间产生阻止切向运动的力,这种现象称为摩擦,而这种力称为摩擦力。摩擦学设计是从摩擦学的观点来设计机械零部件和产品的,使其达到正确的润滑、有控制的摩擦和预期的磨损寿命。摩擦学设计不仅是摩擦副结构的设计,而且是摩擦学系统的设计,即同时要考虑摩擦副的表面性质、润滑等问题。

由于摩擦学知识结构的特殊性,摩擦学设计与其他设计方法相比有所不同,更多地依赖于经验规则。摩擦学设计的正确方法应是规则设计和分析设计方法相结合。由于摩擦学系统规则繁多和系统分析运算冗长,因而要依托于计算机强大的计算能力。

10.1.2 磨损类型

由于摩擦力的存在和物体接触表面特性,相互摩擦的部件之间存在磨损。影响磨损最重要的设计参数可以分为 4 类,包括材料参数、工况参数、几何参数和环境参数,根据磨损的损伤类型,可将磨损分为黏着磨损、磨粒磨损、疲劳磨损、腐蚀磨损和冲蚀磨损。

(1)黏着磨损。黏着磨损是指在摩擦过程中,由于粘着结点的剪切作用,使摩擦表面的材料从一个表面脱落或转移到另一个表面的磨损现象。当相对滑动表面在摩擦力的作用下,表层发生塑性变形时,表面的润滑膜、氧化膜被破坏,产生瞬时高温,裸露出的新鲜表面发生固相焊合,形成粘着结点。当外力小于粘着结点的结合力时,便发生咬死现象;外力大于结合力时,便发生粘着结点的剪切断裂。若剪切发生在粘着结点分界面上,那么就不发生磨损(称为零磨损);若剪切断裂发生在强度较低的一方,此时,强度较高一方的表面上将粘附有较软一方的材料,这种现象即称为“材料转移”。在以后的摩擦过程中,由于摩擦和碰撞作用,附着物就会从强度较高的表面脱落下来,变成磨损产物——磨屑。粘着磨损的磨屑多为片状颗粒。

粘着磨损一般发生在干摩擦或边界摩擦表面上,粘着磨损的类型按照粘着结点剪切断裂的部位,可以把粘着磨损分为轻微磨损、涂抹、擦伤或刮伤、胶合、咬死。

(2) 磨粒磨损。磨粒磨损(也称磨料磨损)是指外界硬颗粒或者对摩擦表面上的硬突起物或粗糙峰在摩擦过程中引起表面材料脱落的现象。

(3) 疲劳磨损。疲劳磨损是指摩擦表面在交变载荷的作用下,表层材料由于疲劳而局部剥落,形成麻点或凹坑的现象。疲劳裂纹一般最先出现在固体有缺陷的地方。这些缺陷可能是机械加工时的缺陷(如擦伤)或材料在冶金过程中造成的缺陷(如气孔,夹杂物等)。裂纹还可以在金属相之间和晶界之间形成。

(4) 腐蚀磨损。腐蚀磨损是指摩擦过程中由于机械作用以及金属表面与周围介质发生化学或电化学反应,共同引起的表面损伤,也称为摩擦化学磨损。腐蚀磨损是金属腐蚀、黏着磨损和磨粒磨损共同作用形成的磨损,因此,腐蚀磨损是一种复合磨损。

由于介质的性质、作用于摩擦面的状态以及摩擦材料性能等的不同,腐蚀磨损可分为:氧化磨损、特殊介质腐蚀磨损和微动磨损等。其中氧化磨损是化学氧化和机械磨损两种作用相继进行的过程,是最常见的一种腐蚀磨损形式。若形成的是脆性氧化膜,由于氧化膜与基体联结的抗剪切强度较差,其磨损速率大于氧化速率,所以磨损量大。若形成的是韧性氧化膜,由于氧化膜与基体联结处的抗剪切强度较高,其磨损速率小于氧化速率,氧化膜能起减摩耐磨作用,所以磨损量较小。

(5) 冲蚀磨损。冲蚀磨损(或称侵蚀磨损)是指流体或固体颗粒以一定的速度和角度对材料表面进行冲击造成的磨损。在实践中,影响冲蚀磨损的主要因素有冲击粒子的特性、冲蚀速度、冲击角以及冲蚀靶材料的硬度等。一般而言,冲蚀靶材料的硬度越高,越能提高材料低角度冲蚀磨损的耐磨性能,但也会降低大角度冲蚀磨损的耐磨性能。

根据冲蚀流动介质的不同,可将冲蚀磨损分为两大类:气流喷砂型冲蚀及液流或水滴型冲蚀。流动介质中携带的第二相可以是固体粒子、液滴或气泡,它们有的直接冲击材料表面,有的则在表面上泯灭从而对材料表面施加机械力。如果按流动介质及第二相排列组合,则可把冲蚀分为喷砂型喷嘴冲蚀、浆喷嘴冲蚀、雨蚀/水滴冲蚀和气蚀性喷嘴冲蚀四种类型。

10.1.3　影响疲劳磨损主要因素

与黏着磨损和磨粒磨损不同,无论摩擦表面是否直接接触,疲劳磨损都是不可避免的。通常,齿轮副、滚动轴承、钢轨与轮箍及凸轮副等零件比较容易出现疲劳磨损。疲劳磨损可分为点蚀和剥层两种磨损类型。

点蚀是一种非扩展性的表面疲劳磨损,其特点是在摩擦表面形成麻点状凹坑,磨屑为扇形颗粒。摩擦表面上存在的刀痕、碰伤、腐蚀或其他磨损痕迹,成为应力集中源,在交变应力作用下这些痕迹点区域的材料首先发生疲劳而脱落,使摩擦表面形成麻点状凹坑。剥层是一种扩展性的表面疲劳磨损,其特点是摩擦表面形成大而浅的凹坑,磨屑一般为鳞片状。在材料表层内含有夹杂物或空穴(晶格间缺陷),在交变应力作用下成为应力集中源,发生疲劳而生成疲劳裂纹,随着应力循环的继续而扩大,疲劳裂纹并延伸到表面使表层材料脱落的现象称为剥层。这种现象多发生在两接触面上的交变应力较大,以及由于材料选择和润滑不当的情况下。

影响疲劳磨损的因素除润滑条件之外,主要包括表面载荷、材料性质、表面粗糙度等。

(1) 载荷。载荷决定了接触应力的大小,因此它是影响疲劳磨损的最重要因素,载荷越大,疲劳磨损寿命就越短。

(2) 材料性质。材料的硬度、金相组织、内部缺陷、硬化层厚度等都会影响疲劳磨损。

一般情况下,疲劳磨损寿命随着材料硬度的提高而提高,但是当硬度提高到一定数值后,继续提高硬度,疲劳磨损寿命反而会降低。因而存在一个最佳抗疲劳磨损的硬度。金相组织对疲劳磨损的影响比较复杂,目前还没有一个统一的观点。

材料的内部缺陷会严重降低疲劳磨损的寿命。一般来说,内部缺陷尺寸越大、分布越不均匀,疲劳磨损寿命就越低,疲劳磨损也就越严重。适当增加硬化层的厚度,可使疲劳裂纹限制在硬化层内形成,因而可大大提高其抗疲劳磨损的能力。

(3)表面粗糙度。降低表面粗糙度可大大提高其抗疲劳磨损的能力,降低疲劳磨损;但是当表面达到超光洁的程度时,再继续降低表面粗糙度对疲劳磨损寿命影响不大。需要指出的是,表面硬度越高,其粗糙度就应当越低。否则会降低疲劳磨损寿命,加重疲劳磨损。这是因为硬度越高的金属材料对应力集中越敏感,就越容易发生疲劳磨损。

10.1.4　磨损控制

1. 黏着磨损控制

从摩擦学的设计角度,可通过摩擦副材料选择、润滑方式、许用载荷、许用表面温度的确定对黏着磨损进行控制。

① 材料的选择。尽量选择不同的材料(异性金属、金属与非金属)或互溶性小的材料作为摩擦副配对;塑性材料往往比脆性材料易于发生黏着磨损;材料表面硬度是影响黏着磨损的重要因素,因为摩擦副之间微凸体的真实接触面积与屈服强度成正比,硬度愈高,发生黏着的真实面积愈小,所以产生黏着磨损的可能性或程度愈小,因此提高硬度可以减小黏着磨损;材料的熔点、再结晶温度、临界回火温度愈高或表面能愈低,愈不易发生黏着磨损;多相结构的金属比单相结构的金属抗黏着磨损能力强,金属与非金属匹配时的抗黏着磨损能力强。

② 润滑方式选择。对摩擦面进行润滑时,对于纯矿物油润滑而言,在摩擦副表面形成吸附边界膜,吸附膜的强度比较低,在一定的温度下会解吸。当润滑剂加入含有油性添加剂和极压添加剂时,在高温、高压条件下将在摩擦副表面生成化学反应膜。化学反应膜的强度很高,只有在很高的温度和压力下才会破裂。因此,选用含有油性添加剂和极压添加剂的润滑剂进行润滑,可以大大提高抗黏着磨损的能力。此外,在可能的情况下,尽量采用全油膜润滑,在保证摩擦副表面微凸体之间完全可以分离的前提下就不会发生黏着磨损。

③ 许用载荷确定。因为载荷大小会严重影响黏着磨损,设计时应考虑表面承载能力,尽量使单位面积上的载荷不超过许用值,防止由于载荷过大而导致黏着磨损的迅速发展。

④ 许用表面温度确定。因为表面温度的升高会导致材料表面硬度下降、润滑油黏度下降、润滑油变质,这些因素都会使黏着倾向增加。因此,在设计时应考虑确保摩擦副表面的平衡温度不超过许用值。此外,由于滑动速度过大也会导致摩擦表面的温度过高,也要在设计中加以考虑。

2. 磨粒磨损控制

从磨损设计角度,可通过材料选择、润滑方式、许用载荷对磨料磨损进行控制。

① 材料的选择。材料的表面硬度是影响磨料磨损的重要因素。在设计选材时要尽量保证表面硬度不低于磨料硬度的80%。如果磨料的硬度比所有能用的材料都高25%以上,这时材料的韧性更起作用,选择高韧性材料是减少磨料磨损的重要方式。但在实际操作中,并不是硬度愈高愈好,还有许多因素,如碳含量、工况、金属显微组织等,应该加以考虑。

② 润滑方式选择。对摩擦面进行润滑时,应尽量采用闭式结构,防止外界灰尘进入形成磨料。对于回流的润滑油要进行过滤,去除杂质颗粒。改善工作环境,提高空气的清洁度。在

有润滑的场合,还应考虑选择的材料便于形成润滑油膜。

③ 许用载荷确定。设计时考虑表面承载能力,尽量使单位面积上的载荷不超过许用值,防止由于载荷过大而导致磨料磨损的迅速发展。

④ 从设计、加工角度控制磨料磨损。表面粗糙度控制在尽可能最佳状态,因为大量的研究表明,对于一定的磨损工况条件,表面粗糙度存在一个最优值,在这个最优值下磨损量达到最小状态,这样可以减少表面凸起尖峰对配合面的犁削作用,从而减少磨料磨损;在结构设计上采用防护措施,防止外界灰尘颗粒进入摩擦表面;采用循环润滑系统,不断将产生的磨料颗粒带出摩擦面;尽量避免不必要的相对运动,减少磨料磨损发生的可能。此外,摩擦表面的加工痕迹方向对磨损的影响不容忽视。如图 10-1 所示为两种不同工况下摩擦表面加工痕迹对磨损量的影响。

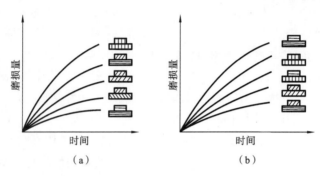

图 10-1　磨损量与加工痕迹的关系

3. 疲劳磨损控制

从设计角度对疲劳磨损进行控制的方法包括材料的选择、润滑方式的选择、润滑剂和添加剂的选择和许用载荷确定。

① 材料的选择。材料的硬度对疲劳磨损的影响很大,一般来说,在临界范围之内,材料的硬度愈高,疲劳寿命愈长,因此,选择材料时应考虑选择具有一定硬度的材料作为摩擦副;材料的硬度过高、过脆,也会导致抗接触疲劳磨损能力的下降;材料的内部缺陷、夹杂物愈多,愈容易产生内部疲劳裂纹,这一点也应在材料选择时加以考虑;表面粗糙度愈低,疲劳寿命愈高,并且表面硬度愈高,表面粗糙度值应该愈低,否则会降低寿命,这是因为硬度愈高的钢,对应力集中愈敏感,因此设计时应减小零件表面粗糙度,但是需要注意的是,表面粗糙度降低到一定程度后,再继续降低表面粗糙度,对疲劳寿命的影响不大。

② 润滑方式的选择。常见的润滑方式包括边界润滑、混合润滑和流体润滑,对于前两种润滑方式来说,固体的直接接触不可避免,疲劳寿命低于流体润滑,因为流体润滑状态可以保证摩擦表面微凸体不直接发生接触。

③ 润滑剂和添加剂的选择。润滑油中应尽量消除水分,因为水分的存在会促使疲劳裂纹的扩展,这一点应在设计中加以考虑。添加剂的类型对疲劳寿命也有很大的影响,多数极压添加剂会降低零件的疲劳寿命。

④ 许用载荷确定。载荷决定了接触区的接触应力的大小,因此载荷愈大,疲劳寿命愈短。此外,载荷愈大则接触面的摩擦力也愈大,而摩擦力会影响滚滑比,滚滑比会影响疲劳寿命。一般说来滚滑比增大,摩擦力增大,疲劳寿命下降。

4. 腐蚀磨损控制

从设计角度,影响腐蚀磨损的因素有材料、润滑方式、速度与载荷。

① 材料的选择。只要没有导电性要求,尽量采用陶瓷或塑料,避免采用金属材料;必须采用金属材料时,则尽量选择耐腐蚀性强的材料进行零件设计,比如不锈钢系列的材料;镍、铬、钛等金属在特殊介质中能生成结合力强、结构致密的钝化膜,可以防止腐蚀产生。钨、钼是抗高温腐蚀的金属,它们可以在 500 ℃以上的高温生成保护膜。碳化钨和碳化钛组成的硬质合金,其抗腐蚀能力都较高。

② 润滑方式和环境介质。采用合适的润滑可以使摩擦表面与周围的氧隔开,起到减少腐蚀磨损的作用。此外润滑剂可以将摩擦产生的热量带走,降低摩擦表面的温度,减缓氧化速度。但需要指出的是轴瓦材料中的铅和镉容易被润滑油氧化所生成的有机酸腐蚀,在使用时应加以注意。此外,润滑剂中的许多添加剂对金属有腐蚀作用,会加大腐蚀磨损,这点也应在设计中加以考虑。环境介质的腐蚀性也是影响腐蚀磨损的重要因素,一般来说,介质的腐蚀性愈强、温度愈高,材料愈易与介质起反应,使腐蚀磨损加快,因此在设计中对介质的选择和温度的控制应加以考虑。

③ 载荷与速度。载荷较高时,容易磨掉表面氧化膜,使纯金属面暴露于环境介质中,和氧发生充分接触,使腐蚀磨损升高。滑动速度升高时也易使生成的表面氧化膜磨掉,从而加速腐蚀磨损。因此,在设计时应考虑对载荷和滑动速度进行控制。

5. 冲蚀磨损控制

从磨损设计角度,影响冲蚀磨损的因素包括摩擦副材料、零件形状、环境和介质温度和流体流动速度。

① 材料的选择。材料的强度、硬度和韧性对冲蚀磨损的影响很大,一般说来,在一定的范围内,硬度愈高,耐冲蚀磨损的能力愈强;韧性和强度愈高,吸收冲击波和抗破损能力愈强,耐冲蚀磨损的能力愈强。

② 零件形状。针对易于发生气蚀磨损的工况,零件的外形应设计成尽量靠近流线型,减少流动死区、流场的突然变化。

③ 控制环境温度和介质温度的高低也会影响冲蚀磨损的大小。一般来说,随着温度的升高,冲蚀磨损量增加。因此控制温度不能太高是控制冲蚀磨损的重要因素之一。介质的性能包括含气率以及介质的腐蚀性,腐蚀性愈高,冲蚀磨损愈高。

④ 控制流体流动的速度。流体流动的速度是诱发气泡生成和构成流场中固体表面高压区的敏感因素,在多数情况下,气蚀磨损率与速度的 5~6 次方成正比。

⑤ 其他因素。冲蚀颗粒对靶材的冲击角大小是一个重要因素,在设计时应考虑针对塑性及脆性材料的冲击角度不在最大冲蚀磨损的范围;冲蚀颗粒的尺寸、尖锐程度、介质工作的压力等,在设计时也应加以考虑。

10.2　工　业　设　计

10.2.1　工业设计的定义

1980 年,国际工业设计协会理事会(ICSID)对工业设计进行了定义:就批量生产的工业产品而言,凭借训练、技术知识、经验及视觉感受,而赋予材料、结构、构造、形态、色彩、表面加工、装饰以新的品质和规格,称为工业设计。从宏观上讲,可以将工业设计大致分为两种:一是广义上的工业设计;二是从狭义上定义的工业设计,即工业设计的核心内容,就是我们所说的产品设计。

1. 广义工业设计(generalized industrial design)

广义工业设计是指为了达到某一特定目的,从构思到建立一个切实可行的实施方案,并且用明确的手段表示出来的一系列行为。它包含了一切使用现代化手段进行生产和服务的设计过程。

2. 狭义工业设计(narrow industrial design)

狭义工业设计单指产品设计,即针对人与自然的关联中产生的工具装备的需求所作的响应,包括为了使生存与生活得以维持与发展所需的诸如工具、器械与产品等物质性装备所进行的设计。产品设计的核心是产品对使用者的身心具有良好的亲和性与匹配性。

狭义工业设计的定义与传统工业设计的定义是一致的。由于工业设计自产生以来始终是以产品设计为主的,因此产品设计也常被称为工业设计。

10.2.2　工业设计的原则

工业设计的存在价值取决于人本身对它功能价值的认可,它能否及时有效地对人类的需求做出积极的反馈,在实现功能的同时又是否能满足人类的情感期望。为了达到这样的目的,工业设计必须遵循以下几个原则,即功能性原则、创造性原则、语义性原则、美学原则、以人为本的理性原则。

(1)功能性原则。功能性原则是产品在实现自身功能的同时,要兼顾到安全性、易操作性,同时还要考虑到使用者的环境,以及产品与使用环境是否协调的问题。从而使人们在使用该产品时,能尽量减少疲劳与能量的消耗,增大舒适度。产品在实现自身功能的时候应减少不必要的误操作或者负面设计,保证以最简洁的设计实现自身的价值。

(2)创造性原则。创新是指人们通过大脑对已存在的事物进行观察和分析,运用丰富的想象力和扩散性思维,借以敏锐的洞察力发现现存事物可进一步开发的缺口,突破常规概念而对新事物进行的探索行为,以形成不同于当前事物的新的理念和新的构思。

(3)语义性原则。语义性原则是基于对产品附加价值的研究所引入的一项设计原则。它的理论基础是对语义学的探究。语义学的研究对象是自然语言的意义,在这里我们将产品抽象为语义表述的载体,因为设计师在设计产品时,通过材料、构造、造型、色彩的结合很好地体现了产品存在的依据,即我们通常所说的产品的认知功能。认知功能也称为符号寓意功能或符号象征功能,因为产品同样具有传达信息的能力,这种能力的产生实际上是运用人们的经验,以产品为媒介传达了人与环境之间的一种特殊的关系,体现了一定的文化意义。

(4)美学原则 。在产品还没有由抽象思维抽象化为实际物体时,人们对产品外观上的情感要求常常是被掩藏的,一旦产品制造出来,这种情感需求外化,会使得产品设计在一定程度上必须重视其在外观上带给使用者的附加价值的大小。在产品设计中,美学原则始终作为指导性原则贯穿于整个设计行为当中,要注重产品在外观上的整体感,以及存在感。上述特征是构成形式设计美学研究的基础内容,也是工业设计研究的基础理论和必修课。

(5)以人为本的理性原则。各个时期受其不同思潮的影响所表现出的产品设计的不同是显而易见的,然而,"以人为本"的理性原则是任何时期设计的基本准则,只是在不同时期所蕴含的意义和内容有所不同。人类在不断完善自身生活的同时进而成为社会的中心,人们已经不愿意被动地迎合自己设计的产品,而更愿意主动地创造为自己提供服务的新产品。因此,设计必须以人的需求为基准,旨在更好地改善与提升人类的生活质量。

10.2.3　产品设计

1. 产品的定义及分类

设计是创造信息、整合信息的活动,而产品就是信息的载体。产品往往蕴含着一定的时代和地域、一定的民族和社会的生产力与经济文化的综合信息。因此,产品不是目的,而是实现目的的手段,人的需求的两重性以及在不同时空条件下的需求变化都会对产品产生一定的影响。产品并非简单的具象物体,它凝聚着材料、技术、生产、管理、销售、消费和社会经济文化等多种因素。

对产品可以用不同标准进行分类,从而形成不同类型和不同层次的产品结构。按产品的宏观用途分,可分为生产资料和消费资料;按生产部门分,可分为工业产品、农业产品等;按加工机制分,可分为手工业产品、机械化产品;按材料、工艺手段分,可分为木材产品、金属制品、塑料制品或铸造产品、拉伸产品等;按消费层次来分,可分为耐用产品、非耐用产品或高档产品、低档产品;按产业结构分,可分为第一产业、第二产业、第三产业等。这些不同的分类都是为了从不同角度来认识产品的属性、本质、内容,以便更好地为人类提供服务。

2. 产品设计的目的及功能

显而易见,产品设计的目的是为人类提供服务,这种服务主要是通过产品的功能来实现的。产品的功能以纵向剖析可以分为:实用功能、认知功能、审美功能。

(1) 实用性是产品的基本功能。产品的实用功能源于人的生存和发展的需要,这是一种最本质的需求。

(2) 认知功能也称为符号寓意功能或符号象征功能。产品同样具有传达信息的能力,运用人们的经验,以产品为媒介传达人与环境之间的一种特殊的关系和文化意义。

(3) 产品的审美功能,即产品通过外形和内在功能,使人得到美的享受。产品的审美功能具有普遍性、新颖性、简洁性,产品是满足大众需要的物品,只有具备大众化的审美情趣才能实现其审美功能,美的属性往往需要在熟悉与陌生之间寻找平衡点。

3. 产品设计构思方法

解决具体的问题是产品设计方法的共性目标,一些在产品设计构思阶段常用的方法,旨在开拓产品设计的思维。常用方法包括:①趋势预测法;②科学类比法;③系统分析法;④创新法;⑤逻辑与反逻辑法;⑥信息分析法;⑦价值法;⑧互动法;⑨模糊法。

设计构思中常用到的设计方法有头脑风暴法和自由联想法。

(1) 头脑风暴法,是世界上最早的创新方法,由美国人奥斯本在 1939 年提出。此方法能在短时间内收集到大量的原始概念,为后面的筛选积累了大量的素材。通常安排 5～10 人参与讨论,每次讨论问题不宜过大过多,并遵循以下原则:①禁止批评别人的设想;②提倡自由奔放的思考;③提出的设想越多越好;④紧扣课题,集中目标;⑤不许私下交谈;⑥不实行少数服从多数或个人服从集体;⑦各种设想无论可行与否,都全部记录下来,不要当场作判断性结论;⑧与会者不分职务、地位,平等发言,机会均等。

(2) 自由联想法,是指对已知的物体进行外形、功能、内涵等的分析进而联系到与之相关的另一种物体上去。它的优点是能迅速地拓展思维,扩大选择范围。

10.2.4　一般产品设计流程

深入到具体的产品设计行为,应讲求一种实事求是的科学分类方法,在设计产品之前应从

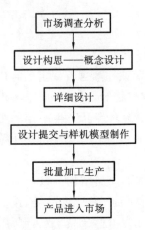

图 10-2　产品设计流程

产品的作用对象、使用档次、使用环境和使用条件的调查分析,简单概括产品设计的核心应围绕以下三点展开,即产品策划、设计、开发。

工业设计是一个从市场调研分析开始,经过概念设计和详细设计,到加工制作,再到包装、广告和销售的全过程。由此映射到产品设计我们也可以总结出其自身的规律性特征,产品设计流程的不同环节有着不同的设计行为,并且在各个环节点上显示着明确的阶段性目标,将总的进程进行细分有助于我们在设计过程中很好地把握节奏,进而体现出了递进频率并能很明显地看到因果性的成果。图10-2 是设计流程一个简单的概括。

10.2.5　产品设计表达方式

产品设计快速表现技法在整个工业设计流程中有着举足轻重的作用,因为它是一切批量化产品必须要走的第一步骤,许许多多经典的产品最初也都只是一张草图。产品快速表现技法尤其重视对造型特征、结构、比例乃至表面材质和肌理的准确描述。精彩的设计创意往往是在设计师灵感突现的瞬间,此时必须快速准确的记录,由此才可能在此基础上进行深入设计。手绘不仅能够表达创意更能优化创意,手绘技能是设计基础的基础。

1. 快速设计速写

在灵感涌现时用简洁准确的线条快速地记录下头脑中设计灵感的大体造型特征、结构和比例。快速设计速写的特点是时间短、画面简洁精准、无须刻画次要细节,如图 10-3 所示。

2. 设计速写

为了快速地记录下设计灵感,我们在设计最初选择了快速设计速写,但是在记录时抛弃了很多对细节上面的考量。这就需要在后面的工作中尽可能全面地对快速记录的设计初稿进行进一步的细化和适当的修正,使设计更加合理。相对而言设计速写作画时间较长,对细部刻画增多,着色要求更仔细,如图 10-4 所示。

图 10-3　设计草图

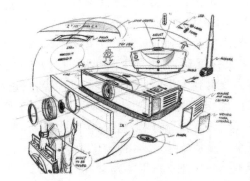

图 10-4　设计速写

3. 精细设计速写

基于设计速写,精细设计速写对细节刻画的要求更加严格,在设计时应注意其结构的合理性,从产品整体造型入手,同时体现产品在平面上的空间感。

4. 效果图

相对于精细设计速写而言,效果图最大的区别是可以使用各种尺规来辅助绘制线性。要最大限度地实现产品的真实感,讲究写实。如今在该阶段开始就转入了借助计算机配合的三维软件进行。

5. 精细效果图

精细效果图是对所设计的产品进行完整而真实的表现,对诸如线形、比例结构、材质和细节等方面的构图、版式等审美因素也要有所考虑。精细效果图如今几乎全部借助计算机来完成,比如三维软件里建模渲染,或是在真实的产品照片上进行精细的修改等。

10.3　动力学设计

10.3.1　动力学设计概述

动力学设计是对主要承受动载荷而动特性又至关重要的结构进行设计,以动力学特性指标作为设计准则,对结构进行优化设计。这种设计方法可以使机械动力学性能在设计时就得到比较准确的预测和优化。

机械结构动力学设计是一项涉及现代动力学分析,计算机技术,产品结构动力学理论,设计方法学等多科学领域的设计技术,其基本思想是对按功能要求设计的结构或要改进的机械结构进行动力学建模,并做动力学特性分析。根据对其特性的要求或预定的动力学设计目标,进行结构修改,再设计和结构重分析,直到满足结构动特性的设计要求。

具体来说,机械动力学设计通常包括两个目的:第一,在初步设计过程中,根据以往经验和理论成果,来选择和计算机械的运动学和动力学参数,确定机械及其零部件的形式、形状和尺寸,以便获得良好的工艺指标,保证机械安全可靠运行。第二,在完成初步设计后,对所设计的机械结构进行建模,研究分析其动力学特性,并在可能的情况下进行试验分析,检验其动力学特性,进而对机械设备的图样进行审核、修改或重新设计。

10.3.2　机械动力学设计数学方程

动力学设计数学方程是外力与响应的关系式,可表述为

$$f = ky + cy' + My''\tag{10-1}$$

由此可见:

(1) 在动力学分析中,力与变形的关系由线性方程变成了二阶微分方程,引入了质量阵和阻尼阵;

(2) 动力学方程的微分形式反映了力函数与响应函数随时间变化的特征,使结构分析从确定性分析领域进入了随机振动的结构分析中;

(3) 动力学系统经常是一种耗散性系统,因此,阻尼是动力学设计的又一重要因素,它描述了结构振动过程中的能量传递和衰减性能;

(4) 在静力学设计的许多情况下,结构变形只是动力学设计第一阶模态的近似表现,也是由能量法求第一阶固有频率时选取静挠度的依据。静力学理论中的五种强度理论都认为失效是由于材料超过某一弹性状态所致,因此,外力或内力的临界值是其关注的焦点。然而,从动态观点看,强度失效和疲劳断裂都是与整个载荷时间历程相关联的,所以,应对外力的大小和

频率及所有重要的高变应力做统计分析。

10.3.3　动力学设计的一般过程及方法

1. 动力学设计的一般过程

结构动力学设计是指在设计阶段,根据结构工作的动力学环境,按照功能、强度等方面的要求对结构的振型、频率等动态特性参数进行修正和设计,以使它具有良好的动态特性,达到控制产品振动水平的目的,从而降低结构的动载荷。因此,通过结构动力学设计使待设计的结构具有良好的静态和动态特性。它主要可分为结构振动特性设计和振动响应设计,其中前者要求在结构满足静强度的同时,使结构的固有频率、固有振型等振动特性满足设计要求;后者要求在结构满足静强度、固有特性等要求的同时,还要满足振动响应(包括应力、应变、位移、速度、加速度等)的要求。结构动力学设计的基本过程如图 10-5 所示。

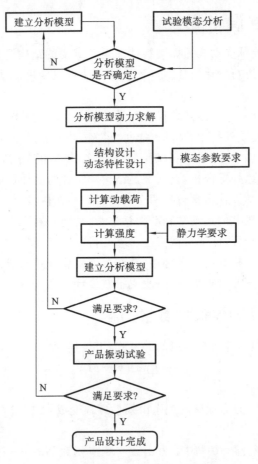

图 10-5　结构动力学设计的一般流程

一般来说,建立一个与实际结构动力特性完全相符的数学模型是很困难的,一般利用基于动态测试的试验模态分析结果识别不确定的特性参数,通过在结构系统上选择有限点进行激励,在所有点测量系统的输出响应,并对测量数据进行分析、处理,从而建立结构系统离散数学模型。

确定分析模型之后,为了优化结构的性能,需利用分析模型和实验结果的相关性准则,对分析模型进行局部修改和部件综合分析,对其进行性能预测。

在得到了能够反映实际机械结构系统动态特性的数学模型以后,进行结构动力修改或动态优化设计,常用人机交互方式进行建模和性能分析,根据设计者的要求进行结构修改,然后在计算机上进行再分析,多次反复,直到所设计的机械结构满足动特性要求。

2. 动力学设计方法

机械系统的动力学设计理论和方法,通常包括以下内容:

(1) 按初步设计图样或实物进行动力学建模;

(2) 按照所建立的动力学模型计算系统的动态特性并对初步设计进行审核;

(3) 实物试验或模型试验与试验建模;

(4) 对机械结构进行动力修改。

鉴于以上设计方法,机械动力学设计能把问题解决在设计阶段,代价小、周期短,能满足机械设备动态特性要求,适应当前激烈的市场竞争的需要。

10.3.4　常见的动力学设计系统

1. 单自由度系统的振动

(1) 单自由度系统的动力学模型。机械振动就是在一定的条件下,振动体在其平衡位置附近所做的往复性的机械运动。实际中的振动系统是很复杂的。为了便于分析研究和运用数学工具进行计算,需要在满足工程要求的条件下,把实际的振动系统简化为力学模型,例如单自由度系统、单自由度扭转系统、复摆和质量块-简支梁模型等。

(2) 等效力学模型。在实际振动系统中往往有多个质量块与多个以不同形式连接的弹性元件,尽管这些系统可以用有限元方法进行动力学分析,但为了简化,需要进行等效处理。

① 等效力。作用于等效构件上的等效力(或等效力矩)所做的功应等于作用于系统上的全部外力所做的功。实用中为了方便,可根据功率相等来折算。

② 等效质量和等效转动惯量。根据能量法原理,分布质量可简化为一个等效质量。对于离散分布的各集中质量,其等效质量为

$$m_e = \sum_{i=1}^{m} m_i \left(\frac{v_i}{v_e}\right)^2 + \sum_{j=1}^{m} I_j \left(\frac{\omega_j}{v_e}\right)^2 \tag{10-2}$$

式中:v_i 为质量 m_i 的运动速度;v_e 为等效质量的运动速度;ω_j 为转动惯量 I_j 的转动角速度。

等效转动惯量为

$$J_e = \sum_{i=1}^{m} m_i \left(\frac{v_i}{\omega_e}\right)^2 + \sum_{j=1}^{m} I_j \left(\frac{\omega_j}{\omega_e}\right)^2 \tag{10-3}$$

式中:ω_e 为等效转动惯量的转动角速度。

③ 等效刚度。

建立动力学模型时,需将组合弹簧系统换算成一个等效弹簧。等效刚度是在保证系统总势能不变的条件下,将各部分的刚度向一定位置转换,转换得到的假想刚度为等效刚度。机械系统中常用几个弹性元件串联或并联。

2. 多自由度系统的振动

(1) 多自由度系统的自由振动。

① 振动微分方程的建立。振动微分方程可采取多种方法建立多自由度系统振动模型,包括采用牛顿第二定律推导运动微分方程、拉格朗日方程推导运动微分方程和采用影响系数法建立运动微分方程。

运用牛顿第二定律推导运动微分方程,可以采取如下步骤:a. 选择适当的坐标来描述系统中各个点质量或刚体的位置,确定系统的静平衡位置。b. 以每个质量或刚体的静平衡位置为振动位移的原点,并指定质量或刚体的位移、速度和加速度的正方向。c. 对每个质量或刚体进行受力分析,标明主动力和约束反力。d. 对每个质量或刚体运用牛顿第二定律列方程。

对于较复杂的多自由度系统用拉格朗日方程建立方程比较简便,步骤是选取广义坐标 q_i,求系统的动能 T 和势能 U,将其表示为广义坐标 q_i、广义速度 $\dot{q}_i$ 和时间 t 的函数,然后代入拉格朗日方程求解。

多自由度系统的运动微分方程也可根据影响系数法来推导,这在结构工程中广泛应用,常用的有刚度影响系数法和柔度影响系数法。刚度影响系数法,又称为单位位移法,是把动力系统当作静力系统来处理,用静力学方法来确定系统所有的刚度影响系数(刚度矩阵中元素),借助于这些系数即可建立系统的运动微分方程。柔度影响系数法是把动力系统当作静力系统来处理,用静力学方法来确定系统所有的柔度影响系数(柔度矩阵中元素),借助于这些系数即可建立系统的运动微分方程。

② 特征值问题。

对于二自由度振动系统,其微分方程的矩阵形式为

$$M\ddot{X} + KX = 0 \tag{10-4}$$

设质量块作简谐振动

$$\left.\begin{array}{l} x_1 = A_1 \sin(\omega_n t + \varphi) \\ x_2 = A_2 \sin(\omega_n t + \varphi) \end{array}\right\} \tag{10-5}$$

代入式(10-4),则

$$\left\{ -\omega_n^2 M \begin{bmatrix} A_1 \\ A_2 \end{bmatrix} + K \begin{bmatrix} A_1 \\ A_2 \end{bmatrix} \right\} \sin(\omega_n t + \varphi) = 0 \tag{10-6}$$

对于任意瞬时 t,存在

$$(-\omega_n^2 M + K)u = 0 \tag{10-7}$$

式(10-7)称为二自由度系统的特征矩阵方程。$u = \begin{bmatrix} A_1 \\ A_2 \end{bmatrix}$ 为振幅列阵。

该方程具有非零解的充分必要条件是系数行列式等于零,即

$$\begin{vmatrix} k_{11} - m_{11}\omega_n^2 & k_{11} - m_{11}\omega_n^2 \\ k_{21} - m_{21}\omega_n^2 & k_{22} - m_{22}\omega_n^2 \end{vmatrix} = 0 \tag{10-8}$$

将此行列式展开即可求出系统的固有频率 ω_n,故式(10-8)称为频率方程,也称为特征方程,ω_n^2 称为系统的特征值。

由此,容易解出

$$\left.\begin{array}{l} \omega_{n1,2} = \sqrt{\dfrac{-b \pm \sqrt{b^2 - 4ac}}{2a}} \\ a = m_{11}m_{22} \\ b = -(m_{11}k_{22} + m_{22}k_{11}) \\ c = k_{11}k_{22} - k_{12}^2 \end{array}\right\} \tag{10-9}$$

式中:$\omega_{n1} < \omega_{n2}$,$\omega_{n1}$ 为一阶固有频率(或第一阶主频率),ω_{n2} 为二阶固有频率(或第二阶主频率)。固有频率的大小仅取决于系统本身的物理性质。

将所求得的固有频率 ω_{n1}、ω_{n2} 代入式(10-5)，即可求出两种固有频率下的振幅比值

$$\left.\begin{array}{l}x_1=A_1^{(1)}\sin(\omega_{n1}t+\varphi_1)+A_1^{(2)}\sin(\omega_{n2}t+\varphi_2)\\[2mm]x_2=\mu^{(1)}A_1^{(1)}\sin(\omega_{n1}t+\varphi_1)+\mu^{(2)}A_1^{(2)}\sin(\omega_{n2}t+\varphi_2)\end{array}\right\}\tag{10-10}$$

式中：$A_1^{(1)}$、$A_2^{(1)}$ 对应 ω_{n1} 时质量块 m_1、m_2 的振幅；$A_1^{(2)}$、$A_2^{(2)}$ 对应 ω_{n2} 时质量块 m_1、m_2 的振幅。

由于 k_{11},k_{12},m_{11} 都是系统的固有物理参数，这说明了系统在振动过程中各点的相对位置是确定的，因此振幅比所确定的振动形态与固有频率一样，也是系统的固有特性，所以通常称为主振型或固有振型。主振型定义为当系统按某阶固有频率振动时，由振幅比所决定的振动形态。以某一阶固有频率对应的主振型振动时，称系统作主振动。

对于 n 个自由度振动系统，由特征方程可求出 n 个固有频率 $\omega_{n1}\sim\omega_{nn}$，振型可表示为

$$\boldsymbol{u}=\begin{bmatrix}u^{(1)}&u^{(2)}&\cdots&u^{(n)}\end{bmatrix}\tag{10-11}$$

该矩阵是 $n\times n$ 方阵。

③ 初始条件和系统响应。

由常微分方程理论可知，质量块 m_1 和 m_2 组成的二自由度振动系统 $\boldsymbol{M\ddot{X}+KX=0}$ 有两组解，而其全解由这两组解叠加而成，即

$$\left.\begin{array}{l}x_1=x_1^{(1)}+x_1^{(2)}\\[2mm]x_2=x_2^{(1)}+x_2^{(2)}\end{array}\right\}\tag{10-12}$$

式中：$x_1^{(1)},x_2^{(1)}$ 为质量块 m_1 和 m_2 的第一阶主振动；$x_1^{(2)},x_2^{(2)}$ 为质量块 m_1 和 m_2 的第二阶主振动。

系统的响应为

$$\left.\begin{array}{l}x_1=A_1^{(1)}\sin(\omega_{n1}t+\varphi_1)+A_1^{(2)}\sin(\omega_{n2}t+\varphi_2)\\[2mm]x_2=A_2^{(1)}\sin(\omega_{n1}t+\varphi_1)+A_2^{(2)}\sin(\omega_{n2}t+\varphi_2)\end{array}\right\}\tag{10-13}$$

引入振型后，得

$$\left.\begin{array}{l}x_1=A_1^{(1)}\sin(\omega_{n1}t+\varphi_1)+A_1^{(2)}\sin(\omega_{n2}t+\varphi_2)\\[2mm]x_2=\mu^{(1)}A_1^{(1)}\sin(\omega_{n1}t+\varphi_1)+\mu^{(2)}A_1^{(2)}\sin(\omega_{n2}t+\varphi_2)\end{array}\right\}\tag{10-14}$$

其中：$\omega_{n1},\omega_{n2},\mu^{(1)},\mu^{(2)}$ 由系统的物理参数确定，而 $A_1^{(1)},A_1^{(2)},\varphi_1,\varphi_2$ 四个未知参数则由四个初始条件决定。

(2) 动力减振器。

在生产实践中，为了减少机械因振动带来的危害，可以在该机械上装设一辅助的质量弹簧系统。这个辅助的装置与原机械(主系统)构成一个二自由度系统，由于这个辅助装置能使主系统避开共振区，并有减振效果，故称为动力减振器。无阻尼减振器的实质只是使系统的共振频率发生变化，并没有消除共振。因此，只适用于激振频率不变或者变化不大的场合。

3. 非线性系统的振动

(1) 单摆。考虑摆长为 l、质点质量为 m 的单摆，得单摆的自由振动微分方程为

$$ml^2\ddot{\theta}+mgl\sin\theta=0\tag{10-15}$$

对于小角度情况，$\sin\theta\approx\theta$，方程(10-15)简化为线性方程：

$$\ddot{\theta}+\omega_0^2\theta=0\tag{10-16}$$

其中

$$\omega_0=(g/l)^{1/2}\tag{10-17}$$

方程(10-16)的解为

$$\theta(t) = A_0 \sin(\omega_0 t + \varphi) \tag{10-18}$$

其中，A_0 是摆动的振幅；φ 是相角；ω_0 是固有频率。A_0 和 φ 的值由初始条件确定；ω_0 的值与振幅 A_0 无关。式(10-18)表示单摆的近似解。更好的近似可用 $\sin\theta$ 在 $\theta = 0$ 附近的两项代替，即 $\sin\theta \approx \theta - \theta^3/6$，则有

$$ml^2\ddot{\theta} + mgl\left(\theta - \frac{\theta^3}{6}\right) = 0 \tag{10-19}$$

由于方程(10-19)包含立方项 θ^3，所以是非线性方程。方程(10-19)类似于具有非线性弹簧的弹簧-质量系统。

(2) 机械颤振，皮带摩擦系统。非线性也可能是阻尼引起的。系统的非线性行为是由于质量块 m 和运动的皮带之间的干摩擦产生的。这个系统包含两个摩擦系数：静摩擦系数 μ_s，它对应着质量块 m 与皮带没有相对摩擦时所受的摩擦力；动摩擦系数 μ_k，它对应着质量块 m 与皮带有相对运动时所受的摩擦力。在这两种情况下，沿摩擦切线方向的摩擦力 F 总是等于摩擦系数与正压力的乘积。

(3) 变质量系统。非线性特征也可能出现在质量项上。对于大位移问题，系统的质量依赖于位移 x，所以运动微分方程变成

$$\frac{\mathrm{d}}{\mathrm{d}t}(m\dot{x}) + kx = 0 \tag{10-20}$$

这是一个第一项具有非线性特征的非线性常微分方程。

10.4　表面设计

表面设计的全称为表面工程技术设计，基本包括表面结构设计、表面材料设计和表面工艺设计。本节主要从产品表面形貌设计、曲面设计和计算机纹理辅助设计来阐述表面设计。

10.4.1　产品表面形貌建模

产品表面的质量是产品性能分析与预测中不可或缺的重要因素。由于机械加工过程中诸多因素的综合作用，产品表面不可能是光滑表面，总存在残留的几何误差。对于精密加工的产品，其表面形貌在微观上也必然由许多不同尺寸和形状的凸峰和凹谷组成。这些微观几何结构特征极大地影响了产品和产品的诸多性能指标。为此，产品表面设计需要考虑产品特征和特征间的联系，考虑到特征的封装性和特征间灵活丰富的关联，在引入表观特征后，传统的产品特征描述可以改造为如图 10-6 所示的内容。

图 10-6 中，子形状特征是其父形状特征的一块附属区域，是表征父形状特征在该区域的表观和区域材质的关键。子形状特征定义了表观和区域材质的宏观尺寸。从特征结构层次上来说，子形状特征属于形状特征的底层，考虑到表观设计和实时真实感显示的需要，子形状特征采用多边形(三角形)集定义。子形状特征的建立，为表观的设计和描述提供了方便。

在产品的设计和制造阶段，首先根据实际产品表面的局部测量数据，评定其表面特征参数，模拟该产品的表面形貌，该形貌能够体现出真实产品表面微观结构的特点和宏观形态，符合真实产品的表面几何结构参数。其次，在 CAD 系统中构建该产品的真实几何实体特征模

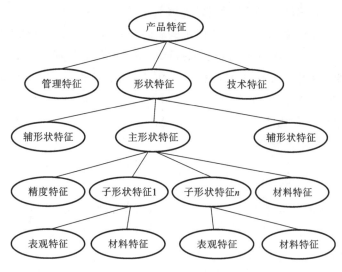

图 10-6　传统的产品特征描述

型。然后通过含有真实表面形貌特征的零部件实体模型,进行装配仿真和产品装配质量预测计算。因此,在生产和装配实际产品前,操作者可以事先分析并获得产品的表面形貌对产品整体性能的影响规律。

1. 产品表面形貌建模方法

为了对产品表面进行定量分析、更好地研究产品表面形貌对产品性能的影响规律,首先需要在计算机中建立产品非理想表面的几何模型。目前主要存在以下四种方法来模拟机械加工产品的表面形貌:

① 使用实际表面测量数据的粗糙表面重构方法;

② 假定产品表面微凸体形状的统计方法;

③ 基于标准差、偏态和峰度等测量统计参数的模拟方法;

④ 采用分数维几何(分形)理论的模拟方法。

前三种方法基于传统的欧氏几何理论,将产品表面形貌视为一个平稳的随机过程,通过一些统计参数来描述产品表面形貌的随机变化范围。这些方法虽然在统计量上具有一定的代表性,但只能从侧面反映表面形貌的某些特征,忽略了大量轮廓细节信息。此外,评定参数的取值会随着不同的轮廓取样长度和测量仪器分辨率而波动,导致了建模方法的不稳定,难以准确反映机械加工表面的本质特征。随着实际工程要求以及测量仪器的分辨率不断提升,研究者发现机械加工表面出现了越来越精细、越来越丰富的自相似和自仿射结构。此时用传统的欧氏几何理论已经无法描述以上细节,因此需要一种新的技术手段来描述加工表面的形貌特征。

2. 产品表面几何信息提取

产品表面形貌会对产品的性能和寿命产生综合影响,但由于产品表面各误差成分的形成原因不尽相同,它们对产品各种性能的影响规律也不相同,因此非常有必要对产品表面形貌进行几何信息提取并评定其结构参数。产品表面几何信息提取方法中比较有代表性的有最小二乘多项式拟合法、Motif 法、高斯滤波法和小波分析法。

3. 产品表面分数维参数识别

在机械行业及工程应用中常用 Ra、Rz 等参数来描述表面不规则的形貌特征,但因其仅仅包含统计方面的平均形貌高度差，难以体现实际工程表面的随机性及细节特征。因此，可采用分数维理论识别表面形貌特征，以代替表面粗糙度表征具有随机性和复杂性的产品表面形貌。其中分数维参数是描述一个随机系统分数维特征的最重要的定量参数。根据在时域和频域上识别和计算分数维参数方法的不同，可将分数维模拟方法分为尺码法、方差法、盒计数法、结构函数法、功率谱法、R/S 法等。

在以上这些方法中，尺码法、方差法、盒计数法、结构函数法和 R/S 法在时域范围内分析，而功率谱法则在频域范围内分析。

10.4.2　产品曲面设计

曲面设计，也称为曲面造型设计，主要研究在计算机图像系统的环境下对曲面的表示、设计、显示和分析。简而言之，即对不规则（曲面）造型的产品进行设计。它涉及曲面表示、曲面求交、曲面拼接、曲面变形、曲面重建、曲面简化、曲面转换等。

曲面设计已形成了以有理 B 样条曲面参数化特征设计和隐式代数曲面表示这两类方法为主体，以插值、拟合、逼近这三种手段为骨架的几何理论体系。当参数曲面需要增加细节信息或作特定修改时，进行参数曲面的插值运算或变形处理。根据计算原理可以将参数曲面插值与变形技术分为基于参数曲面自身性质的变形方法、自由变形方法、基于物理模型的变形方法、基于约束优化的变形方法等。

常见的曲面造型方法可分为连续曲面造型设计、离散曲面造型设计、基于物理模型的曲面造型方法、基于偏微分方程（PDE）的曲面造型方法和流曲线曲面造型方法。

（1）连续曲面造型设计，又称自由曲面（NURBS）设计。自由曲面是非均匀有理 B 样条曲面，可以精确地表示二次规则曲线曲面，从而能用统一的数学形式表示规则曲面与自由曲面。采用自由曲面进行曲面几何设计具有如下特征：① 对各种曲面具有统一的精确的描述形式且具有仿射不变性；② 便于调节曲面的形状；③ 局部插值方便，具有非均匀特性；④ 在挑选控制顶点和权因子修改曲面时需要一定的技巧和经验；⑤ 对系统的要求较高。

（2）离散曲面造型设计，又称多边形逼近法曲面设计。多边形表示就是将曲面"离散"分解成满足精度要求的小的多边形平面片存储，从而简化并加速物体的表面绘制和显示。多边形表示具有如下特点：通用性，实时性，局部可操作性，近似性，非参数性。多边形表示的特点特别适合物体的真实感图形显示和表观设计需求。

（3）基于物理模型的曲面造型方法。现有的 CAD/CAM 系统中的曲面造型方法建立在传统的计算机辅助几何设计（CAGD）纯数学理论的基础之上，借助控制顶点和控制曲线来定义曲面，具有调整曲面局部形状的功能，这种灵活性也给形状设计带来许多不便。采用基于物理模型的方法对变形曲面进行仿真或构造光顺曲面是 CAGD 和计算机图形学中的一个重要研究领域。

（4）基于偏微分方程（PDE）的曲面造型方法。PDE 曲面使用一组椭圆偏微分方程产生曲面，其思想起源于将过渡面的构造问题看作一偏微分方程的边值问题，而后发现使用该方法可以方便地构造大量实际问题中的曲面形体。船体、飞机外形、螺旋桨叶片等外形都可用 PDE 方法构造。PDE 曲面的形状由边界条件和所选择的片微分方程确定。

（5）流曲线曲面造型方法。在 CAD 领域，许多曲线曲面的设计涉及运动物体的外形设计,如汽车、飞机、船舶等。这些物体在空气、水流等流体中相对运动。由流体力学理论可知,流曲线曲面上任一点的切线与该点的水流或气流的流动矢量方向吻合。该方法的思想以流体力学为力学背景,将流体力学中流函数的概念引入 CAD 中,从而建立流曲线曲面的数学模型。

10.4.3　计算机纹理辅助设计

在实际表面设计中,常需要先借助计算机辅助设计将已经获得的或者构思的表面模型在虚拟环境下表示出来。在二维设计中,可以将纹理看成由颜色不同的点组成,具有确定的或者随机的结构图片。因而从数学上,二维纹理对应着一个矩阵,该矩阵的行列位置对应着纹理的点的位置,而矩阵元素的数值则对应着纹理在该点处的颜色。

$$\boldsymbol{I} = \begin{bmatrix} C_{11} & C_{12} & \cdots & C_{1n} \\ C_{21} & C_{22} & \cdots & C_{2n} \\ \vdots & \vdots & \vdots & \vdots \\ C_{m1} & C_{m2} & \cdots & C_{mn} \end{bmatrix}, \quad \boldsymbol{I}' = \begin{bmatrix} C'_{11} & C'_{12} & \cdots & C'_{1n} \\ C'_{21} & C'_{22} & \cdots & C'_{2n} \\ \vdots & \vdots & \vdots & \vdots \\ C'_{m1} & C'_{m2} & \cdots & C'_{mn} \end{bmatrix} \tag{10-21}$$

其中,C_{ij},C'_{ij} 分别对应 i,$j = 0, 1, 2, \cdots, N-1$ 点的颜色值。

基于图形变换和图像处理的纹理生成算法的基本思想是:选择一个变换,将其施加在一幅已知图像(称之为"源图像")上,从而获得所需的纹理。

一般来说,可以构造变换矩阵 $\boldsymbol{T}$,使得 $\boldsymbol{I}' = \boldsymbol{T}\boldsymbol{I}$。若同时存在 $\boldsymbol{T}^{-1}$,使得 $\boldsymbol{I} = \boldsymbol{T}^{-1}\boldsymbol{I}'$,那么,这种变换为可逆变换。变换矩阵 $\boldsymbol{T}$ 既可以直接给出,也可以通过反复迭代获得。通过图像变换产生纹理,既可以针对图像像素位置的变换,也可针对图像颜色变换实现。

基于图形变换和图像处理的纹理生成的算法很多,其核心就是构造变换矩阵。构造的基本原则是:

(1)便于构造或选取"源图像"。应使目标纹理图像与源图像具有可联想性,两者间在构图,特别是色调方面具有紧密关联性。这样生成纹理的可操作性好。

(2)算法简洁、效率高。

(3)适应面广,生成纹理丰富。

Arnold 变换、傅里叶变换和卷积变换均是有效的纹理生成手段。Arnold 变换具有良好的纹理生成能力和可控性,特别适合规则纹理生成。分形理论是表面纹理生成的另一种重要手段,它是现代非线性科学的一个重要分支。分形一般有以下特质:① 在任意小的尺度上都能有精细的结构;② 太不规则,以至于难以用传统的欧氏几何语言来描述;③ 自相似;④ 有着简单的递归定义。

科赫雪花的形成是反映分形的相似和迭代性质的一个很典型的例子。要做出一个科赫雪花,首先应画出一个正三角形(见图 10-7(a)),然后再将每一边中央三分之一长的线段以一对同长度的线段取代,使之成为一个等腰的"凸角",成为常见的"五角星"形(见图 10-7(b))。接下来,再对上一步骤所形成的每一个边做同样的动作,无限递归下去(见图 10-7(c)和(d))。随着每一次的迭代,此形状的周长会比原长度增加三分之一。科赫雪花即是无限次迭代的结果。

随着分形理论在各个领域的应用不断发展,分形理论本身的数学基础也面临着不断发展的问题,随着分形理论和其应用结合得越来越紧密,逐渐形成了一门新的系统理论。

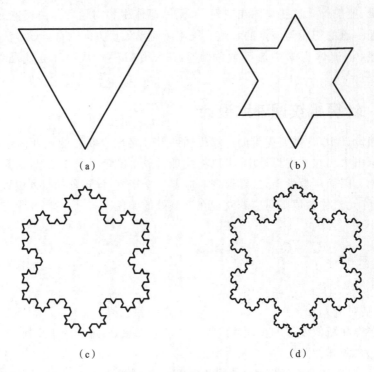

（a）

（b）

（c）

（d）

图 10-7　科赫雪花形成过程

参 考 文 献

[1]　余俊. 现代设计方法及应用[M]. 北京：中国标准出版社，2002.

[2]　陈定方，罗亚波. 虚拟设计[M]. 北京：机械工业出版社，2007.

[3]　唐承统，阎艳. 计算机辅助设计与制造[M]. 北京：北京理工大学出版社，2008.

[4]　杨雄飞. 计算机辅助设计[M]. 北京：机械工业出版社，2003.

[5]　ALEXANDER R，JOACHIM P. A phenomenological model for the dynamic response of wind turbines to turbulent wind[J]. Journal of Wind Engineering and Industrial Aero-dynamics，2004，92(2)：159-183.

[6]　REQUICHA A，GETAL A. Representations for assemblies[R]. IRIS Tech. Report. University of South California，USA：1991：25-58.

[7]　梁晓峰，陈艳锋. 行星齿轮减速器建模与运动学仿真[J]. 机械，2008，35(5)：45-48.

[8]　ZHANG Z Y，CHEN D F，FENG M. Dynamics model and dynamic simulation of overhead crane load swing systems based on the ADAMS[J]. The 9th International Conference on Computer-aided Industrial Design & Conceptual Design：484-487.

[9]　ZHANG Z Y，CHEN D F，BAI Y W，SHEN C L. Virtual prototyping of the megawatt level wind generator planetary gear speeder[J]. The 2009 International Conference on Mechanical and Electrical Technology，2009.

[10]　张争艳，陈定方，刘李. 基于特征建模技术的双级减速箱的虚拟设计[J]. 湖北工业大学学报. 2008，23(3)：46-48.

[11]　张鄂. 机械与工程优化设计[M]. 北京：科学出版社，2008.

[12]　张鄂. 现代设计理论与方法[M]. 北京：科学出版社，2007.

[13]　梁尚明，殷国富[M]. 北京：化学工业出版社，2005.

[14]　谢里阳. 现代机械设计方法[M]. 北京：机械工业出版社，2005.

[15]　中国机械工程学会，中国机械设计大典编委会. 中国机械设计大典(第1卷)[M]. 南昌：江西科学技术出版社，2002.

[16]　傅永华. 有限元分析基础[M]. 武汉：武汉大学出版社，2003.

[17]　陈定方，等. 现代机械设计师手册(下册)[M]. 北京：机械工业出版社，2014.

[18]　谢里阳. 现代机械设计方法[M]. 北京：机械工业出版社，2005.

[19]　朱伯芳. 有限单元法原理与应用[M]. 北京：中国水利水电出版社，1998.

[20]　王勖成，邵敏. 有限单元法基本原理和数值方法[M]. 北京：清华大学出版社，1996.

[21]　陈定方，刘有源. 中国机械设计大典智能设计篇[M]. 南昌：江西科学技术出版社，2002.

[22]　吴慧中，陈定方，万耀青. 机械设计专家系统研究与实践[M]. 北京：中国铁道出版社，1992.

[23]　周济，查建中，肖人彬. 智能设计[M]. 北京：高等教育出版社，1998.

[24]　肖人彬，陶振武，刘勇. 智能设计原理与技术[M]. 北京：科学出版社，2006.

[25]　汪成为，高文，王行仁. 灵境(虚拟现实)技术的理论/实现及应用[M]. 北京：清华大学出版社，1996.

[26]　刘宏增，黄靖远. 虚拟设计[M]. 北京：机械工业出版社，1999.

[27]　张茂军. 虚拟现实系统[M]. 北京：科学出版社. 2001.

[28]　陈定方，罗亚波. 虚拟设计[M]. 2 版. 北京：机械工业出版社，2007.

[29]　孙家广，杨长贵. 计算机图形学[M]. 北京：清华大学出版社，1995.

[30]　LAWRENCE J R, GRIGORE B, SUSUMU T. VR reborn [J]. IEEE Computer Graphics and Applications, 1998, 18(6)：13-17.

[31]　NOOT M J, TELEA A C, JANSEN J K M. Real time numerical simulation and visualization of electrochemical drilling [J]. Computing and Visualization in Science, 1998, 1(2)：105-111.

[32]　LLOYD T, DEBORAH S. Visualizing a real forest[J]. IEEE Computer Graphics and Application, 1998, 18(1)：12-15.

[33]　DAVID C B, RONALD A M, JESSICA K H. Dynamically simulated characters in virtual environments[J]. IEEE Computer Graphics and Application, 1998, 18(5)：58-69.

[34]　MARTIN S, THOMAS R, THOMAS E. Analyzing engineering simulations in virtual environments[J]. IEEE Computer Graphics and Application, 1998, 18(6)：46-52.

[35]　KIM D J, LEONIDAS J G, SHIN S Y. Fast collision detection among multiple moving spheres[J]. IEEE Transactions on Visualization and Computer Graphics, 1998, 4(3)：230-242.

[36]　陈定方，周丽琨，刘有源，等. 智能设计与虚拟设计[J]. 中国机械工程，2000，11：12-16.

[37]　周廷美，王仲范. 虚拟汽车风洞[J]. 系统仿真学报，2002(1)：107-109.

[38]　平洁，殷润民. 一种全景图快速生成算法及其实现[J]. 微计算机应用，2006，27(1)：59-62.

[39]　张乐年. 造型方法关键技术的研究与实现[D]. 南京：南京航空航天大学，1996.

[40]　周来水. 面向 CAD/CAM/CAE 集成系统的曲面造型技术及其应用研究[D]. 南京：南京航空航天大学，1996.

[41]　黄小虎. 分布式并行虚拟环境[D]. 西安：西安交通大学，1997.

[42]　罗亚波. 基于 Internet 的图像与建模相结合的虚拟现实关键技术研究[D]. 武汉：武汉理工大学，2001.

[43]　周丽琨. 虚拟现实系统中不规则形体的几何表现[D]. 武汉：武汉理工大学，2003.

[44]　刘金鹏. 虚拟现实系统中的物理建模和行为属性问题研究[D]. 武汉：武汉理工大学，2003.

[45]　唐秋华. 分布式虚拟环境建模研究[D]. 武汉：武汉理工大学，2005.

[46]　李勋祥，基于虚拟现实的驾驶模拟器视景系统关键技术与艺术研究[D]. 武汉：武汉理工大学，2006.

[47]　YUAN S, YU Z, ZHENG H, CHEN D F, GUO Y. Walkthrough of virtual NC machining scene based on OSG[C]. Proceedings of the 2009 International Conference on

Mechanical and Electrical Technology，2009，8：43-47.

[48] 陶栋材. 现代设计方法[M]. 北京：中国石化出版社，2010.

[49] 刘惟信. 机械可靠性设计[M]. 北京：清华大学出版社，1996.

[50] 梅顺齐，何雪明. 现代设计方法[M]. 武汉：华中科技大学出版社，2009.

[51] 刘惟信. 机械可靠性设计[M]. 北京. 清华大学出版社，1996.

[52] 黄平. 现代设计理论与方法[M]. 北京. 清华大学出版社，2010.

[53] 孟宪铎. 机械可靠性设计方法[M]. 北京：冶金工业出版社，1992.

[54] 朱文予. 机械可靠性设计[M]. 上海. 上海交通大学出版社，1992.

[55] 牟致忠，朱文予. 机械可靠性设计[M]. 北京：机械工业出版社，1993.

[56] 刘混举. 机械可靠性设计[M]. 北京：国防工业出版社，2009.

[57] 郝静如. 机械可靠性工程[M]. 北京：国防工业出版社，2008.

[58] 中国国家标准化管理委员会.GB/T 2900.13—2008 电工术语 可信性与服务质量[S]. 2009.

[59] 谢里阳. 现代机械设计方法[M]. 北京：机械工业出版社，2005.

[60] 丁俊武，韩玉启，郑称德. 创新问题解决理论——TRIZ 研究综述[J]. 科学学与科学技术管理，2004，11：53-60.

[61] 赵敏，史晓东，段海波. TRIZ 入门及实践[M]. 北京：科学出版社，2009.

[62] 根里奇·阿奇舒勒.创新算法——TRIZ、系统创新和技术创新力[M]. 谭培波，茹海燕，李文玲，译.武汉：华中科技大学出版社，2008.

[63] 黑龙江省科学技术厅. TRIZ 理论入门导读[M]. 哈尔滨：黑龙江科学技术出版社，2007.

[64] 牛占文，徐燕申，林岳，等. 发明创造的科学方法论——TRIZ[J]. 中国机械工程，1999，19(1)：84-89.

[65] 檀润华. 创新设计：TRIZ：发明问题解决理论[M]. 北京：机械工业出版社，2002.

[66] 卢全国，祝志芳，夏时龙，等. 面向生物质发电的新型移动型枝桠切碎机设[J]. 机械设计与研究，2015(4)：161-164.

[67] 凌武宝. 可拆卸联接设计与应用[M]. 北京：机械工业出版社，2006.

[68] 戴宏民. 绿色包装[M]. 北京：化学工业出版社，2002.

[69] 刘飞，徐宗俊. 机械加工系统能量特性及其应用[M]. 北京：机械工业出版社，1995.

[70] 张青山. 制造业绿色产品评价指标体系[M]. 北京：电子工业出版社，2009.

[71] 刘志峰. 绿色设计[M]. 北京：机械工业出版社，1999.

[72] 刘光复，刘志峰，李钢. 绿色设计与绿色制造[M]. 北京：机械工业出版社，2007.

[73] 刘志峰. 绿色设计方法、技术及其应用. 北京：国防工业出版社，2008.

[74] 楼锡银. 机电产品绿色设计技术与评价[M]. 杭州：浙江大学出版社，2010.

[75] 阎邦椿. 机械设计手册(第 6 卷)[M]. 5 版.北京：机械工业出版社，2010.

[76] 国家环境保护总局. GB 16297—1996 大气污染物综合排放标准[S]. 1997.

[77] 国家环境保护总局. GB 8978—1996 污水综合排放标准[S]. 1998.

[78] 中华人民共和国环境保护部.GB 16889—2008 生活垃圾填埋场污染控制标准[S]. 2008.